Kursbuch Zimmerpflanzen

Herausgeber Jürgen Wolff

KOSMOS

Unsere Autoren

Jürgen Wolff, 1947 in Hamburg geboren, ist Herausgeber des vorliegenden Buches. Nach dem Soziologiestudium war er mehrere Jahre Redaktionsleiter beim „Hamburger Abendblatt" und ist seit 1984 im Redaktionsteam und seit 1995 Chefredakteur von MEIN SCHÖNER GARTEN in Offenburg. Zahlreiche Buchveröffentlichungen, Schwerpunkt Nutzgarten und Gewächshaus, außerdem Herausgeber vieler „Mein schöner Garten-Bücher", Franckh-Kosmos Verlag.

Wolfgang Bohlsen, geboren 1963 in Leer, hat das Kapitel „Pflanzenpflege", außer die bei Frau Linse genannten Zimmerpflanzen-Spezial-Seiten, verfaßt. Nach seiner Ausbildung zum Zierpflanzengärtner studierte er in Hannover Gartenbau. Danach Volontariat beim Franckh-Kosmos Verlag, seit 1995 im Redaktionsteam MEIN SCHÖNER GARTEN und seit 2000 verantwortlicher Redakteur für GARTENSPASS.

Anja Flehmig, geboren 1963 in Krefeld, hat im Kapitel „Zimmerpflanzenporträts" die Pflanzen von I (*Impatiens*) bis Z (*Zebrina*) verfaßt – mit Ausnahme von *Justicia brandegeana* und *Nolina recurvata*. Nach ihrer Ausbildung als Zierpflanzengärtnerin studierte sie Biologie. Danach Volontariat beim Franckh-Kosmos Verlag, seit 1999 arbeitet sie als freie Autorin zu Themen rund um den Garten.

Engelbert Kötter, geboren 1962 in Lünen/Westfalen, verfaßte im Kapitel „Zimmerpflanzenporträts" die Pflanzen von B (*Begonia*) bis H (*Hypoestes phyllostachya*), außerdem *Justicia brandegeana* und *Nolina recurvata*. Seine gärtnerische Ausbildung ergänzte er mit dem Abschluß als Gartenbautechniker. Nach weiterer redaktioneller Ausbildung bei Kosmos arbeitet Engelbert Kötter heute als Fachjournalist für verschiedene Gartenmedien und für das Fernsehen.

Hannelore Linse, geboren 1953 in Forchheim, verfaßte die Zimmerpflanzen-Spezial-Seiten „Helles Sonnenfenster", „Ost- oder Westfenster", „Helles Nordfenster", „Pflegeleichte Pflanzen", „Geschenke für besondere Gelegenheiten", „Pflanzen selbst arrangieren", „Geschenke für Feste", „Sprache der Zimmerpflanzen" und „Figuren mit Pflanzen gestalten". Sie ist Floristmeisterin und als Lehrkraft für Gestaltungslehre und Pflanzenverwendung seit 1990 an der Bayrischen Landesanstalt für Weinbau und Gartenbau in Veitshöchheim. Weiterhin ist sie im Auftrag des Bayrischen Staatsministeriums für Landwirtschaft und Forsten zuständig für Ausstellungen und Dekorationen.

Dirk Stockamp, geboren 1963 in Versmold, verfaßte im Kapitel „Zimmerpflanzenporträts" die Pflanzen des Buchstaben A, außerdem die Bromelien, Kakteen, Farne, Orchideen und Palmen. Nach seiner Ausbildung als Zierpflanzengärtner studierte er Gartenbau in Osnabrück. Seit 1992 arbeitet er als Produktmanager bei der Gartenbauzentrale in Papenburg (Niedersachsen). Er unterstützt die angeschlossenen Gärtnereien in Bezug auf Artikel, Absatz und Qualität.

Impressum

Mit 733 Fotos von verschiedenen Fotografen (Verzeichnis siehe Seite 252) und 41 Zeichnungen von: Marianne Golte-Bechtle, Stuttgart: 34, 35, 36, 37, 38, 39, 200, 200/201, 201; Horst Lünser, Berlin: 41 beide, 42, 62, 80, 81, 82 alle, 83, 85 alle, 87, 92, 192, 203 beide, 227

Gedruckt auf chlorfrei gebleichtem Papier

© 1996, 2004, Franckh-Kosmos Verlags-GmbH & Co., Stuttgart
Alle Rechte vorbehalten
ISBN 3-440-09656-4
Lektorat: Angelika Throll-Keller, Birgit Grimm
Grundlayout: Atelier Reichert, Stuttgart
Gestaltung der Seiten 30–33, 40–95, 192–195, 202–203, 212–215, 224–227, 236–237 von Gisela Dürr, München
Produktion: Ralf Paucke
Herstellung und Satz: TypoDesign, Würzburg
Printed in Slovakia / Imprimé en Slovaquie

Alle Angaben in diesem Buch sind sorgfältig geprüft und geben den neuesten Wissensstand bei der Veröffentlichung wieder. Da sich das Wissen aber laufend und in rascher Folge weiterentwickelt und vergrößert, muß jeder Anwender prüfen, ob die Angaben nicht durch neuere Erkenntnisse überholt sind. Dazu muß er zum Beispiel Beipackzettel zu Dünge-, Pflanzenschutz- bzw. Pflanzenpflegemitteln lesen und genau befolgen sowie Gebrauchsanweisungen und Gesetze beachten.

Umschlaggestaltung von Atelier Reichert, Stuttgart, unter Verwendung von drei Fotos (Vorderseite) von Friedrich Strauß, Au/Hallertau (oben), Gartenschatz, Stuttgart (unten links), Ralf Roppelt, Ludwigsburg (unten rechts) sowie drei Fotos (Rückseite) von Ralf Roppelt, Ludwigsburg (oben), Flora Press, Hamburg (untere drei).

Bibliographische Informationen Der Deutschen Bibliothek. Die Deutsche Bibliothek verzeichnet diese Publikationen in der Deutschen Nationalbibliographie; detaillierte bibliographische Daten sind im Internet über http://dnb.ddb.de abrufbar.

Inhalt

Vorwort

Columnea hirta, Columne, auch Rachenrebe oder Feuerzünglein genannt

Was wäre ein Garten ohne Pflanzen? Öde und langweilig! Und eine Wohnung ohne Zimmerpflanzen? Die grünen Gesellen sind es, die zu Hause eine heimelige Atmosphäre schaffen und dafür sorgen, daß wir uns so richtig wohl fühlen. Schauen Sie mal in Möbelkataloge oder -ausstellungen: Erst durch die dekorative Palme, einen filigranen Farn oder einen blühenden Hibiskus wirkt die Wohnlandschaft vollkommen. Die Freude an den schönen Zimmergewächsen währt freilich nicht lange, wenn die Pflanzengefäße allein nach ihrer dekorativen Wirkung plaziert und beispielsweise in einer dunklen Zimmerecke aufgestellt werden. Um die Standortwünsche und Pflegebedingungen optimal erfüllen zu können, ist guter Rat gefragt. Mit diesem Buch haben Sie einen kompetenten Ratgeber, der alle Fragen zum Kauf und zur Pflege von Zimmerpflanzen beantwortet; so ausführlich wie möglich, damit keine Wünsche offen bleiben, und doch so kompakt wie nötig, damit Sie sich auf einen Blick informieren können. Und bei der Gestaltung und bei den Texten stand der Wunsch im Vordergrund, einen unkomplizierten Leitfaden für alle Zimmerpflanzenfreunde zu schaffen, die sich gern mit grünen Hausgenossen umgeben, aber deswegen noch lange keine Hobbybotaniker sind. Wenn Sie das neue Kursbuch Zimmerpflanzen häufig in

die Hand nehmen, gehören Sie vielleicht auch bald zum Kreise derer, die den begehrten „Grünen Daumen" aufweisen. Denn das Erfolgsgeheimnis der Blumenfreunde, denen im Umgang mit Pflanzen scheinbar mühelos alles gelingt, liegt zumeist schlicht darin, daß sie sich intensiv mit ihren Pflanzen befassen und auch in der Fachliteratur nachlesen, welche besonderen Ansprüche die neu erworbene Topfpflanze aufweist. Ihre Pflanzen werden es Ihnen mit Sicherheit danken,

wenn sie individuell nach ihren Wünschen behandelt werden. Und die Erfolgserlebnisse werden mit Sicherheit folgen: wenn das Alpenveilchen dank liebevoller Pflege wieder neu erblüht, wenn der Philodendron neuen Blattaustrieb zeigt oder der Kaffeebaum zum erstenmal Früchte hervorbringt. Auch für mich ist es jedesmal ein Glücksmoment, wenn der schöne Ritterstern im Spätwinter wieder Blütenknospen zeigt oder die selbst gesäten Pflanzen zu keimen begin-

nen. Ich wünsche Ihnen, daß Sie solche Glücksgefühle künftig häufiger erleben werden. Viel Vergnügen bei der Lektüre dieses Buches, noch mehr Freude und Erfolg beim Umgang mit ihren Zimmerpflanzen wünscht Ihnen

Jürgen Wolff

Herausgeber
KURSBUCH ZIMMERPFLANZEN
und Chefredakteur
MEIN SCHÖNER GARTEN

Zum Gebrauch dieses Buches

Liebe Leserin, lieber Leser,

wir alle freuen uns über eine üppige und farbenfrohe Zimmerpflanzenwelt. Leider klappt das nicht immer so, wie wir wollen. Meistens liegt ein Kümmern unserer Zimmergewächse an der nicht artgerechten Pflege. Manche Pflanzen fühlen sich in unseren oft trockenen Wohnungen nicht besonders wohl. Ein geschlossenes Blumenfenster oder eine Blumenvitrine bieten die besten Wachstumsbedingungen für viele empfindliche Zimmerpflanzen, doch wer hat schon diese Einrichtungen? Daher ist bereits die richtige Pflanzenauswahl eine der wichtigsten Voraussetzungen für den Erfolg. Außerdem braucht man Erfahrung. Lassen Sie sich also auf keinen Fall entmutigen! Mit der Zeit lernt man, selbst schwierige Zimmerpflanzen zu üppigem Wachstum und schöner Blüte zu bringen. In diesem Buch haben sieben erfahrene Autoren ihr Wissen zusammengetragen. Auch sie haben Fehlschläge hinter sich, deshalb helfen sie, mit persönlichen Tips zu den einzelnen Pflanzen, Fehler zu vermeiden.

Wir haben für Sie ein spezielles Service-Kapitel ausgearbeitet: Die Übersichtstafeln (ab Seite 10) zeigen Ihnen auf nur 16 Seiten 240 der gängigsten Zimmerpflanzen im Bild. Falls Sie den Namen Ihrer Pflanze nicht kennen, was für die richtige Pflege Voraussetzung ist, dann können Sie hier den Namen finden. Schauen Sie die 16 Seiten einfach durch. Diese Übersichtstafeln bieten Ihnen aber noch mehr. Sie zeigen Ihnen, wo Ihre Pflanze stehen will. Als Einteilung haben wir gewählt:

- Standort: viel Sonnenlicht (Seite 12 ff.; Vorsicht: bedeutet nicht pralle Sonne),
- Standort: hell, ohne direkte Sonneneinstrahlung im Frühling und Sommer (Seite 15 ff.),
- Standort: halbschattig (Seite 22 ff.) und
- Standort: schattig (Seite 27).

Der Zuteilung der Pflanzen zu den Standorten liegen Erfahrungswerte zugrunde. Die Pflanzen gedeihen an diesen Orten, mitunter aber auch an helleren bzw. dunkleren. Lesen Sie zum Standort stets die Informationen im Porträtteil zur jeweiligen Pflanze (ab Seite 96). Alter, Pflegezustand der Pflanze und die Gegebenheiten Ihrer Räume fordern unbedingt auch das Einbeziehen der eignen Erfahrungen.

Mit diesen Tafeln können Sie sich leicht eine Übersicht verschaffen und die richtigen Zimmerpflanzen für die eigene Wohnung auswählen oder das passende Geschenk finden.

Efeu, Hahnenkamm und Zimmerbambus (von links nach rechts)

Die Über-
sichtstafeln

Auf den folgenden 16 Seiten können
Sie 240 Zimmerpflanzen im Bild
sehen, die dann auch im Buch ausführlich beschrieben werden. Falls Sie
den Namen Ihrer Zimmerpflanze
nicht kennen, dann suchen Sie sie einfach anhand der Fotos, die Bildunter-
schrift nennt den Namen. Die Pflan-
zen selbst sind nach den Standorten geordnet: viel Sonnenlicht (Seite 12 ff.), hell, ohne direkte Sonneneinstrahlung
im Frühling und Sommer (Seite 15 ff.), halbschattig (Seite
22 ff.) und schattig (Seite 27). So ist die richtige Pflanze für
sich selbst oder andere schnell und sicher gefunden. (Lesen
Sie bitte auch „Zum Gebrauch dieses Buches", Seite 9.)

Standort: viel Sonnenlicht

Adenium obesum, Wüstenrose
(Seite 100)

Aeonium arboreum, Dickblatt
(Seite 100)

Agave americana, Amerika-
nische Agave (Seite 101)

Allamanda cathartica,
Goldtrompete (Seite 102)

Anigozanthos flavidus,
Känguruhblume (Seite 104)

Astrophytum myriostigma
(Seite 204)

Bougainvillea, Bougainvillee
(Seite 110)

Callistephus chinensis,
Sommeraster (Seite 114)

Capsicum annuum, Zierpfeffer
(Seite 115)

Catharanthus roseus, Catharante
(Seite 116)

Celosia argentea, Hahnenkamm
(Seite 117)

Cephalocereus senilis,
Greisenhaupt (Seite 205)

Cereus, Säulenkaktus
(Seite 205)

Chamaerops humilis,
Zwergpalme (Seite 240)

Citrus, Zwergapfelsine
(Seite 119)

Cleistocactus baumannii,
Silberkerze (Seite 206)

Standort: viel Sonnenlicht

Coleus-Blumei-Hybride,
Buntnessel (Seite 123)

Coleus-Blumei-Hybride,
Buntnessel (Seite 123)

Conophytum, Blühende Steine
(Seite 124)

Coryphantha clavata,
Keulenkaktus (Seite 206)

Crassula arborescens,
Pfennigbaum (Seite 126)

Cycas revoluta, Palmfarn
(Seite 127)

Drosera, Sonnentau
(Seite 134)

Echeveria, Dickblatt
(Seite 134)

Echinocactus grusonii,
Goldkugelkaktus (Seite 207)

Echinocereus
(Seite 207)

Epiphyllum-Hybride,
Blattkaktus (Seite 208)

Euphorbia milii, Christusdorn
(Seite 136 f.)

Euphorbia pulcherrima,
Weihnachtsstern (Seite 136 f.)

Euphorbia tirucalli
(Seite 136 f.)

Eustoma grandiflorum,
Prärieenzian (Seite 138)

Gasteria, Gasterie
(Seite 143)

Standort: viel Sonnenlicht

Gomphrena, Kugelamarant
(Seite 145)

*Gymnocalycium mihanovichii
rubrum* (Seite 208)

*Gymnocalycium mihanovichii
'Black Cap'* (Seite 208)

Ipomoea, Trichterwinde
(Seite 152)

Lithops, Lebende Steine
(Seite 157)

Mammillaria, Warzenkaktus
(Seite 209)

Mammillaria zeilmanniana
(Seite 209)

Musa, Zwergbanane
(Seite 160)

Nolina recurvata, Elefantenfuß
(Seite 162)

Notokakteen, Buckelkakteen
(Seite 209)

Opuntia, Feigenkaktus
(Seite 210)

Pachypodium lamieri,
Madagaskarpalme (Seite 163)

Passiflora, Passionsblume
(Seite 165)

Pelargonium grandiflorum,
Pelargonie (Seite 166 f.)

Pentas lanceolata, Pentas
(Seite 168)

Pogonatherum, Zimmerbambus
(Seite 172)

Standort: viel Sonnenlicht

Rhipsalidopsis, Osterkaktus
(Seite 210)

Sansevieria, Bogenhanf
(Seite 179)

Sedum, Fetthenne
(Seite 181)

Yucca elephantipes, Palmlilie
(Seite 190)

Standort: hell, ohne direkte Sonneneinstrahlung im Frühling und Sommer

Abutilon, Schönmalve
(Seite 98)

Abutilon, Schönmalve
(Seite 98)

Acalypha, Nesselschön
(Seite 98)

Acalypha, Nesselschön
(Seite 98)

Achimenes-Hybride, Schiefteller
(Seite 99)

Aechmea, Lanzenrosette
(Seite 196)

Aloë variegata, Aloe
(Seite 103)

Ananas comosus, Zierananas
(Seite 196)

Aphelandra squarrosa,
Glanzkölbchen (Seite 105)

Araucaria heterophylla,
Zimmertanne (Seite 106)

Ardisia crenata, Spitzblume
(Seite 106)

Areca catechu, Betelpalme
(Seite 238)

Asparagus densiflorus,
Zierspargel (Seite 107)

Asparagus falcatus, Zierspargel
(Seite 107)

Begonia-Elatior-Hybride,
Begonie (Seite 108 f.)

Begonia-Rex-Hybride,
Königsbegonie (Seite 108 f.)

Billbergia x windii, Zimmerhafer
(Seite 197)

Brachychiton, Glücksbaum
(Seite 110)

Brassia, Spinnenorchidee
(Seite 228)

Browallia speciosa, Browallie
(Seite 111)

Brunfelsia pauciflora, Brunfelsie
(Seite 111)

Caladium-Bicolor-Hybride,
Buntwurz (Seite 112)

Calceolaria-Hybride,
Pantoffelblume (Seite 113)

Caryota, Fischschwanzpalme
(Seite 238)

Cattleya, Cattleye
(Seite 228)

Chamaedorea costaricana
(Seite 239)

Chamaedorea elegans,
Bergpalme (Seite 239)

Chlorophytum comosum,
Grünlilie (Seite 118)

Standort: hell, ohne direkte Sonneneinstrahlung im Frühling und Sommer

Chrysalidocarpus, Goldfrucht-palme (Seite 240)

Clerodendrum thomsoniae,
Losbaum (Seite 120)

Cocos nucifera, Kokospalme
(Seite 241)

Codiaeum variegatum, Kroton
(Seite 121)

x *Codonantanthus* 'Aurora'
(Seite 121)

Codonanthe crassifolia,
Codonanthe (Seite 122)

Coffea arabica, Kaffeestrauch
(Seite 122)

Corynocarpus laevigatus,
Karakabaum (Seite 125)

Crossandra infundibuliformis,
Crossandra (Seite 126)

Cryptanthus bivittatus,
Versteckblüte (Seite 197)

Ctenanthe pilosa, Ctenanthe
(Seite 127)

Cyclamen persicum,
Alpenveilchen (Seite 128)

Cyclamen persicum,
Alpenveilchen (Seite 128)

Cyclamen persicum,
Alpenveilchen (Seite 128)

Cymbidium, Cymbidie
(Seite 229)

Dendranthema,
Chrysantheme (Seite 130)

Standort: hell, ohne direkte Sonneneinstrahlung im Frühling und Sommer

Dendrobium nobile, Dendrobie
(Seite 230)

Dionaea muscipula,
Venusfliegenfalle (Seite 132)

Epidendrum
(Seite 230)

Euterpe edulis, Assaipalme
(Seite 241)

Ficus benjamina, Birkenfeige
(Seite 140 f.)

Ficus binnendijkii
(Seite 140 f.)

Ficus elastica, Gummibaum
(Seite 140 f.)

Gardenia jasminoides,
Knopflochblume (Seite 142)

Gerbera
(Seite 143)

Gloriosa superba, Ruhmeskrone
(Seite 144)

Grevillea robusta, Austral.
Silbereiche (Seite 145)

Guzmania lingulata,
Guzmanie (Seite 198)

Gynura, Samtpflanze
(Seite 146)

Haworthia, Haworthie
(Seite 146)

Hedera helix, Efeu
(Seite 147)

Hemigraphis, Halbgriffel
(Seite 147)

Standort: hell, ohne direkte Sonneneinstrahlung im Frühling und Sommer

Hippeastrum, Ritterstern
(Seite 148)

Hoya carnosa, Wachsblume
(Seite 149)

Hyacinthus orientalis, Hyazinthe
(Seite 149)

Hyophorbe verschaffeltii,
Flaschenpalme (Seite 242)

Hypocyrta glabra,
Kußmäulchen (Seite 150)

Hypoestes phyllostachya,
Punktblume (Seite 151)

Iresine
(Seite 152)

Ixora coccinea
(Seite 153)

Jacaranda, Palisanderbaum
(Seite 153)

Jacobinia carnea, Jakobinie
(Seite 154)

Jasminum, Jasmin
(Seite 154)

Jatropha podagrica,
Flaschenpflanze (Seite 155)

Justicia brandegeana,
Zimmerhopfen (Seite 155)

Kalanchoë, Flammendes
Käthchen (Seite 156)

Leptospermum scoparium,
Südseemyrte (Seite 156)

Livistona australis, Schirmpalme
(Seite 243)

Standort: hell, ohne direkte Sonneneinstrahlung im Frühling und Sommer

Medinilla magnifica, Medinille
(Seite 158)

Microcoelum weddelianum,
Kokospälmchen (Seite 243)

Monstera deliciosa, Fensterblatt
(Seite 159)

Myrtus communis, Myrte
(Seite 160)

Neoregelia carolinae, Neoregelie
(Seite 198)

Nepenthes, Kannenpflanze
(Seite 161)

Nephrolepis exaltata,
Schwertfarn (Seite 219)

Odontoglossum
(Seite 231)

Oxalis, Glücksklee
(Seite 162)

Pachira aquatica
(Seite 163)

Pandanus, Schraubenbaum
(Seite 164)

Paphiopedilum-Hybride,
Frauenschuh (Seite 231)

Parthenocissus, Jungfernrebe
(Seite 165)

Pellaea falcata, Pellefarn
(Seite 220)

Pellaea rotundifolia, Pellefarn
(Seite 220)

bunte *Peperomia*-Arten,
Zwergpfeffer (Seite 169)

Standort: hell, ohne direkte Sonneneinstrahlung im Frühling und Sommer

Phalaenopsis, Falterorchidee
(Seite 232)

Philodendron, Baumfreund
(Seite 170)

Philodendron bipennifolium
(Seite 170)

Phlebodium aureum, Tüpfelfarn
(Seite 221)

Phoenix canariensis, Dattelpalme
(Seite 244)

Pilea, Kanonierblume
(Seite 171)

Pleione bulbocodioides
(Seite 233)

Polyscias scutelliana, Fiederaralie
(Seite 173)

Polystichum, Borst. Schildfarn
(Seite 223)

Primula malacoides,
Fliederprimel (Seite 174)

Radermachera sinica,
Zimmeresche (Seite 174)

Rhododendron, Topfazalee
(Seite 175)

Rosa, Topfrose
(Seite 177)

Rosa, Topfrose
(Seite 177)

Saintpaulia, Usambaraveilchen
(Seite 178)

Saintpaulia, Usambaraveilchen
(Seite 178)

Standort: hell, ohne direkte Sonneneinstrahlung im Frühling und Sommer

Senecio-Cruentus-Hybride,
Cinerarie (Seite 182)

Solanum, Korallenstrauch
(Seite 184)

Sparmannia africana,
Zimmerlinde (Seite 185)

Stephanotis floribunda,
Kranzschlinge (Seite 186)

Streptocarpus, Drehfrucht
(Seite 187)

Syngonium podophyllum,
Purpurtute (Seite 188)

Tillandsia cyanea, Tillandsie
(Seite 199)

Trachycarpus fortunei,
Hanfpalme (Seite 245)

Vriesea splendens, Flammendes
Schwert (Seite 199)

Vuylstekeara cambria
(Seite 233)

Washingtonia robusta,
Priesterpalme (Seite 245)

Zebrina, Zebrakraut
(Seite 191)

Standort: halbschattig

Acorus gramineus, Zwergkalmus
(Seite 99)

Aglaonema, Kolbenfaden
(Seite 102)

Aglaonema commutatum,
Kolbenfaden (Seite 102)

Ampelopsis brevipedunculata,
Scheinrebe (Seite 104)

Standort: halbschattig

Anthurium, Flamingoblume
(Seite 105)

Anthurium, Flamingoblume
(Seite 105)

Aporocactus flagelliformis,
Schlangenkaktus (Seite 204)

Asplenium nidus, Streifenfarn,
Nestfarn (Seite 216)

Blechnum gibbum, Rippenfarn
(Seite 217)

Calathea, Korbmarante
(Seite 112)

Calathea orbifolia
(Seite 112)

Callisia elegans, Kallisia
(Seite 113)

Camellia japonica, Kamelie
(Seite 114)

Campanula, Hängeglockenblume (Seite 115)

Carex brunnea, Segge
(Seite 116)

Ceropegia woodii, Leuchterblume (Seite 117)

Cissus rhombifolia, Königswein
(Seite 118)

Clivia miniata, Riemenblatt
(Seite 120)

Coelogyne cristata
(Seite 229)

Columnea-Hybride, Columnee
(Seite 124)

Standort: halbschattig

Cordyline fruticosa, Keulenlilie
(Seite 125)

Cyperus involucratus, Zypergras
(Seite 129)

Darlingtonia californica,
Kobrapflanze (Seite 129)

Davallia, Büchsenfarn
(Seite 218)

Didymochlaena truncatula,
Erdfarn (Seite 218)

Dieffenbachia seguine,
Dieffenbachie (Seite 131)

Dipladenia sanderi, Dipladenie
(Seite 132)

Dracaena marginata, Drachenbaum (Seite 133)

Epipremnum pinnatum, Efeutute
(Seite 135)

Euonymus japonica, Jap. Spindelstrauch (Seite 135)

Exacum affine, Blaues Lieschen
(Seite 138)

x *Fatshedera,* Efeuaralie
(Seite 139)

Fatsia japonica, Zimmeraralie
(Seite 139)

Ficus lyrata, Geigenfeige
(Seite 140 f.)

Ficus pumila
(Seite 140 f.)

Fittonia verschaffeltii, Fittonie
(Seite 142)

Standort: halbschattig

Hibiscus rosa-sinensis, Hibiskus
(Seite 148)

Howeia forsteriana, Kentiapalme
(Seite 242)

Hoya bella, Wachsblume
(Seite 149)

Hydrangea macrophylla,
Hortensie (Seite 150)

Impatiens, Fleißiges Lieschen
(Seite 151)

Lilium, Topflilie
(Seite 157)

Maranta leuconeura, Pfeilwurz
(Seite 158)

Mimosa, Sinnpflanze
(Seite 159)

Nertera granadensis, Korallenmoos (Seite 161)

Pachystachys, Goldähre
(Seite 164)

grüne *Peperomia*-Arten,
Zwergpfeffer (Seite 169)

Philodendron scandens, Kletterphilodendron (S. 170)

Phyllitis scolopendrium,
Hirschzungenfarn (Seite 221)

Plectranthus, Harfenstrauch
(Seite 172)

Primula obconica, Becherprimel
(Seite 174)

Pteris cretica, Saumfarn
(Seite 223)

Standort: halbschattig

Rhapis excelsa, Steckenpalme
(Seite 244)

Rhoicissus, Kapwein
(Seite 176)

Saxifraga stolonifera, Steinbrech
(Seite 179)

Schefflera actinophylla,
Fingeraralie (Seite 180)

Schlumbergera, Weihnachts-
kaktus (Seite 211)

Scindapsus pictus, Gefleckte
Efeutute (Seite 180)

Scirpus, Simse
(Seite 181)

Selaginella, Mooskraut
(Seite 182)

Selenicerus, Königin der Nacht
(Seite 211)

Sinningia-Hybriden, Gloxinie
(Seite 183)

Smithiantha-Hybriden,
Smithianthe (Seite 184)

Soleirolia soleirolii, Bubiköpfchen
(Seite 185)

Stromanthe sanguinea,
Stromanthe (Seite 187)

Tradescantia, Dreimasterblume
(Seite 189)

Tulipa, Tulpe
(Seite 189)

Zantedeschia, Zimmerkalla
(Seite 191)

Standort: schattig

Adiantum, Frauenhaarfarn
(Seite 216)

Aeschynanthus, Schamblume
(Seite 101)

Aeschynanthus marmoratus,
Schamblume (Seite 101)

Alocasia x *Amazonica*, Alokasie
(Seite 103)

Aspidistra elatior, Schusterpalme
(Seite 107)

Begonia boweri, Tigerbegonie
(Seite 108 f.)

Chlorophytum comosum, grüne
Sorten (Seite 118)

Cyrtomium falcatum, Ilexfarn
(Seite 217)

Dracaena fragrans,
Drachenbaum (Seite 133)

Glechoma hederacea,
Gundelrebe (Seite 144)

Hedera helix, Efeu, grüne Sorten
(Seite 147)

Platycerium, Geweihfarn
(Seite 222)

Spathiphyllum, Einblatt
(Seite 186)

Tolmiea menziesii,
Henne mit Küken (Seite 188)

Pflanzenpflege

Üppig blühende und wachsende Zimmerpflanzen sind der Wunsch jedes Zimmerpflanzengärtners. Die richtige Pflege ist die Grundvoraussetzung dafür, daß die Pflanzen, die aus aller Herren Länder zu uns ins Zimmer kommen, überhaupt wachsen wollen und werden. Lassen Sie sich nicht entmutigen, wenn Ihre Zimmerpflanzen nicht so wollen wie gewünscht. Mit ausreichendem Wissen, Geduld und wachsender Erfahrung wird es Ihnen bald gelingen, auch schwierige Pflanzen erfolgreich zu pflegen.

Der Pflanzen-einkauf

Genau genommen legt man schon beim Einkaufen den Grundstein für die erfolgreiche Zimmerpflanzenpflege. Wenn Sie einige einfache Regeln beachten, haben Sie später umso länger Freude an Ihrem neuen Mitbewohner.

BEZUGSQUELLEN

Topfpflanzen werden uns an den verschiedensten Orten angeboten. Gartencenter und Blumenfachgeschäfte bieten neben der reichlichen Auswahl meistens auch eine qualifizierte Beratung. Auf dem Wochenmarkt haben wir vielleicht Gelegenheit, mit dem Zierpflanzengärtner, also dem Erzeuger selbst zu sprechen. Aber auch in Kaufhäusern, in Möbel- und Baumärkten, sogar im Supermarkt sieht man immer häufiger Topfpflanzen. Und spätestens, wenn uns im Verkaufsraum von Autobahntankstellen blühende Mini-Topfrosen daran erinnern, noch ein kleines Überraschungsgeschenk einzustecken, dann merken wir: Topfpflanzen sind fast überall zu bekommen. Auch über Versandgärtnereien kann man Arten oder Sorten erwerben, die im örtlichen Fachhandel nur schwer zu bekommen sind. Die Pflanzen werden in Spezialverpackungen verschickt und können so auch einen längeren Transportweg unbeschadet überstehen. In erster Linie erhält man über den Versandhandel jedoch Saatmischungen oder Blumenzwiebeln für die Fensterbank.

Entscheidend ist letztendlich, daß man sich trotz der Vielzahl an Angeboten nicht zu einem unüberlegten Kauf hinreißen läßt, über den man sich zu Hause ärgert.

STANDORT-FRAGEN

Das erste und wichtigste Auswahlkriterium sollte der spätere Standort der Pflanze sein. Überlegen Sie sich vorher genau, in welchem Zimmer, unter welchen Licht- und Temperaturverhältnissen die Pflanze weiterwachsen soll. Wenn Sie nicht sicher sind, welche Ansprüche die Pflanzen stellen, dann nutzen Sie die Beratung im Fachgeschäft. Oftmals finden sich auch Pflegehinweise auf kleinen Stecketiketten im Topf. Bedenken Sie außerdem, daß die Pflanzen mitunter sehr schnell wachsen, es muß also auch für ausreichend Platz gesorgt sein. Entscheidend für den Kaufentschluß ist weiterhin, wie uns die Pflanzen präsentiert werden. Ein schattenliebender Farn sollte nicht in der prallen Sonne angeboten werden. Und stehen wärmebedürftige Weihnachtssterne bei kalter Dezemberwitterung vor dem Geschäft, so sehen diese bunten Farbtupfer zwar sehr schön aus, trotzdem stellt sich die Frage, ob man an diesen Pflanzen zu Hause

Diese Pflanze hat Zugluft und ständiges Umstellen nicht vertragen. Sie wird allerdings wieder austreiben, wenn man die verwelkten Pflanzenteile zurückschneidet.

Mein Rat: Wenn an Ihrer neuen Birkenfeige *(Ficus benjamina)* in den ersten Tagen einige Blätter vergilben und dann abfallen, brauchen Sie nicht nervös zu werden. Das ist bei der Birkenfeige eine ganz normale Reaktion auf den Standortwechsel. Pflücken Sie gelb werdende Blätter nicht gleich ab, sondern warten Sie, bis diese von selbst abgefallen sind.

Hängeglockenblume

Birkenfeige

noch viel Freude haben wird.

AUGEN AUF BEIM PFLANZENKAUF

Gut gepflegte Pflanzen erkennt man beispielsweise am kompakten Wuchs. Lange, sparrige Triebe lassen auf Lichtmangel bei der Anzucht schließen. Gelb werdende Blätter im unteren Pflanzenbereich weisen ebenfalls auf Lichtmangel hin, können aber auch durch Nährstoffmangel verursacht sein. Häufig zu beobachten sind braune Blattspitzen, ein Zeichen für Trockenheit oder zu geringe Luftfeuchtigkeit. Blühende Pflanzen kauft man am besten, wenn die Knospen sich noch nicht geöffnet haben. Bei manchen Blühern, z. B. Hibiskus oder Passionsblume, besteht allerdings die Gefahr, daß sich allzu junge Knospen am neuen Standort nicht mehr entfalten. Es lohnt sich auch, einen prüfenden Blick auf den Topf zu werfen. Die Topfgröße sollte dem Format der Pflanze angemessen sein. Ein zu kleiner Topf erschwert die Pflanzenpflege vor allem beim Gießen und Düngen. Die Erde muß ausreichend mit Wasser versorgt sein; Staunässe vertragen die meisten Pflanzen genausowenig wie übermäßiges Austrocknen, zu erkennen an einem zusammengeschrumpften Topfballen. Besondere Vorsicht ist geboten, wenn der Ballen feucht ist, die Blätter aber schlaff an der Pflanze herabhängen, oftmals ein Hinweis auf Wurzelfäulnis. Überhaupt sollte es selbstverständlich sein, daß die Gewächse frei von Schaderregern sind. Soweit möglich, untersucht man beim Kauf wenigstens die jüngeren Blätter oder stichprobenartig die Blattunterseiten einiger ausgewachsener Blätter. Viele Schädlinge halten sich bevorzugt an diesen Stellen auf. Ein Pilzbefall kann auf den ersten Blick leicht übersehen werden. Auffällig ist der Echte Mehltau, den man am abwischbaren, weißen Pilzrasen auf den Blättern erkennt.
Sollten Sie erst zu Hause bemerken, daß die Pflanzen von Schaderregern befallen sind, dann scheuen Sie sich nicht, die Pflanze im Geschäft zu reklamieren. Wenn Sie eine Pflanze gekauft haben, dann transportieren Sie diese schonend zu sich nach Hause. Ein längerer Aufenthalt im von der Sonne aufgeheizten Auto kann ihr genauso schaden wie Kälte oder Zugluft im Winter. Zu Hause angekommen, sollten Sie Ihren Neuerwerb langsam an die neue Umgebung gewöhnen. Oftmals ist es besser, sonnenliebende Gewächse in den ersten Tagen zunächst an einen hellen, nicht aber vollsonnigen Standort zu stellen.

VORSICHT: GIFT-PFLANZEN!

Es klingt zwar etwas dramatisch, von Giftpflanzen zu sprechen. Aber es ist tatsächlich so, daß manche Zimmerpflanzen Stoffe enthalten, die beim Menschen oder auch bei Haustieren allergische Reaktionen oder Vergiftungserscheinungen auslösen. Vor allem wenn die Gefahr besteht, daß Kinder Pflanzenteile abpflücken und in den Mund stecken, sollte man solche Pflanzen aus dem Zimmer verbannen oder zumindest so aufstellen, daß sie für Kinder nicht erreichbar sind. Zu den kritischen Pflanzen gehören:

Wenn es auf der Fensterbank zu eng wird: hier Efeu in einer Ampel.

– Dieffenbachie (*Dieffenbachia seguine*): Alle Pflanzenteile enthalten Oxalat-Kristalle, die Schwellungen der Schleimhaut und Entzündungen verursachen.
– Korallenbäumchen (*Solanum pseudocapsicum*): Nach einem Verzehr der schmückenden Beeren treten Übelkeit, Leibschmerzen und Schläfrigkeit auf.
– Kroton (*Codiaeum variegatum*): Enthält farblosen Milchsaft, der bei Berührung mit der Haut Kontaktekzeme auslöst.
– Becherprimel (*Primula obconica*): In den Drüsenhaaren des Blütenstandes ist ein Sekret (Primin) enthalten. Bei empfindlichen Personen löst dieses Sekret eine schwere Hautentzündung aus.
Andere beliebte Pflanzen, die giftige oder hautreizende Stoffen enthalten, sind: Weihnachtsstern (*Euphorbia pulcherrima*), Christusdorn (*Euphorbia milii*) und die Madagaskarpalme (*Pachypodium lamieri*).(Diese Liste erhebt keinen Anspruch auf Vollständigkeit!)

Kaufen Sie Pflanzen, wenn die Knospen größtenteils noch nicht aufgeblüht sind.

Pflanzenstandort Zimmer

Für die meisten Zimmerpflanzen bedeutet der Standort Zimmer eine Verschlechterung. Beachten Sie daher die Bedürfnisse ihrer Pflanzen, dann blühen und grünen sie auch in der Wohnung prächtig und üppig.

Aufsitzerpflanze *Tillandsia fasciculata* am Naturstandort

NEUE UMGEBUNG

Versuchen Sie einmal, sich in die Lage Ihrer Pflanze zu versetzen. Ursprünglich stammt sie vielleicht aus dem tropischen Regenwald, hier wären ihre Standortansprüche optimal erfüllt: Gleichmäßig hohe Luftfeuchtigkeit und Wärme, ein gut durchlüfteter, nicht zu feuchter Boden, dazu ein Platz, der zwar hell, aber geschützt vor zu starker Sonneneinstrahlung ein

optimales Wachstum ermöglicht. Nun kommt die Pflanze, die wir in unserem Zimmer haben, nicht aus dem Regenwald, sondern wurde in einer Gärtnerei unter Glas herangezogen. Der Gärtner hatte die Möglichkeit, die Kultur im Gewächshaus optimal zu steuern. Die Pflanzen standen hell, wurden bei zu starker Sonnenstrahlung automatisch schattiert oder gelüftet, Tag- und Nachttemperaturen konnten genau eingestellt werden.

AUCH PFLANZEN KENNEN „STRESS"

Im Vergleich zum Gewächshaus ist der Standort Fensterbank für die Pflanze meistens eine Verschlechterung. Trockene Heizungsluft, Lichtmangel im Winter und Zugluft, das sind Umstände, unter denen die Pflanzen leiden. Sie sind gestreßt und reagieren mit Wachstumsstockungen oder einer erhöhten Anfälligkeit gegenüber Krankheiten und

Schädlingen. Ein weiteres Problem ist, daß verschiedene Pflanzenarten in einem Zimmer meistens auch unterschiedliche Ansprüche an ihre Umgebung stellen. Anders als der Gärtner im Gewächshaus kann sich der Zimmerpflanzenliebhaber aber viel intensiver um seine Zöglinge kümmern. Da er sie täglich im Blickfeld hat, erkennt er schnell, wann Pflegemaßnahmen zu ergreifen sind und kann sich für die einzelne Pflanze außerdem wesentlich mehr Zeit nehmen.

HERKUNFT BEACHTEN

Viele der uns bekannten Zimmerpflanzen sind keine Wildformen, sondern spezielle Züchtungen oder Sorten, die so in der Natur nicht vorkommen. Einige Beispiele sollen zeigen, daß man trotzdem vom Ursprung mancher Pflanzen auf ihre Bedürfnisse schließen kann.

Lanzenrosette (*Aechmea fasciata*): Wie bei vielen anderen uns bekannten Zimmerpflanzen ist das Hauptverbreitungsgebiet dieser Bromelienart der tropische Regen- und Nebelwald Brasiliens. Dort wächst sie entweder am Boden oder auch als Epiphyt (Aufsitzer) im Geäst der Bäume. Gleichmäßig hohe Temperaturen, ein relativ heller Standort ohne direkte Sonneneinstrahlung und vor allem eine extrem hohe Luftfeuchtigkeit von über 90 Prozent, das sind Bedingungen, unter denen die Lanzenrosette besonders gut gedeiht. Zu Hause stellen wir die Bromelie in ein helles, sonniges Zimmer. Bei starker Einstrahlung im Sommer müssen wir sie entweder

Unsere Topfpflanzen müssen sich sehr umstellen, wenn sie fern von ihren natürlichen Standorten, z.B. tropischer Regenwald, auf unserer Fensterbank zurechtkommen wollen.

schattieren oder an einen schattigeren Standort stellen. Die Temperaturen sollten nicht unter 18 °C absinken, optimal sind 20 bis 22 °C. Günstig ist tägliches Einsprühen mit handwarmem, möglichst kalkfreiem Wasser.

Yucca-Palme *(Yucca elephantipes)*: Der Name täuscht, es handelt sich hier nicht um eine Palme, sondern um ein Agavengewächs aus Mittel- bzw. Nordamerika. Dort gedeiht sie auch an relativ trockenen Plätzen, bevorzugt hohe Temperaturen und direkte Sonne, kann sich aber auch mit niedrigen Nachttemperaturen bis zum Gefrierpunkt arrangieren.

Am besten verbringt die Yucca die frostfreie Zeit bei uns im Freien, an der wärmsten und sonnigsten Stelle, auf der Terrasse oder im Garten. In der Wohnung ist es vor allem im Winter wichtig, daß sie so hell wie möglich steht, dann verträgt sie auch etwas höhere Heiztemperaturen. Günstiger ist jedoch die Überwinterung in einem hellen und kühlen Raum.

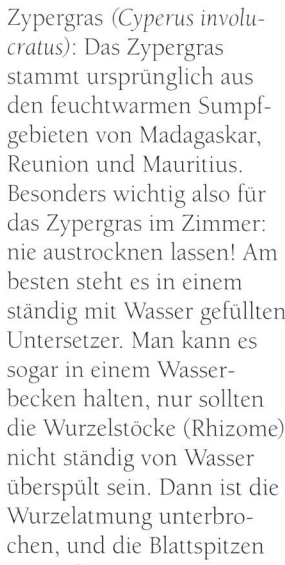

Großmutterpflanze Glockenblume erfreut sich heute wieder großer Beliebtheit.

Zypergras *(Cyperus involucratus)*: Das Zypergras stammt ursprünglich aus den feuchtwarmen Sumpfgebieten von Madagaskar, Reunion und Mauritius. Besonders wichtig also für das Zypergras im Zimmer: nie austrocknen lassen! Am besten steht es in einem ständig mit Wasser gefüllten Untersetzer. Man kann es sogar in einem Wasserbecken halten, nur sollten die Wurzelstöcke (Rhizome) nicht ständig von Wasser überspült sein. Dann ist die Wurzelatmung unterbrochen, und die Blattspitzen vertrocknen.

BESONDERE STANDORTE

In der Regel stellen wir unsere Pflanzen auf die Fensterbank oder in die Nähe des Fensters. Besonders attraktiv wirken sie aber auch dort, wo man normalerweise kaum Pflanzen erwartet, beispielsweise im Badezimmer, im Hausflur oder im Eingangsbereich des Hauses. Welche Pflanzen sind für diese Plätze geeignet? Vorausgesetzt, es kommt genügend Tageslicht ins Badezimmer, findet man hier einen idealen Platz für Farngewächse. Sie kommen mit etwas weniger Licht aus und brauchen einen nicht zu kalten Raum mit möglichst hoher Luftfeuchtigkeit.

Im geschlossenen Blumenfenster wachsen und blühen selbst die empfindlichsten Topfpflanzen prächtig und gesund.

Möchten Sie auch im Badezimmer nicht auf Blüten verzichten, dann versuchen Sie es doch einmal mit dem ebenfalls schattenverträglichen und pflegeleichten Einblatt *(Spathiphyllum)*. Im Hausflur ist normalerweise das Licht der begrenzende Faktor, auch schattenliebende Gewächse kommen hier nicht zurecht. Andererseits kann eine schöne Grünpflanze diesen Wohnbereich sehr beleben. Auf Dauer wird man allerdings auf eine künstliche Pflanzenbeleuchtung nicht verzichten können; Näheres dazu erfahren Sie im Kapitel „Licht und Beleuchtung" ab Seite 40.

Besonders einladend ist der Eingangsbereich eines Hauses, wenn die Gäste von einer schönen Grünpflanze begrüßt werden. Vor allem in der kalten Jahreszeit bekommen es die Pflanzen hier aber mit Zugluft und großen Temperaturschwankungen zu tun. Die nötige Helligkeit vorausgesetzt, könnte man es vielleicht mit einer robusten Yucca-Palme oder einem Gummibaum versuchen.

GESCHLOSSENE BLUMENFENSTER, VITRINEN, TROPENFENSTER

Heute ist es meistens so, daß unsere Zimmerpflanzen hinter gut isolierendem Thermopaneglas auf der Fensterbank stehen. Früher boten doppelt verglaste Fenster mit dazwischenliegender Fensterbank ideale Bedingungen, um ein geschlossenes Blumenfenster einzurichten. Schließlich sind die Voraussetzungen an einem solchen Standort für die Pflanze ideal, denn das Blumenfenster bietet viel Licht und vor allem hohe Luftfeuchtigkeit. Ebenfalls von Vorteil ist, daß von unten keine warme Heizungsluft an den Pflanzen aufsteigt. Unter diesen Voraussetzungen können sogar anspruchsvollere Gewächse bestens wachsen und blühen. Auch in der kalten Jahreszeit kommen den meisten Pflanzen die kühlen Temperaturen im Blumenfenster entgegen: bei starken Frösten kann es allerdings zu Kälteschäden an Blättern oder Wurzeln kommen.

Helles Sonnenfenster

Warmes Sonnenfenster mit „wilden Kerlen": Opuntie, Greisenhaupt, *Cereus* und *Echinocereus* (von vorn nach hinten) sowie Leuchterblume (oben)

WARMER STANDORT (NICHT UNTER 20 °C)

Da scheint die volle Sonne in Ihr Fenster, selber mögen Sie es auch recht gemütlich warm. Demnach brauchen Sie wärme- und sonnenliebende Pflanzen. Nehmen Sie eine Reihe unterschiedlicher grüner und blühender Gewächse. *Gloriosa* verträgt trotz ihrer grazilen Erscheinung volle Sonne und mag es warm. Zu ihr gesellt sich die etwas strengere Ananas, die auch exotisches Flair ausstrahlt. *Plectranthus fruticosus* nimmt der Ananas die Strenge. In den letzten Jahren tauchen im Handel immer wieder interessante Arten von Sansevierien auf. Auch sie lieben einen solchen Standort und sind etwas interessanter als die *Sansevieria trifasciata*, der Bogenhanf.

Bei manchen Leuten bleibt die erste große Liebe heiß. Sie halten ihren Sukkulenten, die sie vielleicht einmal als Teenager bekamen, die Treue. Verbirgt sich dahinter wohl immer noch der Traum von der Wildnis und vom Abenteuer? Wenn das so ist, dann verwandeln Sie doch Ihr Südfenster in eine heiße Zone mit wilden Kerlen. Einer mit Bart, unter dem er seine gefährlichen Waffen versteckt, ist *Cephalocereus*, das Greisenhaupt. Stellen Sie gleich einen Verwandten zu ihm, *Cereus,* den Säulenkaktus. *Ceropegia*, die Leuchterblume mit den Schnüren, an denen die graugrünen Blätter sitzen, fügt sich gerne ein. Dann lassen Sie noch einen verzweigten *Echinocereus*, ein

paar *Lithops,* die Lebenden Steine, und als Krönung der wilden Gesellschaft noch eine *Opuntie,* einen Feigenkaktus, am Fenster ihren Platz einnehmen. Besitzen Sie einige schöne Steine, so legen Sie diese dazwischen. Sie haben aber auch die Möglichkeit, das wilde Team in einen Pflanzenkasten zu stellen, den Sie mit Sand füllen, dann haben Sie Ihre kleine Wüstenwildnis perfekt arrangiert.

MITTLERE TEMPERATUREN (12 BIS 20 °C)

Sie haben eine ganz normale Einrichtung, freuen sich an Blüten und riechen auch schon mal ganz gerne etwas. Der Ritterstern, Amaryllis, ist gar nicht so eisern wie sein Name. Je nach Geschmack entscheiden Sie sich für ein pastellig-rosafarbenes, ein weißes oder rotes Exemplar. Vielleicht gefällt es dem Ritterstern, wenn sich ein kleines Kußmäulchen zu ihm gesellt. Es könnte aber auch ein *Catharanthus*, das Madagaskar Immergrün oder Immergrünchen, sein. Recht duftig kann es bei einem Jasmin zugehen. Ist Ihnen der Duft zu aufdringlich, dann entscheiden Sie sich für die aus Brasilien stammende *Bougainvillea*. Auf dem Fenstersims ist noch Platz, dann noch eine Myrte dazu.

Eine mediterran anmutende Pflanzengemeinschaft könnte durch einige recht markante Pflanzen geprägt werden. Wenn ich an den Süden Europas denke, fallen mir nicht nur Spaghetti oder Gyros ein, sondern auch Oliven und *Citrus*. Diese Pflanzen lieben es, während des Sommers im Freien stehen zu dürfen, aber im Winter wird es ihnen dort etwas zu kalt an den Ohren. Gerade ein Südfenster in einem Raum mit Temperaturen zwischen 10 und 16 °C ist der richtige Ort für diese Pflanzen. Nur, was könnte noch zu diesen Pflanzen passen? Bleiben wir im Lebensbereich des *Citrus*. Mehr oder weniger als Unkraut gilt bei den Südeuropäern der Klee. Aber wie heißt es so treffend: „Dem Fröhlichen ist jedes Unkraut eine Blume, dem Griesgram jede Blume ein Unkraut." Das gilt auch für den wunderschönen *Oxalis*. Vom Milieu genau richtig zu *Citrus* und Olive. Da gibt es aber noch jemanden, der rotbackige Früchte hervorbringt. Die Zwergform der *Punica*, Granatapfel oder auch Liebesapfel genannt. Mit einigen *Crassulas* runden Sie das mediterrane Bild ab.

NIEDRIGE TEMPERATUREN (3 BIS 12 °C)

Vielleicht gibt es bei Ihnen in der ungeheizten Diele ein Fenster nach Süden. Ganz so problematisch ist auch dieser Platz nicht. Die meisten Kübelpflanzen könnten hier über den Winter gebracht werden. Aber auf ein normales Fensterbrett bringen Sie einen mittelprächtigen Oleander nie im Leben hinauf. Also muß handlicheres Pflanzenmaterial her. Recht gut kommen Sie hier mit der *Nolina*, dem Elefantenfuß, zurecht, wenn es sich um ein kleineres Exemplar handelt. Auch hier gedeiht der hübsche Klee recht gut. Der Korallenstrauch, *Solanum*, gesellt sich als dritte Pflanze dazu.

Die Passionsblume, *Passiflora*, mag es im Winter auch nicht so sehr warm, aber sonnig. Die kühle Atmosphäre ist wesentlich bekömmlicher für sie. Als kleine Pflanze gesellt sich noch eine *Saxifraga*, der Steinbrech, dazu.
Natürlich muß im Frühling, wenn die Sonne kräftig scheint und noch nicht so hoch wie im Sommer steht, für einen leichten Sonnenschutz gesorgt werden. Nach dem Winter sind die Pflanzen erst wieder an die Kraft der Sonne zu gewöhnen. Hartlaubige, ledrige Blätter vertragen allerdings einiges an Sonne, auch Sukkulenten sind hart im Nehmen.

Blüten und Duft am Sonnenfenster mit mittleren Temperaturen: Myrte, Ritterstern, Jasmin und Kußmäulchen (von vorn nach hinten)

Ost- oder West- fenster

Obwohl Ost- und Westfenster zwei entgegengesetzte Himmelsrichtungen aufweisen, können hier gleiche Pflanzen plaziert werden. Es ist das Fenster mit der Morgensonne und das mit der Nachmittagssonne. Im Frühling muß an einem sonnigen Tag allerdings trotzdem etwas aufgepaßt werden, denn gerade am frühen Nachmittag besitzt die Sonne viel Kraft. Pflanzen mit weichen Blättern halten das nicht unbedingt aus und brauchen Schatten.

WARMER STANDORT (NICHT UNTER 20 °C)

Zu einem nüchternen und klaren Ambiente schlage ich einige herrschaftliche Pflanzen vor.
Sehr markant erscheint die *Alocasia* durch die stark ausgeprägten Blattadern. Ein Aronstabgewächs fügt sich in diesen Stil ein, Anthurie oder auch Flamingoblume genannt. Ein Kußmäulchen stellt einen Gegenpol zu den beiden Herrschaften dar. Die Guzmanie aus der Familie der Ananasgewächse und ein *Ficus pumila* fühlen sich in dieser Gesellschaft wohl. Eine Schönheit, die im Frühling aus ihrem Winterschlaf erwacht, ist eine ganz andere Form der Aronstabgewächse, das *Caladium*. Durch die fantastische Leichtigkeit und interessante Farbe der Blätter findet sie schnell Liebhaber. Die weiche schwingende Form des *Scirpus*, das

wie ein Riedgras aussieht, verleiht dem *Caladium* noch mehr Eleganz. Ein etwas schüchterner Begleiter ist die *Gynura* mit ihren samtigen Blättern. Noch einmal eine Pflanze, die feuchte Füße braucht, ist das Zypergras. In ihrer Form vermittelt auch diese Pflanze ein leichtes und ungezwungenes Leben.

MITTLERE TEMPERATUREN (12 BIS 20 °C)

Welchem Blumenfreund schlägt das Herz beim Anblick einer Orchidee nicht höher? Nur, wo stelle ich die Pflanze hin, das kommt, wie so oft, eben auch hier immer ganz darauf an. Nehmen Sie zuerst einmal einen großen Beschützer für Ihr Kleinod, die Samtpappel oder den Zimmerahorn. Wahrscheinlich kennen Sie diese Pflanze besser als *Abutilon*. *Oncidium* ist eine Orchidee, die, wie der *Abutilon*, aus Mittel- und Südamerika stammt. Farne fügen sich immer in solche Milieus ein. Hier denke ich an Pteris, den Saumfarn. Eine weiche Form des *Asparagus* (Zierspargel), zum Beispiel ein 'Sprengeri' oder 'Cupressoides', rundet das Gesamtbild ab.
Eine völlig andere Stimmung umgibt eine ebenso aus Mittelamerika stammende Orchidee, die etwas seltener ist: *Epidendrum* weist unterschiedliche Arten auf. Recht interessant wirkt die Kombination des *Epidendrum* mit einer *Araucaria*, der Zimmer-

Herrschaftliche Pflanzen am warmen Standort: *Ficus pumila,* Anthurie, Alokasie (höchste Pflanze) und Guzmanie (von vorn nach hinten)

tanne. An einem West- oder Ostfenster genau richtig plaziert ist ein weiterer Gast aus Amerika, die Sinnpflanze, bekannter als Mimose. Zwischen all den Amerikanern ein kleiner *Ficus pumila*, eine Blattbegonie und dann noch zur Beruhigung ein weiches Mooskraut, *Selaginella*. Durch die Form der Zimmerlinde und den exotischen Hauch der Orchidee findet dieses Fenster ganz sicher nicht nur bei allen Familienmitgliedern Beachtung.

Die Kentie mußte einen weiten Weg zurücklegen, bis sie zu uns kam. Wenn Sie für diese Palme an einem Ostfenster Platz finden, kann sie ihren Blick Richtung Heimat lenken. Von der östlich von Australien liegenden Lord-Howe-Insel, deren Hauptstadt Kentia heißt, kam die Howeia-Palme, die Kentie, zu uns nach Europa. Vielleicht ist sie unterwegs auf Korsika dem Bubikopf, *Soleirolia soleirolii*, begegnet und hat ihn gleich mitgebracht. Und dann ist da noch eine *Passiflora* an Ihrem Ostfenster gelandet. Sie kam, je nach Art, entweder auch aus Australien oder aus Amerika. Wo der Pfeffer wächst, ist jedem bekannt. Steht er an Ihrem Ostfenster, dann haben Sie es nicht ganz so weit, wenn Sie dorthin geschickt werden, wo er wächst. Damit die multikulturelle Gesellschaft komplett wird, holen wir noch einen schönen afrikanischen Bergbewohner dazu, das Usambaraveilchen. Es wird sich in der Umgebung recht gut aufgehoben fühlen. Ohne weiteres läßt sich die eine oder andere Blütenpflanze dazustellen. Je nach Jahreszeit verändert sich dann der Charakter der Gemeinschaft ein kleines bißchen, was kein Nachteil sein muß.

NIEDERE TEMPERATUREN (3 BIS 12 °C)

Seit Jahren beliebt und aus dem Sortiment der Blütenpflanzen nicht wegzudenken ist das Alpenveilchen. Die Vielzahl der Sorten macht diese Pflanze immer wieder attraktiv. Einen Hauch Nostalgie strahlt die Zimmerlinde, *Sparmannia africana*, aus. Die hellgrünen, herzförmigen Blätter lassen so manches Herz höher schlagen. Der Geisklee reiht sich dem Milieu der Zimmerlinde fantastisch ein. Ein von den Gebirgen der südlichen Halbkugel stammendes Pflänzchen ist die Korallenbeere *Nertera*. Es sieht dem Bubikopf recht ähnlich, nur daß es eben die orangeroten Beeren trägt. Es kann auch jederzeit die eine durch die andere Pflanze ersetzt werden. Im Winter kann an diesem Fenster auch jederzeit eine Hyazinthe ihren Platz zugewiesen bekommen, es sei denn, daß ihr starker Duft Ihnen zu intensiv ist. Das nostalgische Flair wird durch dieses Liliengewächs allerdings noch verstärkt.

Denkt man an Kamelien, so fällt einem sofort das Tessin mit seiner unbeschreiblich schönen Landschaft am Lago Maggiore oder Lago di Lugano ein. Das Land von Maroni, Zitrone, Magnolie und Kamelie. Aber ganz so einfach ist das auch nicht. Eigentlich müßten die Gedanken nach Japan, Korea und Nordchina schweifen. Eine Kamelie und ein Alpenveilchen zusammen auf einem Fensterbrett vertragen sich recht gut. Auch ein Japaner ist die Fatsia, Zimmeraralie genannt. Ihre Ansprüche, was Licht und Wärme betreffen, sind identisch mit denen der Kamelie. Eine blühende *Campanula*, besser als Glockenblume bekannt, oder eine Primel können jederzeit zu den Gästen aus Fernost gestellt werden. Wichtig bei den niederen Temperaturen: Mit dem Wasser muß sparsam umgegangen werden.

Edle Stimmung bei mittleren Temperaturen: *Oncidium* (Orchidee), *Abutilon, Pteris und Asparagus* (von vorn nach hinten)

Helles Nordfenster

Noble Gesellschaft am warmen Nordfenster: Drachenbaum, *Maranta*, *Phalaenopsis* und der Frauenhaarfarn (von vorn nach hinten)

WARMER STANDORT (NICHT UNTER 20 °C)

Das Furchterregendste an dieser Pflanze ist der Name. Der Drachenbaum ist allerdings kein feuerspeiendes Wesen. Als starker Partner ist *Dracaena marginata* mit seinen roten Blatträndern gerade das Richtige zur Malaienblume, als *Phalaenopsis* besser bekannt. Die immer wieder neu erscheinende Vielfalt der Farben und Größen der Blüte läßt sie nie langweilig werden. Ein richtiger Compagnon dazu ist die *Maranta*. Durch die auffällige Zeichnung der Blätter verleiht sie dieser Gruppe Lebendigkeit. Ganz anders geartet erscheint dazu der Frauenhaarfarn. Die grazilen Wedel in einem herrlichen lichten Grün scheinen fast zu schweben, was der Eleganz der *Phalaenopsis* sehr zugute kommt.

Nicht wegen der schönen schwingenden Palmwedel, sondern wegen einer gewissen Flexibilität komme ich auch beim Nordfenster auf die Kentie zu sprechen. Dieser herrlichen Palme folgen einige ansprechende Pflanzen auf den Sims. Ein *Ficus pumila* gesellt sich fast schüchtern zu der dominanten Kentie und bekommt gleich noch einen feinen Nachbarn. *Paphiopedilum*, der Frauenschuh, ist in unterschiedlichen Formen zu

bekommen. Nicht nur, daß es Ausführungen für große und kleine Füße gibt, die Blütenfarbe reicht von weißgrün bis rotbraun. In dieser noblen Runde fehlt nur noch das zierliche, mimosenhafte ältere Fräulein, das vor lauter Höflichkeit kaum auffällt. Das ist in diesem Fall *Adiantum*, der Frauenhaarfarn.

MITTLERE TEMPERATUREN (12 BIS 20 °C)

Bei etwas weniger Wärme kann ein Nordfenster einen ganz anderen Charakter bekommen. Recht schwungvoll geht es manchmal beim Zierspargel zu. Außer dem altbekannten *Asparagus densiflorus* 'Sprengeri' gibt es noch eine ganze Reihe interessanter Vertreter dieser Gattung. Recht häufig erscheint in letzter Zeit *A. densiflorus* 'Myriocladus' und *A. falcatus*. Beide kann ich mir in folgender Pflanzengemeinschaft vorstellen: Zum „wilden" Zierspargel zuerst etwas Sanftes, Weiches, ein *Selaginella*, auch Mooskraut genannt. Eine Pflanze aus Großmutters Zeit, die es nicht wert ist, in Vergessenheit zu geraten, ist die Schusterpalme (*Aspidistra*). Ihre großen, kräftig grünen Blätter setzen den passenden Kontrapunkt zu dem Zierspargel. Die *Aspidistra* ist, wie der *Asparagus*, robust und unempfindlich. Zu dieser bis jetzt recht grünen Sippschaft sind eine Reihe blühender Pflanzen denkbar. Von Drehfrucht über Pantoffelblume und Primel, die alle zu

Großmutters Charakter passen, bis zu Kalanchoë und Begonie. Ein ganz grünes Fenster muß jedoch nicht unvollkommen wirken, besonders wenn es sich um solche oder ähnliche Pflanzen handelt. Ein schönes Exemplar von einem Bubikopf schmeichelt den Gästen auf der Fensterbank.

Aus Mexiko stammt die bei uns recht beliebte Bergpalme, *Chamaedorea*. Ebenso über den großen Teich kam *Odontoglossum*, eine Orchidee. Die Blüten von *Odontoglossum grande* sind gelb, rotbraun getigert. Sie macht einen recht robusten Eindruck. Viel zierlicher erscheint der kleinblättrige *Cissus striata*. Er und mit ihm ein *Nephrolepis*-Farn verhelfen der Orchidee zu ihrer vollen Beachtung. Ein Bubikopf im Verein mit einem Usambaraveilchen runden das harmonische Bild dieses Blumenfensters ab. Viel strenger marschiert die nächste Pflanzengruppe auf. Angeführt von einer *Schefflera* folgt zunächst *Tetrastigma*. Der Kastanienwein wird oft an Bambusstäben hochgebunden und kann somit seine auf der Unterseite behaarten Blätter zur Schau stellen. Ein Kußmäulchen fühlt sich bei diesem kräftigen Burschen gut aufgehoben. Auch der zarte *Pteris* braucht nichts zu befürchten, denn jedes strenge Wesen braucht etwas Liebenswürdiges und Feines neben sich.

NIEDERE TEMPERATUREN (3 BIS 12 °C)

Eine Pflanze, die in jüngster Zeit aus der botanischen Mottenkiste hervorgekramt wurde und es zu recht beachtlichem Ansehen gebracht hat, ist die Hortensie. Ob es sich nun um die ganz normale Form mit den großen ballenförmigen Blüten oder die Tellerhortensie handelt, die nur am Randbereich die Hochblätter ausbildet, spielt nicht die entscheidende Rolle. Wichtig ist, daß diese schöne Pflanze ihr Friedhofsimage verliert. Aralie oder Efeuaralie, je nach Geschmack, begleiten die Königin Hortensie auf ihrem Fensterbrett. Ein alter Freund, dem es auch nicht nur auf der Friedhofsmauer gefällt, ist *Hedera helix,* unser Efeu. Die Bedingungen an diesem Fenster sind für ihn genau passend. Im Frühling blüht außer der Hortensie noch eine zu Unrecht in den Schatten gedrängte Schönheit, das Kreuzkraut *(Cinerarie)*.

Gewiß bereitet es Ihnen Freude, die Palette der Varianten zu erweitern oder zu variieren. Der letzte Vorschlag für die Zusammenstellung verschiedener Pflanzen für ein Blumenfenster ist noch lange nicht die letzte Kombinationsmöglichkeit. Gehen wir noch einmal Richtung Osten, diesmal in die Region des Himalaja und nach Ostasien. Durch die roten, erbsengroßen Beeren fällt sie zuerst auf. Der Rest ist aber auch nicht zu verachten. Die Skimmie ist eine recht robuste Pflanze. Ihre weißen Blütenrispen sind etwas weniger auffällig als die Früchte. Auch zu ihr gesellt sich der in Asien beheimatete Efeu recht gern. Haben Sie ein handliches Exemplar einer *Aucuba?* Dann stellen Sie diese im Winter zu Ihrer Skimmie. Sie werden sich gut vertragen. Eine Primel erinnert Sie dann gewiß an den Frühling und bringt durch die kräftigen Pastelltöne Leben in die Gesellschaft.

Pflegeleicht und fast zu jedem Raum mit mittleren Temperaturen passend: *Asparagus*, *Streptocarpus*, Blattbegonien und Schusterpalme (von vorn nach hinten)

Licht und Beleuchtung

Die Pflanzen sind auf eine ausreichende Licht-
zufuhr angewiesen, um üppig wachsen zu kön-
nen. Wir müssen einige Regeln beachten, um
den Ansprüchen unserer Zimmergenossen ge-
recht zu werden.

Phalaenopsis liebt es hell, will aber keine direkte Sonne.

Es ist schon erstaunlich, welche vielfältigen chemischen Prozesse sich – für uns unsichtbar – in der Pflanze abspielen. Der wichtigste Vorgang ist zweifellos die Photosynthese: Die Pflanze verbaut Wasser und Kohlendioxid aus der Luft zu einer Kohlenhydratverbindung und setzt dabei Sauerstoff frei. Die Kohlenhydratverbindung ist die Grundlage für den Aufbau des Gewebes, ohne Photosynthese gäbe es kein pflanzliches Wachstum. Außer Kohlendioxid und Wasser braucht die Pflanze für diesen Vorgang noch Energie, also nutzt sie das Sonnenlicht als Energiequelle für die Photosynthese.

LICHTVERHÄLT-NISSE

Die Strahlung der Sonne wird in der Einheit Lux gemessen. In unseren Breiten erreicht die Bestrahlungsstärke an einem hellen Sommertag im Freien Höchstwerte von bis zu 100 000 Lux, die Durchschnittswerte liegen im Sommer zwischen 30 000 und 50 000 Lux, bei stark bedecktem Himmel mißt man nur noch 5 000 Lux.

Für die Wohnung gelten diese Werte natürlich nicht. Das Sonnenlicht fällt nicht direkt auf die Pflanze, sondern wird durch die Fensterscheibe abgeschwächt, vielleicht wird die Lichtzufuhr zusätzlich durch einen vor dem Fenster stehenden Baum oder durch Gardinen behindert. Im Sommer werden Sie im Zimmer, unmittelbar hinter der Fensterscheibe, 3 000 bis 5 000 Lux messen, zur Zimmermitte hin nehmen die Werte weiter ab: Zwei bis drei Meter vom Fenster entfernt sind es im Sommer nur noch 500 Lux.
Im Winter werden nicht nur die Tage kürzer, auch die Strahlung läßt deutlich nach. Direkt hinter der Fensterscheibe liegen die Werte dann unter Umständen nur noch bei 500 Lux, in der Zimmermitte ist es schon fast dunkel.

MESSUNG DER LICHTSTÄRKE

Die gängigen Zimmerpflanzen benötigen, je nach Art, Lichtstärken von mindestens 500 bis 3 000 Lux. Unter 500 Lux können nur noch besonders schattentolerante Gewächse existieren, die meisten Pflanzen zehren bei dieser Lichtstärke von ihren Reserven und beginnen schließlich zu kümmern.
Außerdem ist zu bedenken, daß die Lichtansprüche auch mit der Temperatur zusammenhängen. Verallgemeinert gilt der Grundsatz: Je höher die Temperatur im Zimmer, desto mehr Licht benötigt die Pflanze. Daraus folgt, daß die Bedingungen im Winter für die Pflanze besonders schwierig sind, wenn sie bei schwachem Licht in einem beheizten Raum steht.
Wollen Sie die Lichtstärke im Zimmer selbst bestimmen, dann erwerben Sie im Garten- oder Elektrofach-

Mein Rat:
Einige Zimmerpflanzen reagieren mit Knospen- oder Blütenfall, wenn die Stellung zum Licht verändert wird. Bei empfindlichen Gewächsen, wie zum Beispiel dem Weihnachtskaktus (*Schlumbergera*-Hybriden), sollten Sie daher eine „Lichtmarke" am Topf anbringen. Müssen Sie den Kaktus während des Knospenansatzes für eine Pflegemaßnahme von der Fen-

sterbank nehmen, dann können Sie den Topf danach mit Hilfe der Lichtmarke genau wie vorher zum Licht ausrichten.

Hier fühlen sich auch die jungen Zimmerpflanzen wohl.

Mit Gardine   Ohne Gardine
So verändert sich die Lichtintensität

handel ein einfach zu bedienendes Meßgerät (Luxmeter); das Luxmeter kann die Lichtstärke mit Hilfe einer Photozelle genau erfassen. Angaben zu den Lichtansprüchen bekannter Zimmerpflanzen finden Sie in der Tabelle auf Seite 44.

LICHTMANGEL UND LICHTÜBERSCHUSS

Mit einiger Erfahrung kann man natürlich auch mit bloßem Auge abschätzen, wie es um die Lichtverhält-

Das Alpenveilchen für helle, aber kühle Plätze

nisse im Zimmer bestellt ist. Beobachten Sie einfach, wie lange die Sonne täglich ins Zimmer scheint. Werfen Sie vor allem immer einen kritischen Blick auf Ihre Pflanzen, denn an den Pflanzen selbst erkennen Sie am besten, ob das Lichtangebot stimmt oder nicht.

Symptome bei Lichtmangel:
Über einen kurzen Zeitraum von einigen Tagen können die Pflanzen mit mangelnder Lichtstärke durchaus zurechtkommen, über kurz oder lang treten aber typische Mangelsymptome auf.

• Die Pflanze wächst allgemein langsamer.
• Die neuen Triebe der Pflanze „vergeilen", das heißt, die Abstände zwischen den neu gebildeten Blättern werden immer größer, Blatt- und Blütentriebe werden lang und dünn.
• Neu gebildete Blätter bleiben relativ klein.
• Blätter im unteren Pflanzenbereich vergilben und fallen ab.
• Blütenpflanzen bilden nur wenige und schlecht ausgefärbte Knospen, junge Knospen entwickeln sich nicht weiter und fallen ab.
• Buntblättrige Pflanzen vergrünen.

Gegenmaßnahmen:
Die einfachste Maßnahme gegen Lichtmangel ist natürlich ein Standortwechsel an einen helleren Platz. Wenn Sie eine Pflanze aus der Zimmermitte nur einen Meter in Richtung Fenster stellen, kann das schon eine Menge ausmachen. Aber es gibt noch andere Möglichkeiten. Verschmutzte Fensterscheiben vermindern die Lichtmenge im Zimmer erheblich, genau wie Hausstaub auf den Blättern der Pflanze. Dagegen hilft bei

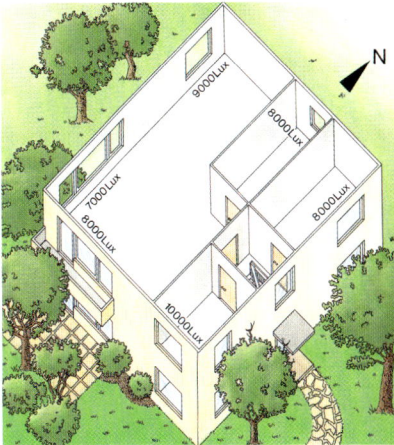

Die Lichtintensität hängt von der Himmelsrichtung ab.

großblättrigen Arten das vorsichtige Abwischen mit einem Staubtuch, kleinblättrige Arten können Sie einfach mit handwarmem Wasser abduschen.
Bedenken Sie aber, daß manche Pflanzen sehr empfindlich auf diese Pflegemaßnahmen reagieren, nämlich alle Pflanzen mit behaarten oder zarten Blättern, ferner Kakteen und Sukkulenten.

Symptome bei Lichtüberschuß:
Im Vergleich zum Lichtmangel ist ein Lichtüberschuß an unseren Zimmer-

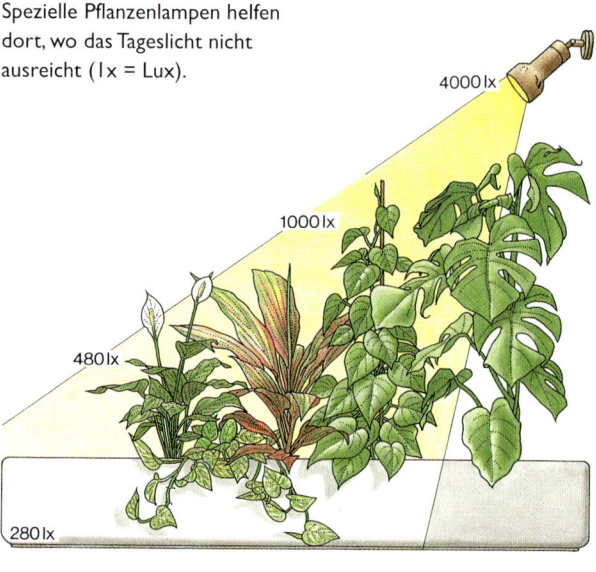

Spezielle Pflanzenlampen helfen dort, wo das Tageslicht nicht ausreicht (1x = Lux).

4000 lx

1000 lx

480 lx

280 lx

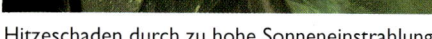

Hitzeschaden durch zu hohe Sonneneinstrahlung

pflanzen nicht so oft zu beobachten. Oftmals ist es eher die Wärmeentwicklung, die den Pflanzen bei starker Sonneneinstrahlung zu schaffen macht. Anzeichen für ein Zuviel an Licht findet man am häufigsten an schattenliebenden Pflanzen, die in einem sonnigen Südfenster stehen.

• Obwohl die Erde ausreichend feucht ist, hängen die Blätter tagsüber schlaff an der Pflanze herab.

• Blätter, die der direkten Sonneneinstrahlung ausgesetzt sind, vergilben, meist zuerst am Blattrand, später ganzflächig.

• Schlimmstenfalls verbräunen und vertrocknen Blätter oder Blatteile, man könnte auch von einem „Sonnenbrand" sprechen.

Gegenmaßnahmen:

Auch hier lautet die einfachste Lösung: Standortwechsel. Rücken Sie die Pflanze etwas weiter in die Zimmermitte, oder stellen Sie das Gewächs in ein weniger sonniges Zimmer. Ist das nicht möglich, kann es schon ausreichen, die Fensterbank über die Mittags-

zeit mit der Außenjalousie zu schatieren. Möchte man nur einzelne Pflanzen auf der Fensterbank schattieren, befestigt man auf der Innenseite des Fensters ein entsprechend großes Stück Zeitungspapier oder Pappe. Optisch ansprechender ist sicherlich ein selbstgebastelter Holzrahmen, der mit weißem Papier oder Stoff bespannt wird.

KÜNSTLICHES LICHT

Nur ein Teil der Sonnenstrahlen erscheint dem menschlichen Auge als sichtbares Licht. Dieses Licht läßt sich in verschiedene Spektralfarben aufteilen. Man kennt diese Farben aus dem Regenbogen, wo das Sonnenlicht durch Lichtbrechung in seine Einzelteile zerlegt wird. Wir unterscheiden bei guter Sicht die Farben Violett, Blau, Grün, Gelb, Orange, Hellrot und Dunkelrot. Für die Pflanzen, egal ob sie draußen oder im Zimmer stehen, sind nicht alle Spektralfarben des Sonnenlichts gleich wichtig. Sie benöti-

gen für die Photosynthese in erster Linie blaues und rotes Licht. Diese Zusammenhänge muß man beachten, wenn man die Pflanzen künstlich belichten will. Hängt man zum Beispiel eine einfache Glühbirne über die Pflanze, so scheint es, als stünde sie im vollen Licht. Nun ist es aber so, daß eine Glühbirne nur etwa 5 Prozent der zugeführten Energie in Licht umwandelt, der Rest geht als

Mein Rat: Trotz ihrer relativ langen Lebensdauer müssen auch Wachstumslampen einmal ersetzt werden. Denken Sie daran, daß in manchen Lampen Quecksilber enthalten ist, sie gehören somit zum Sonderabfall. Schützen Sie die Lampen beim Transport zur Sammel- oder Entsorgungsstelle ausreichend gegen Bruch!

Wärme verloren. Der Hauptanteil des Glühbirnenlichts strahlt im roten Spektralbereich. Weil der Blauanteil fehlt, reagieren die Pflanzen mit dünntriebigem Längenwachstum. Also müssen für die Pflanzenbeleuchtung Lampen eingesetzt werden, die sowohl blaues als auch hellrotes Licht abstrahlen. Für das Auge sind diese Lichtfarben mitunter etwas gewöhnungsbedürftig. Zuerst wurden die Wachstumslampen nur für den Erwerbsgartenbau entwickelt; inzwischen gibt es aber auch formschöne Modelle, die sich gut in die Wohnungseinrichtung integrieren lassen. Im Fachhandel sind sowohl Hänge- als auch Stativ- und Wandlampen erhältlich. Die gängigsten Lampenarten für den Hausgebrauch sind:

• Hochdruck-Quecksilberdampf-Lampen (abgekürzt HPL oder HQL),

• Hochdruck-Metallhalogendampf-Lampen (abgekürzt HPI oder HQI),

• Leuchtstofflampen.

Am besten hängen die Leuchten über den Pflanzen, seitliche Bestrahlung führt zu schiefem Wachstum in Richtung der Lichtquelle. Der empfohlene Mindestabstand über den Pflanzen beträgt 25 bis 50 cm. Dieser Abstand ist notwendig, um die Pflanzen vor überhöhter Wärmestrahlung zu schützen. Werden die Pflanzen ausschließlich mit künstlichem Licht versorgt, müssen die Lampen mindestens zwölf Stunden am Tag brennen; werden die Lampen als Zusatzlicht im Winter eingesetzt, reichen vier bis sechs Stunden Brenndauer.

PFLANZEN INS RECHTE LICHT RÜCKEN

Unsere Pflanzen stellen unterschiedlichste Ansprüche an die Lichtversorgung. Welche Pflanze ist jetzt aber für welches Zimmer geeignet? Man unterscheidet üblicherweise Pflanzen für sonnige, halbschattige und schattige Standorte. Übertragen auf die Verhältnisse in der Wohnung stehen sonnenhungrige Gewächse am Südfenster, Pflanzen für halbschattige Standorte kommen ins Ost- oder Westfenster, schattenverträgliche Arten stellen wir in ein nach Norden ausgerichtetes Fenster.
Betrachten Sie diese Einteilung in Himmelsrichtungen nur als grobe Richtlinie. Es ist natürlich gut möglich, daß auch ein Südfenster für schattenverträgliche Gewächse geeignet ist, wenn das Fenster beispielsweise durch ein überstehendes Dach oder einen größeren Baum ständig beschattet wird. Bedenken Sie außerdem, daß einige Pflanzen, die für sonnige Standorte empfohlen werden, trotzdem in den heißen Mittagsstunden schattiert werden sollten.
Die folgende Tabelle zeigt bekannte Blüten- und Grünpflanzen, die für schattige, halbschattige und sonnige Zimmerstandorte geeignet sind.

Von links hinten im Uhrzeigersinn: Kroton, Anthurie, Christusdorn und Kanonierblume

WELCHE PFLANZE FÜR MEIN FENSTER?

geeignet für schattige Standorte

Deutscher Name	Botanischer Name
Schamblume	Aeschynanthus-Arten
Schusterpalme	Aspidistra elatior
Grünlilie, grüne Sorten	Chlorophytum comosum
Ilexfarn	Cyrtomium falcatum
Drachenbaum	Dracaena fragrans
Efeu, grüne Sorten	Hedera helix
Geweihfarn	Platycerium bifurcatum
Einblatt	Spathiphyllum-Hybriden
Henne mit Küken	Tolmiea

geeignet für halbschattige Standorte

Flamingoblume	Anthurium-Scherzerianum-Hybriden
Columnee	Columnea microphylla
Dieffenbachie	Dieffenbachia-Arten
Efeuaralie	x Fatshedera
Geigengummibaum	Ficus lyrata
Fittonie	Fittonia verschaffeltii
Kentiapalme	Howeia forsteriana
Marante	Maranta leuconeura
Schwertfarn	Nephrolepis exaltata
Zwergpfeffer	Peperomia-Arten
Zimmerazalee	Rhododendron
Fingeraralie	Schefflera actinophylla
Simse	Scirpus
Mooskraut	Selaginella-Arten

geeignet für halbschattige Standorte

Deutscher Name	Botanischer Name
Gloxinie	Sinningia-Hybriden
Drehfrucht	Streptocarpus
Zimmerkalla	Zantedeschia

geeignet für sonnige Standorte

Känguruhblume	Anigozanthos flavidus
Bougainville	Bougainvillea-Arten
Zierpfeffer	Capsicum annuum
Säulenkaktus	Cereus-Arten
Buntnessel	Coleus-Blumei-Hybriden
Dickblatt	Crassula-Arten
Palmfarn	Cycas revoluta
Sonnentau	Drosera
Schwiegermuttersitz	Echinocactus grusonii
Weihnachtsstern	Euphorbia pulcherrima
Trichterwinde	Ipomoea purpurea
Zwergbanane	Musa
Elefantenfuß	Nolina recurvata (syn. Beaucarnea recurvata)
Madagaskarpalme	Pachypodium lamieri
Zimmerbambus	Pogonatherum
Osterkaktus	Rhipsalidopsis gaertneri
Bogenhanf	Sansevieria
Fetthenne	Sedum-Arten
Palmlilie	Yucca elephantipes

Von links nach rechts: Drehfrucht, Schwertfarn, Azalee

Luft und Luftfeuchte

Pflanzen sind Sauerstoffproduzenten, sie können die Luft verbessern. Wir wiederum müssen sie vor Zugluft und – von einigen Ausnahmen abgesehen – vor zu trockener Zimmerluft schützen.

KÖNNEN PFLANZEN ATMEN?

Die Luft, die uns umgibt, ist eigentlich ein Gemisch aus verschiedenen Gasen. Dazu kommt natürlich noch Wasser in wechselnden Anteilen, meßbar in absoluter oder relativer Luftfeuchtigkeit, sowie Verunreinigungen, wie z. B. Hausstaub. Die wichtigsten Gase in der Luft sind Stickstoff (78 Vol.-Prozent), Sauerstoff (21 Vol.-Prozent) und Kohlendioxid (0,03 Vol.- Prozent). Für das pflanzliche Wachstum ist in erster Linie das Kohlendioxid (CO_2) von Bedeutung. Die Pflanze nimmt es über kleine Spaltöffnungen an der Blattunterseite auf, von dort wird das CO_2 innerhalb des Blattes weitertransportiert und gelangt schließlich zu kleinen Zellbestandteilen, den Chloroplasten, wo die Photosynthese stattfindet. Bei der Photosynthese wird Kohlendioxid verbraucht und gleichzeitig

3 Meter Höhe vor, so kommen wir auf ein Raumvolumen von 90 Kubikmeter. Eine Fingeraralie *(Schefflera)* von 1,50 Meter Höhe produziert bei guter Wasser- und Lichtversorgung pro Stunde ungefähr einen Liter Sauerstoff, ein Mensch verbraucht pro Stunde etwa 30 Liter Sauerstoff. Um ein Gleichgewicht zu erhalten, müßten also 30 Fingeraralien im Raum stehen. Und auch das würde nur tagsüber funktionieren, denn

Ein Zimmerbrunnen, hier mit Pandabären, erhöht die Luftfeuchtigkeit.

Sauerstoff abgegeben. Man könnte sich überlegen, ob Zimmerpflanzen in einem geschlossenen Raum soviel Sauerstoff produzieren können, daß ein Mensch davon leben kann. Stellen wir uns ein Zimmer von 30 Quadratmeter Grundfläche und

sobald es dunkel wird, werden auch Pflanzen zu Sauerstoffkonsumenten!

LÜFTEN UND ZUGLUFT

Allgemein betrachtet, sind die Ansprüche der Zimmer-

pflanzen an die Luft, die sie umgibt, in jedem normalen Wohnraum erfüllt, wenn man nur gelegentlich für frische Luft sorgt.
Wie verhält es sich jetzt aber mit eventuell auftretender Zugluft? Kann Zugluft den Pflanzen überhaupt schaden? Eigentlich nicht, sollte man meinen, denn wenn man nach draußen guckt, müssen die Gewächse in den Hausgärten oder im Wald nicht nur mit zugiger Luft, sondern manchmal so-

gar mit Stürmen fertigwerden. Andererseits stehen in unseren Wohnzimmern viele sehr empfindliche Gewächse, die an ihren natürlichen Standorten so geschützt wachsen, daß sie keinen stärkeren Luftbewegungen ausgesetzt sind.

Verbräunte Blattspitzen durch zu niedrige Luftfeuchte

Grünlilie, *Chlorophytum comosum*

Zugluft entsteht in der Wohnung vor allem beim Lüften, an undichten Fenstern oder an besonderen Standorten, wie beispielsweise dem Eingangsbereich des Hauses. Sie kann unseren Pflanzen auf zweierlei Art Schaden zufügen:

1. Zugluft stört sowohl im Sommer als auch im Winter das sogenannte Kleinklima oder auch Mikroklima, welches die Pflanzen umgibt. Die Pflanzen nehmen über die Blätter nämlich nicht nur Kohlendioxid auf und geben Sauerstoff ab, sie verdunsten auch Wasser und regeln so ihren Feuchtigkeits- und Temperaturhaushalt. Zugluft kann die Verdunstungsrate der Blätter erheblich steigern; wenn es zuviel wird, lassen die Pflanzen die Blätter schlaff herabhängen.

Nicht alle Gewächse reagieren gleich empfindlich auf die gesteigerte Verdunstung; besonders gefährdet sind solche mit verhältnismäßig zarten und dünnen Laubblättern, wie man sie von verschiedenen Zimmerfarnen oder vom Buntwurz (*Caladium-Bicolor*-Hybriden) kennt. Umgekehrt sind Zimmerpflanzen mit dicken, fleischigen oder festen, lederartigen Blättern weniger empfindsam. Ein Flammendes Käthchen (*Kalanchoë*-Hybriden), manche Peperomien-Arten, wie zum Beispiel *Peperomia obtusifolia,* oder der Gummibaum (*Ficus elastica*) sind Pflanzen, die auch mit stärkeren Luftbewegungen zurechtkommen.

2. In der kalten Jahreszeit kann Zugluft dann schaden, wenn ein warmes Wohnzimmer gelüftet wird und so – vor allem in unmittelbarer Nähe des Fensters – die Temperatur kurzfristig stark absinkt. Die Pflanze zeigt daraufhin Symptome, wie sie auch im Kapitel „Die richtige Temperatur" ab Seite 59 näher beschrieben werden. Es ist verständlich, daß vor allem wärmebedürftige Zimmerpflanzen, wie der Weihnachtsstern (*Euphorbia pulcherrima*), verschiedene Orchideenarten oder das Usambaraveilchen (*Saintpaulia-Ionantha*-Hybriden), unter diesen plötzlichen Temperaturschwankungen stark leiden. Was soll der Zimmerpflanzengärtner bei den vorher beschriebenen Schadsymptomen also unternehmen? Natürlich können Sie besonders empfindliche Gewächse einfach umstellen, so daß sie der Zugluft weniger stark ausgesetzt sind. Das Lüften im Winter läßt

Mein Rat: Wenn Sie nicht sicher sind, ob Ihre Pflanze am Fenster Zugluft ausgesetzt ist, dann halten Sie doch einmal ein brennendes Streichholz in die Nähe des Fensters. Undichte Stellen finden Sie ganz leicht dort, wo die Flamme am stärksten flackert.

sich natürlich nicht vermeiden. Lüften Sie möglichst öfter, dafür aber nicht zu lange und nur dann, wenn es draußen nicht friert. Wenn sich das nicht vermeiden läßt, stellen Sie kälteempfindliche Gewächse während des Lüftens einfach weiter in die Zimmermitte, wo die Temperaturunterschiede und die Luftbewegungen nicht so stark sind.

Achten Sie auch darauf, daß die Pflanzen nicht dem Luftstrom eines Ventilators bzw. Heizlüfters oder direkt aufsteigender Heizungsluft ausgesetzt sind, das würden auch weniger robuste Gewächse auf Dauer kaum überstehen.

LUFTVERUNREINIGUNGEN IM ZIMMER

Oft genug wird in den Medien über die Luftverschmutzung berichtet, die Meldungen über besorgniserregende Konzentrationen von Smog oder Ozon in der

Atemluft häufen sich. Wie sieht es aber mit der Luftqualität in Wohnräumen aus?

Auch hier können bestimmte Schadstoffe auftreten und Mensch und Pflanzen das Leben schwermachen. Die Pflanzen leiden zum Beispiel unter Hausstaub, der sich auf den Blättern ablagert, jedoch relativ leicht mit einem feuchten Tuch oder einer Wasserdusche wieder entfernt werden kann.

Schwieriger verhält es sich mit gasförmigen Luftverunreinigungen. Formaldehyde, Ausdünstungen von lösungsmittelhaltigen Farben, Lacken oder anderen Holzschutzmitteln kommen in der Wohnung sehr häufig vor. Auch die Bestandteile des Zigarettenrauches können die Vitalität empfind-licher Pflanzen negativ beeinflussen. Man kennt das zum Beispiel von der Zimmeresche (*Radermachera sinica*), einer Grünpflanze, die besonders stark unter Zigarettenrauch leidet. Andererseits gibt es auch einige Zimmerpflanzen, die Schadstoffkonzentration in den Wohnräumen absenken. Untersuchungen haben gezeigt, daß Formaldehyd von bestimmten Pflanzen sehr effizient aufgenommen und unschädlich gemacht wird. Besonders hoch ist die Abbaurate bei der Grünlilie (*Chlorophytum comosum*), dem Kletterphilodendron (*Philodendron scandens*), dem Drachenbaum (*Dra-

Epipremnum pinnatum, die Efeutute

caena fragrans) und der Efeutute (*Epipremnum pinnatum,* oben rechts). Letztendlich sollte man aber vor allem daran denken, durch regelmäßiges Lüften das Raumklima zu verbessern.

PROBLEM LUFT-FEUCHTIGKEIT

Ein wichtiger Bestandteil der Luft wird oft zu Unrecht vernachlässigt, nämlich die Luftfeuchtigkeit. Viele Pflanzen sind aufgrund ihrer Herkunft an besonders feuchte Luft gewöhnt und brauchen sie auch, um üppig wachsen zu können. Daher leiden sie besonders stark unter der oft viel zu trockenen Luft in unseren geheizten Wohnräumen.

Wenn man über Luftfeuchtigkeit spricht, meint man damit den Wasserdampfgehalt der Luft. Dabei ist zu bedenken, daß die maximal mögliche Luftfeuchtigkeit von der Temperatur abhängig ist. Ein Kubikmeter Luft kann bei 0 °C höchstens 5 Gramm Wasserdampf aufnehmen, dann ist sie gesättigt. Dieselbe Menge Luft kann bei 20 °C aber schon 18 Gramm Wasser aufnehmen. Meistens ist es natürlich so, daß die Luft weniger Wasserdampf enthält, als sie maximal aufnehmen könnte, es herrscht ein sogenanntes Sättigungsdefizit. Um diesen Zustand zu beschreiben, mißt man die relative Luftfeuchtigkeit und gibt damit an, wie hoch der prozentuale Wasserdampfgehalt der Luft im Verhältnis zur maximal möglichen Menge ist.

In unseren Breiten herrscht draußen je nach Jahreszeit eine relative Luftfeuchtigkeit zwischen mindestens 65 Prozent (im Frühjahr) und maximal etwas mehr als 90 Prozent (im Winter).

Der Weihnachtsstern leidet besonders unter Temperaturschwankungen.

Das Zypergras will Wasser im Untersetzer stehen haben.

Pflanze im Wasserbett

Im Jahresdurchschnitt liegen die Werte bei etwa 80 Prozent. Denken wir auch hier an die Herkunft unserer Zimmerpflanzen, so stellen wir fest, daß gerade die Gewächse aus den Tropen sowohl an Wärme als auch an eine hohe relative Luftfeuchtigkeit um 90 Prozent gewöhnt sind. Im Zimmer können sie sich trotzdem mit Werten von 55 bis 60 Prozent arrangieren.

Leider ist die Luft in unseren Wohnräumen meistens noch trockener. Vor allem während der Heizperiode liegt die Luftfeuchtigkeit oftmals unter dem Pflanzenoptimum. Auch regelmäßiges Lüften ändert daran nur wenig. Selbst wenn man draußen bei kalter Witterung eine Luftfeuchtigkeit von 90 Prozent messen würde, im Zimmer wird diese Luft aufgeheizt, die relative Luftfeuchtigkeit verringert sich dadurch ganz erheblich. Wenn Sie die Werte in Ihrer Wohnung selbst messen wollen, dann besorgen Sie sich im Fachhandel einen entsprechenden Feuchtigkeitsmesser, ein Hygrometer. Das ist allerdings nicht unbedingt notwendig, die Feuchtigkeitswerte in beheizten Räumen liegen relativ konstant zwischen 30 und 40 Prozent.

SYMPTOME BEI ZU TROCKENER LUFT

Im Prinzip ist es so, daß die Mehrzahl unserer Zimmerpflanzen noch feuchtere Luft vertragen könnte, als es im Zimmer der Fall ist. Ein Zuviel an Luftfeuchtigkeit wird es daher nur selten geben. Viel häufiger kann man Schäden beobachten, die durch zu trockene Luft verursacht wurden. Die Pflanze verdunstet in der

Folge mehr Wasser aus den Spaltöffnungen, der Wasserhaushalt der Pflanze gerät in Unordnung:

• Blätter wölben sich oder rollen ein.

• Blattspitzen verbräunen und vertrocknen, wie es zum Beispiel an der Birkenfeige (*Ficus benjamina*), am Schwertfarn (*Nephrolepis exaltata*) oder auch am Zypergras (*Cyperus involucratus*) häufig zu beobachten ist.

• Junge Blätter entwickeln sich nur unvollständig.

• Blütenknospen öffnen sich nicht oder fallen ab.

• Manche tierische Schädlinge fühlen sich vor allem bei trockener Luft besonders wohl, in erster Linie die Spinnmilben, aber auch Thripse und die Weiße Fliege.

ERHÖHUNG DER LUFTFEUCHTIGKEIT

Dem Zimmerpflanzenfreund bieten sich eine ganze Reihe verschiedener Maßnahmen an, um die Luftfeuchtigkeit zu erhöhen.

Einsprühen der Zimmerpflanzen

Eine einfache und wirksame Methode, um die Luftfeuchtigkeit in unmittelbarer Pflanzennähe zu erhöhen. Der beste Zeitpunkt für das Einsprühen ist morgens, damit die Pflanzen tagsüber gut abtrocknen können. Dazu nimmt man möglichst handwarmes und vor allem weiches Wasser (siehe Kapitel „Richtig gießen", ab Seite 52), damit es keine Kalkflecken auf den Blättern gibt. Sprühen Sie bitte nicht, wenn grelle Sonne auf die Blätter scheint, die feinen Wassertropfen können wie eine Lupe wirken und Blattverbrennungen verursachen.

Mitunter ist es schwierig, Pflanzen auf Fensterbrettern oder anderen Stellplätzen zu besprühen. Nicht jede Oberfläche verträgt es, täglich befeuchtet zu werden. Auch elektrische Geräte dürfen nicht mit Wasser benetzt werden. Außerdem ist zu bedenken, daß manche Pflanzenarten nicht mit Wasser übersprüht werden sollten, weil Blätter oder Blüten sonst fleckig würden oder faulen könnten. Besonders empfindlich sind die Gewächse aus der Familie der Gesneriaceae, dazu gehören Schiefteller (*Achimenes*-Hybriden), Gloxinie (*Sinningia*-Arten), Usambaraveilchen (*Saintpaulia-lonantha*-Hybriden) und die Drehfrucht (*Streptocarpus*-Hybriden). Anfällig sind außerdem *Begonia*-Arten, *Primula*-Arten, Buntwurz (*Caladium-Bicolor*-Hybriden) und die Pantoffelblume (*Calceolaria*-Hybriden).

Verdunster und Luftbefeuchter

Verdunstungsschalen zwischen den Rippen der Heizkörper erhöhen zwar die Luftfeuchtigkeit, sind aber meistens nicht ausreichend. Effektiver arbeiten elektrische Luftbefeuchter. Diese erzeugen winzig kleine Wassertröpfchen, die sofort in Luftfeuchtigkeit übergehen, ohne daß empfindliche Pflanzen oder Oberflächen im Zimmer (Möbel, Teppiche usw.) benetzt werden.

Pflanzen im Wasserbett

Sie können Ihre Pflanzen auch so arrangieren, daß sie unter sich einen Wasservorrat haben, aus dem ständig feuchte Luft aufsteigt. Man kann die Topfpflanze beispielsweise in einen großen Übertopf stellen und die Zwischenräume mit Torf

ausfüllen, der nach Bedarf feucht gehalten wird. Zimmerpflanzenfreunde, die den Geruch von feuchtem Torf nicht so gern mögen, können die Blumentöpfe auch in einen mit Kies oder Blähton gefüllten Untersetzer stellen. Man sollte

Beim Besprühen werden die Blüten (hier bei der Anthurie) vor Wasserspritzern geschützt.

nur darauf achten, daß der Topf selbst immer im Trocknen steht, ansonsten bekommt man schnell Probleme mit faulenden Wurzeln.

Gruppenarrangements

Ihre Pflanzen können sich auch gegenseitig helfen, wenn Sie ihnen die Gelegenheit dazu geben. Kombinieren Sie die Gewächse auf der Fensterbank einfach so, daß diejenigen, die viel Wasser verdunsten, neben solchen stehen, die eine höhere Luftfeuchtigkeit bevorzugen.

LUFTFEUCHTIG-KEIT UND RAUM-KLIMA

Nicht nur Pflanzen, auch Menschen fühlen sich bei feuchter Luft meistens viel wohler. Eine relative Luftfeuchtigkeit von 45 bis 55 Prozent bei Temperaturen zwischen 18 und 24 °C empfinden wir als besonders angenehm. Da die Luftfeuchtigkeit in den Wohnräumen aber meistens niedriger ist, trocknen Schleimhäute und Atemwege aus, Husten und Heiserkeit werden gefördert; wir fühlen uns in manchen Räumen nicht wohl, ohne genau zu wissen warum. Dabei verbringt ein Mensch durchschnittlich mehr als 20 Stunden des Tages in geschlossenen Räumen.

Hier treten unsere Zimmerpflanzen auf den Plan. Sie können nicht nur, wie schon erwähnt, Giftstoffe aus der Raumluft abbauen. Dadurch, daß sie Wasser aus den Blättern verdunsten, fördern sie auch das Wohlbefinden des Menschen, weil sie die Luftfeuchtigkeit merklich erhöhen.

Natürlich sind zur Verbesserung des Raumklimas vor allem solche Pflanzen geeignet, die überdurchschnittlich viel Wasser verdunsten. Eine Papyruspflanze beispielsweise nimmt an einem Tag etwa einen Liter Wasser auf. Von der aufgenommenen Flüssigkeit werden aber nur zwei Prozent in die Pflanze „eingebaut", die restlichen 98 Prozent gibt der Papyrus als Wasserdampf wieder an die Umgebung ab.

Noch feuchtere Luft erhalten Sie, wenn Sie im Wohnzimmer einen Zimmerwassergarten anlegen. Eine schön bepflanzte Schale, dazu beispielsweise ein Naturstein mit eingebauter Wasserpumpe, auch so kann man die Luftfeuchtigkeit erhöhen und das Raumklima entscheidend verbessern. Ein weiterer Vorteil: Das Plätschern und Rieseln des Wassers beruhigt die Nerven und erzeugt eine gemütliche Atmosphäre!

Mein Rat: Herkömmliche Sprühgeräte sind in der Handhabung eher unangenehm, das ständige Pumpen ist auf Dauer ermüdend. Verwenden Sie besser ein Gerät, bei dem Sie vor dem Sprühen mit einem einfachen Pumpmechanismus Druck „auf Vorrat" erzeugen können.

Urlaubsbewässerung

Für viele Zimmerpflanzenfreunde gibt es jedes Jahr im Sommer ein großes Problem: Zwei oder drei Wochen Urlaub stehen ins Haus. Aber wer kümmert sich in dieser Zeit darum, daß die grünen Gewächse im Haus, auf dem Balkon oder der Terrasse nicht verdursten, wenn kein freundlicher Nachbar zur Verfügung steht?
Einen Ausweg aus diesem Dilemma bieten unterschiedliche Langzeitbewässerungssysteme. Der Fachhandel bietet eine relativ große

Auswahl verschiedener Verfahren an; natürlich besteht auch die Chance, mit wenig Aufwand ein eigenes System zu konstruieren. Die Möglichkeiten reichen von der Wasserzufuhr über einfache Dochte oder Wollfäden bis hin zum computergesteuerten Gießen. Alle Bewässerungssysteme funktionieren nach einem ähnlichen Grundprinzip: Über einen mehr oder weniger großen Vorratsbehälter oder die Wasserleitung wird das Gießwasser mit Hilfe kleiner Plastikschläuche, Dochte

oder Fäden direkt zu den Pflanzen geleitet.

DO-IT-YOURSELF

Gewächse, die einen Freilandaufenthalt zur Urlaubszeit vertragen, können Sie bis zum Topfrand in ein schattiges Gartenbeet versenken. Eine dünne Mulchschicht auf der Substratoberfläche schützt zusätzlich vor Verdunstung. Dieses Verfahren funktioniert allerdings nur bei Tontöpfen, die die Feuchtigkeit über die poröse Topfwand aufnehmen. Pflanzen in Plastiktöpfen müssen vor dem Einschlagen ausgetopft werden. Sollen die Pflanzen ihre Durststrecke im Haus überstehen, dann suchen Sie auch für sonnenliebende Gewächse einen möglichst kühlen und schattigen Platz. An diesem Standort ist der Wasserverbrauch am geringsten.
Für Topfpflanzen im Haus können Sie mit einfachen Hilfsmitteln ein eigenes Bewässerungssystem konstruieren. Sie benötigen dazu ein Vorratsgefäß, zum Beispiel einen Wassereimer, und ausreichend dicke Wollfäden. Die Fäden leiten das Wasser in die Blumenerde, ohne daß die Pflanze zuviel Wasser bekommt. Am sichersten ist es, den Eimer etwas höher als die Pflanze zu stellen. Die Anzahl der Wollfäden richtet sich nach dem Wasserbedarf der Pflanze.
Ähnlich funktioniert die Wasserversorgung mit Saugdochten, die das Wasser auch aus der Tiefe herauffördern können. Legen Sie einfach zwei kleine Holzlatten auf den Rand eines Wassereimers, darauf stellen Sie den Blumentopf. Der Saugdocht wird vom Boden des gefüllten Wassereimers

durch das Wasserabzugsloch in die Blumenerde verlegt. Natürlich eignet sich als Wasserreservoir genausogut ein größeres Gefäß oder sogar die Badewanne.
Etwas arbeitsaufwendiger ist das Einschlagen in feuchten Torf. Legen Sie eine wasserdichte Folie in ein größeres Gefäß (ideal: Badewanne) und füllen das Ganze mit Torf so hoch auf, daß Sie die Töpfe bis zum Rand darin einsenken können. Danach den Topf gründlich anfeuchten! Für die Topfart gilt hier das gleiche wie beim vorherbeschriebenen Einschlagen ins Gartenbeet.

SYSTEME AUS DEM FACHHANDEL

Ein bekanntes Verfahren funktioniert folgendermaßen: Ausgehend von einem Vorratsbehälter aus Kunststoff mit mehreren Litern Fassungsvermögen wird das Wasser über kleine Plastikschläuche zu den Zimmerpflanzen geleitet. Eine Elektropumpe erzeugt den nötigen Druck; die Pumpe wird in bestimmten Intervallen von einem Transformator mit integriertem Zeitschalter aktiviert. Die Wassermenge läßt sich über die Anzahl der Tröpfchenschläuche pro Topf und den Tröpfchenschlauchdurchmesser regulieren. Insgesamt kann man mit diesem System bis zu 36 Pflanzen gleichzeitig versorgen.
Eher für Balkon und Terrasse eignet sich das sogenannte Micro-Drip-System vom gleichen Hersteller. Anders als beim soeben beschriebenen Verfahren wird die Wasserzufuhr hier über einen kleinen Bewässerungscomputer geregelt, der direkt an einen Wasserhahn angeschlossen ist. Der Mini-

Urlaubsbewässerung von GARDENA

Pflanzen können bis zum Rand in feuchten Torf eingebettet werden.

Diese selbst hergestellte Urlaubsbewässerung sollte vor dem Urlaub geprüft werden.

computer steuert ein Magnetventil und sorgt so für die nötigen Gießintervalle. Möchte man die Wasserversorgung noch stärker auf den eigentlichen Wasserbedarf der Pflanzen ausrichten, dann kann man das System zusätzlich mit einem Feuchtesensor verbinden, der die Bodenfeuchtigkeit mißt und in die Bewässerungssteuerung miteinbezieht. Der Feuchtesensor arbeitet mit einem Keramikmeßfühler; den gewünschten Feuchtegrad können Sie mit einem kleinen Drehknopf einstellen.

TONKEGEL ODER QUELLHOLZ

Ein anderes System kombiniert die Feuchtemessung des Bodens direkt mit der Wasserzufuhr. Kleine Tonkegel oder Quellhölzer, die auf Feuchtigkeitsschwankungen im Boden reagieren, werden in die Blumenerde gesteckt. Sie sind mit dünnen Plastikschläuchen verbunden und bewirken, daß sich bei trockenem Boden eine kleine Membran (= Haut) öffnet und daraufhin so lange

Wasser in die Blumenerde tropft, bis sich die Membran bei ausreichender Bodenfeuchtigkeit wieder schließt. Für dieses System braucht man keine Elektropumpe, denn die Wasserzufuhr erfolgt über einen entsprechend großen Vorratsbehälter oder direkt aus der Wasserleitung; in diesem Fall ist allerdings ein Druckminderer nötig. Das System gilt als sehr robust.

GLASFASER- DOCHTE UND -MATTEN

Ebenfalls im Fachhandel erhältlich sind Systeme, die das Wasser über Glasfaserdochte und -matten zu den Pflanzen leiten. Das Wasser stammt aus Vorratsbehältern, die auch unter den Pflanzen stehen können, weil die Dochte – ähnlich wie die Pflanzenwurzeln – das Wasser ohne fremde Hilfe in die Höhe transportieren können. Wasserpumpen kann man einsetzen, um aufgebrauchte Wasservorräte zu ergänzen. Auch dieses System kann man mit einer zeit- oder feuchtegesteuer-

ten Bewässerungsautomatik verbinden, um noch stärker auf die Ansprüche der Pflanzen einzugehen.

Mein Rat: Egal für welches Verfahren Sie sich entscheiden, installieren Sie es rechtzeitig vor einem längeren Urlaub. So können Sie kontrollieren, ob das Bewässerungssystem nach Ihren Vorstellungen arbeitet und die Pflanzen nicht etwa mit Wasser über- oder unterversorgt. Bei Gießsystemen mit Wasservorratsbehälter erfahren Sie außerdem, wie lange Sie Ihre Pflanzen allein lassen können. **Wichtig:** Bedenken Sie ferner, daß es im Sommer heiß werden kann und der Wasserverbrauch in diesem Fall höher liegen kann als gedacht.

Efeu

Richtig gießen

Die Zimmerpflanzen optimal mit Wasser zu versorgen: Das scheint so einfach, und trotzdem ist es für viele Pflanzenliebhaber eine der schwierigsten Pflegemaßnahmen.

WOZU BRAUCHT DIE PFLANZE WASSER?

In der Pflanze selbst übernimmt das Wasser eine Vielzahl von Aufgaben. Bedenken wir, daß krautige Pflanzen zu über 90 Prozent aus Wasser bestehen, erkennen wir die erste Funktion: Wasser ist der wichtigste Baustein des Pflanzenkörpers.

Darüber hinaus ist es auch ein Transportmittel für lebenswichtige Nährstoffe. Schließlich sind die Nährsalze im Boden, die über die Wurzel aufgenommen werden, nur in Wasser gelöst für die Pflanze verfügbar. Außerdem prägt Wasser das äußere Erscheinungsbild der Pflanze. In den kleinen Pflanzenzellen herrscht ein Innendruck, der sogenannte Turgor. Der Turgor entsteht durch einen relativ hohen Salzgehalt in den Zellen, wodurch Wasser gebunden wird. Bei Wassermangel läßt der Turgor nach, die Pflanze welkt, zuerst erkennbar an krautigen Blättern, die schlaff herabhängen.

Eine weitere Funktion des Wassers ist die Regelung des Kleinklimas, welches direkt um die Pflanze herum herrscht. Wie schon erwähnt, wird der größere Teil des aufgenommenen Wassers nicht in den Pflanzenkörper eingebaut, sondern über die Spaltöffnungen der Blätter wieder verdunstet. Dabei entsteht Verdunstungskälte; die Blätter werden, vor allem im Sommer, vor zu hohen Temperaturen geschützt. Im Prinzip passiert dasselbe, wenn ein Mensch schwitzt. Dadurch, daß Schweißtropfen von der Hautoberfläche verdunsten, entsteht eine angenehme und erfrischende Kühle, der Körper schützt sich so vor Überhitzung.

PFLANZEN ALS ANPASSUNGS-KÜNSTLER

Betrachten wir einmal unsere Zimmerpflanzen an ihren natürlichen Standorten. Dort sind Regenwasser, Tau und aufsteigendes Grundwasser die wichtigsten Wasserquellen. Natürlich ist es nicht immer so, daß die Gewächse in einem lockeren, humosen Boden stehen, der immer ausreichend feucht, aber nie zu naß oder zu trocken ist. Im Gegenteil, es gibt eine Reihe von Standorten, wo es regelmäßig längere Trockenperioden oder starke Regenfälle gibt. Die Pflanzen haben sich hier als wahre Anpassungskünstler erwiesen. Selbst an extrem regenarmen Wüstenstandorten können noch Kakteen existieren, weil sie Wasser über einen längeren Zeitraum speichern können. Dickblattgewächse, wie das Flammende Käthchen (*Kalanchoë*-Hybriden), können ebenfalls mit längerer Trockenheit fertigwerden, sie speichern das lebenswichtige Wasser in ihren fleischigen Blättern. Das Zypergras (*Cyperus involucratus*) gedeiht am besten dort, wo es ständig im Wasser steht.

Solche Zusammenhänge sollte man sich klarmachen, wenn man zu Hause zur Gießkanne greift. Schließlich entsteht für unsere Zimmerpflanzen ein großes Problem: Anders als an ihrem natürlichen Standort ist der Wurzelraum durch den Blumentopf auf ein enges Volumen begrenzt. Und bei der Wasserversorgung sind die Pflanzen völlig auf unser Wohlwollen angewiesen. Staunässe oder Trockenheit wirken sich unter diesen Umständen sehr viel schneller aus als an Standorten, wo die Wurzeln das Erdreich ungehindert erschließen können.

VON ENTSCHEIDENDER BEDEUTUNG: DIE WASSERQUALITÄT

Die meisten Zimmerpflanzengärtner gehen folgendermaßen vor: Sie füllen normales Leitungswasser in eine Gießkanne, mischen bei Bedarf noch etwas Dünger dazu und gießen dann ihre Pflanzen. Robuste Gewächse sind mit dieser Behandlung durchaus einverstanden, anders ist das bei empfindlichen Zierpflanzen, die auch an die Wasserqualität besondere Ansprüche stellen.

Da wäre zum ersten die Wassertemperatur. Vor allem die wärmebedürftigen

Seit einiger Zeit hat die Hortensie ihr Friedhofsimage abgelegt und ist heute eine beliebte Topfpflanze.

Hydrangea macrophylla, Hortensie

Kalkverkrustungen auf Tontopf

Arten reagieren empfindlich auf „kalte Füße". Verwenden Sie also zum Gießen möglichst zimmerwarmes Wasser. Am besten haben Sie immer einen Wasservorrat in der Gießkanne, der schon einige Zeit im Zimmer gestanden hat, so erhält man am einfachsten die richtige Wassertemperatur. Bei frischem – mitunter sehr kaltem Wasser aus der Leitung erhöhen Sie die Temperatur durch Zugabe von warmem Leitungswasser.

HARTES ODER WEICHES WASSER?

Im Gegensatz zur Wassertemperatur verhält es sich mit der Wasserhärte etwas schwieriger. Schließlich kommt aus dem Wasserhahn nicht nur reines Wasser (H_2O), es enthält noch andere gelöste Stoffe. Für die Zimmerpflanzen spielen dabei die sogenannten Alkalien eine entscheidende Rolle. Unter Alkalien versteht man die im Wasser gelösten Calcium- und Magnesiumcarbonate. Je mehr von ihnen im Wasser enthalten sind, desto härter ist es auch.

Der sogenannte Härtegrad des Leitungswassers kann regional sehr verschieden sein. Da er auch für die richtige Dosierung von Waschmitteln entscheidend ist, teilen die örtlichen Wasserwerke auf Anfrage gerne mit, wie es um das Leitungswasser bestellt ist.

Die Wasserhärte wird angegeben in °dH, was soviel bedeutet wie Grad deutscher Härte, 1 °dH entspricht einem Kalkgehalt von 10 mg/Liter Wasser. Die Wasserhärte kann für die Pflanzen zum Problem werden, wenn durch regelmäßiges Gießen mit zu hartem Wasser zuerst der Kalkgehalt und in der Folge auch der pH-Wert der Blumenerde steigt (siehe dazu auch ab Seite 63, Kapitel „Ausreichende Düngung").

Geht man davon aus, daß die Pflanzen mehrere Wochen oder Monate mit dem gleichen Wasser gegossen werden, so gilt folgende Richtlinie: Mit Härtegraden um 10 °dH kommen die meisten Gewächse problemlos zurecht, zwischen 10° und 15 °dH muß man auf kalkempfindliche Pflanzen Rücksicht nehmen, liegen die Werte über 15 °dH, sollte das Wasser aufbereitet werden, bevor man es zum Gießen verwendet. Man erkennt zu hartes Gießwasser übrigens auch an den Wänden von Tontöpfen. Wenn Sie dort weiße Ausblühungen entdecken, dann ist das

Welke an Pflanzen kann durch Wassermangel, aber auch durch zuviel Gießen hervorgerufen werden, weil es dann zu Fäulnis an den Wurzeln kommt. Andere Ursachen sind z. B. Pilzbefall.

Wenn hartes Wasser beim Gießen oder Einsprühen auf die Blätter gelangt, dann entstehen nach dem Abtrocknen diese unschönen Kalkflecken.

Die Härtebereiche des Wassers		
Härtebereich 1	weich	1 – 7 °dH
Härtebereich 2	mittel	7 – 14 °dH
Härtebereich 3	hart	14 – 21°dH
Härtebereich 4	sehr hart	über 21°dH

Asparagus densiflorus, Zierspargel

mäßigen Abständen umgetopft, so ist wegen der Erneuerung des Substrates die Gefahr von schädigenden Kalkanreicherungen um einiges vermindert.

Was kann man aber tun, wenn man das Leitungswasser selbst enthärten will? Es stehen dem Zimmerpflanzengärtner einige Möglichkeiten zur Verfügung, die sich jedoch in punkto Arbeitsaufwand und Genauigkeit stark unterscheiden.

Wasser abstehen lassen

Sicherlich die preiswerteste und einfachste Lösung. Wenn man Leitungswasser 24 Stunden stehen läßt, bevor man es zum Gießen verwendet, setzt sich etwas Kalk ab, die Wasserhärte wird dadurch leicht reduziert. Ein positiver Nebeneffekt ist der, daß sich im Leitungswasser enthaltenes Chlor in dieser Zeit verflüchtigt.

Wasser abkochen

Kochen Sie Leitungswasser auf dem Herd ab, bevor Sie die Pflanzen abgekühlt gießen. Während des Kochens wird Kalk als Kesselstein abgeschieden. Eine wirksame Methode, die aber vor allem bei größeren Wassermengen sehr aufwendig ist und einiges an Energie verbraucht.

in der Regel ein Hinweis auf zu kalkhaltiges Gießwasser. Folgende Pflanzen reagieren besonders empfindlich auf hartes Wasser: Azalee (*Rhododendron-Simsii*-Hybriden), Kamelie (*Camellia japonica*), Flamingoblume (*Anthurium-Scherzerianum*-Hybriden), Hortensien (*Hydrangea macrophylla*) sowie allgemein Bromeliengewächse, Orchideen und Farne.

Ein typisches Schadsymptom für zu hartes Wasser ist die sogenannte Blattchlorose (siehe Seite 64, 65). Durch den Anstieg des pH-Wertes in der Erde werden wichtige Nährstoffe in der Erde blockiert und sind nicht mehr für die Pflanze verfügbar. Die Blätter hellen sich auf und fangen an zu vergilben. Wenn es schon so weit gekommen ist, sollten Sie das Gewächs schnellstens in neue Erde umtopfen.

WASSER ENTHÄRTEN

Bevor es Mißverständnisse gibt: Wenn Sie ab und zu mit hartem Wasser gießen, so richten Sie damit bei Ihren Pflanzen kaum einen Schaden an. Eine gewisse Menge an Kalk wird von der Blumenerde verkraftet, der Kalk wird sozusagen abgepuffert. Diese Pufferwirkung ist je nach Art des Substrates unterschiedlich stark ausgeprägt. Ein Torfsubstrat beispielsweise hat eine wesentlich größere Pufferwirkung als eine sandige Erdmischung. Werden die Pflanzen also in regel-

Während der Blüte ist der Wasserbedarf in der Regel höher (hier eine Zimmerazalee).

Regenwasser verwenden

Wer die Möglichkeit hat, sollte Regenwasser in einem passenden Auffanggefäß sammeln. Man kann Regenwasser pur verwenden oder auch mit Leitungswasser mischen. Anders als Leitungswasser ist es nämlich immer weich und deswegen für unsere Zimmerpflanzen gut geeignet. Abgesehen davon kostet es nichts. Allerdings ist auch Regenwasser nicht frei von Verschmutzungen. Wo es in der näheren Umgebung viele Industrieabgase oder Ölheizungsrauch gibt, sind mitunter pflanzenschädigende Stoffe im Regenwasser enthalten. Also wird empfohlen, vor allem in industriellen Ballungsgebieten mit dem Auffangen des Regenwassers erst dann zu begin-

nen, wenn es eine Zeitlang abgeregnet hat.

Wasser mit Torf ansäuern

Auch mit Hilfe von Torf kann man Leitungswasser enthärten. Sie benötigen für 10 Liter Gießwasser etwa 100 Gramm frischen Torf. Diesen füllen Sie in einen durchlässigen Stoffbeutel, der für insgesamt 24 Stunden in einen mit Wasser gefüllten Eimer oder die Gießkanne gehängt wird. Wollen Sie das Wasser sofort zum Gießen verwenden, dann lassen Sie es durch einen selbst konstruierten Torffilter laufen: Ein größerer Blumentopf mit gutem Wasserabzug wird mit einem grobfaserigen Tuch ausgelegt und dann locker mit Torf befüllt. Stellen Sie diesen Topf über einen Wassereimer und gießen dann das

Leitungswasser wie durch einen Trichter in den Eimer.

Chemische Enthärter

Wer nach einer besonders exakten Methode zur Wasserenthärtung sucht, der verwende dazu Enthärtungstabletten oder flüssige Enthärter aus dem Fachhandel. In diesen Präparaten sind Säuren enthalten, die – nach Härtegrad des Wassers dosiert – den Kalk im Wasser neutralisieren können.

WOVON HÄNGT DER WASSERBEDARF AB?

Am einfachsten wäre das Gießen, wenn man jeder Pflanze in geregelten Zeitabständen immer die gleiche Menge Wasser zu geben hätte. Leider funktioniert das so nicht, denn der Wasserbedarf unserer Zimmerpflanzen ist von einer ganzen Reihe verschiedener Faktoren abhängig und kann übers ganze Jahr stark variieren. Ein Anhaltspunkt wurde bereits erwähnt: Die Herkunft der Pflanze kann uns über ihre Ansprüche an die Wasserversorgung wertvolle Hinweise geben.

Darüber hinaus können wir uns auch die Pflanze selbst einmal genauer angucken und von der Pflanzenanatomie auf den Wasserbedarf schließen. Relativ wenig Wasser brauchen:
• Pflanzen mit harten, lederartigen oder wachsüberzogenen Blättern,
• Dickblattgewächse und Kakteen, denn sie können Wasser über längere Zeit speichern.
Relativ viel Wasser brauchen:
• Pflanzen mit großflächigen, weichen Blättern,
• Pflanzen mit viel Blattwerk.
Weiterhin von Bedeutung:

das Pflanzenalter. Jungpflanzen mit wenig entwickeltem Wurzelwerk benötigen regelmäßige, aber geringe Wassergaben, während ältere Gewächse mit gut ausgebildetem Wurzelsystem etwas seltener, dafür aber möglichst durchdringend zu gießen sind. Auch die Entwicklungsphase der Pflanze bestimmt den Wasserbedarf. In der Hauptwachstumszeit, also in der Regel von Frühjahr bis Herbst, ist der Wasserverbrauch erhöht. Zur Blütezeit kann der Wasserbedarf noch deutlich größer sein. Man kennt das beispielsweise von blühenden Azaleen (*Rhododendron-Simsii*-Hybriden), die trotz der lichtarmen Jahreszeit häufig gegossen werden müssen. Einige Pflanzen legen – meistens über den Winter – eine mehr oder weniger lange Ruhephase ein und ziehen dabei das Laub ein. In dieser Zeit sollte das Gießen auf ein Minimum reduziert bzw. völlig eingestellt werden, sonst faulen die Wurzeln. Der Wasserbedarf der Pflanze steht weiterhin in direktem Zusammenhang mit den jeweils vorherrschenden Temperatur- und Lichtbedingungen. Je wärmer und heller es im Zimmer ist, desto mehr Wasser wird von der Pflanze verbraucht. Doch auch in der lichtarmen Jahreszeit kann der Wasserverbrauch recht hoch sein. Direkt an der Pflanze aufsteigende Heizungsluft erhöht nicht nur die Transpiration aus den Blättern, auch über die Topfwand und die Substratoberfläche wird mehr Wasser verdunstet.
Ebenfalls wichtig ist die Topfart. Am gängigsten sind Modelle aus Ton oder Kunststoff. Eine Pflanze im Ton-

Kakteen können Wasser über längere Zeit speichern.

Wasser, das nach dem Gießen im Untersetzer stehengeblieben ist, muß – außer bei Pflanzen, die im Wasser stehen wollen – nach etwa einer halben Stunde weggegossen werden.

topf benötigt mehr Wasser als in einem vergleichbar großen Kunststofftopf, weil über die poröse Topfwand Wasser verdunstet wird. Denken wir auch an die <u>Topfgröße</u>, denn bei einem großen Topfvolumen kann die Blumenerde wesentlich mehr Wasser speichern. Zu guter Letzt werfen wir einen Blick auf das <u>Substrat</u>, in dem die Pflanze steht. Die gängigen Erdmischungen unterscheiden sich unter anderem in der Fähigkeit, eine bestimmte Menge Wasser aufzunehmen und für längere Zeit zu speichern. So kann ein reines Torfsubstrat mehr Wasser aufnehmen als eine sandige Erdmischung.

DER RICHTIGE GIESSZEITPUNKT

Vor allem bei der Wasserversorgung unserer Pflanzen werden viele Fehler ge-

macht. Der Bedarf wird oft überschätzt nach dem Motto „Viel hilft viel". Wer auf diese Art seine Pflanzen gießt und sich am Ende wundert, daß so viele Gewächse nur noch kümmerlich wachsen, erkennt spätestens dann: „Weniger wäre mehr gewesen!"
Die Topfpflanze selbst zeigt uns am deutlichsten, wann sie Wasser braucht; wir müssen nur lernen, die typischen Anzeichen zu erkennen. Der richtige Gießzeitpunkt ist bei den meisten Pflanzen dann erreicht, wenn ein Großteil des in der Erde gespeicherten Wassers verbraucht ist. Andererseits sollten wir auf keinen Fall so lange warten, bis sich die typischen Wassermangelsymptome einstellen. Wenn die Erde zu stark ausgetrocknet ist, schrumpft der Topfballen zusammen und löst sich von der Topfwand, beim Gießen fließt die Erde zwischen Wurzeln und Topf sehr schnell ab. So weit sollten wir es nicht kommen lassen und kontrollieren daher möglichst häufig den Feuchtigkeitsgehalt des Substrates.
Die einfachste Kontrollmethode ist die Fingerprobe. Drücken Sie die Erde mit

dem Daumen oder Zeigefinger etwa einen Zentimeter tief ein. Spüren Sie deutlich, daß die Erde auch unter der meist trockenen obersten Bodenschicht noch feucht ist oder bildet sich gar eine ganz kleine Pfütze, dann brauchen Sie noch nicht zur Gießkanne zu greifen.
Wo die Pflanzengröße das noch erlaubt, heben Sie den Topf mit einer Hand an und kontrollieren dabei das Gewicht. Ein wasserarmes Substrat fühlt sich sehr leicht an. Wie bei der Fingerprobe erkennen Sie so ganz einfach, ob nicht nur die obere Erdschicht, sondern vielleicht schon das ganze Substrat trocken ist. Besonders gut funktioniert dieses Verfahren bei Kunststofftöpfen wegen ihres geringen Eigengewichts.
Speziell für Tontöpfe gelten die folgenden zwei Empfehlungen: Eine dunkelrot gefärbte Topfwand zeigt eine ausreichende Feuchtigkeit an, eine aufgehellte Topfwand weist auf Trockenheit hin. Etwas schwieriger und umständlicher ist die sogenannte Klopfmethode. Nehmen Sie den Topf in die Hand und klopfen mit einem Bleistift, Holzstab oder mit Ihrem Fingerknöchel

Fingerprobe: Drücken Sie die Erde etwa 1 cm tief ein, so können Sie spüren, ob sie noch feucht genug ist.

Mein Rat:
Ist der Wurzelballen so stark ausgetrocknet, daß er sich vom Topfrand gelöst hat, läßt sich dieses Problem mit der Gießkanne kaum lösen. Stellen Sie die Pflanze so lange in ein Wasserbad, bis die Erde sich richtig vollgesogen hat und keine Luftblasen mehr aus der Erde aufsteigen. Danach lassen

Sie den Topf abtrocknen und drücken die Erde mit den Fingern etwas an.

gegen die Topfwand. Ist die Erde feucht, hören wir einen relativ dumpfen Ton, bei einem ausgetrockneten Substrat klingt das Klopfgeräusch etwas heller.

MANGEL- UND ÜBERSCHUSS- SYMPTOME

Auch für den unerfahreneren Pflanzenfreund leicht zu erkennen ist eine Pflanze, die unter akutem Wassermangel leidet. Der Wurzelballen zieht sich zusammen, bei verholzten Gewächsen welken die Laubblätter, krautige Pflanzen lassen sowohl Blätter als auch Triebe schlaff herabhängen. Andere Symptome zeigen an, daß die Pflanze zwar regelmäßig gegossen wurde, aber trotzdem nicht genug Wasser bekommen hat. Blattspitzen und Blattränder verbräunen, Blütenknospen und Blüten werden abgestoßen, die Blätter erscheinen nicht saftig grün, sondern eher mattfarben. Wurde zuviel gegossen, kommt es schlimmstenfalls

zu Wurzelschäden. Das kann fatale Folgen haben, denn mit der sich ausbreitenden Wurzelfäule ist auch die Wasseraufnahme behindert, die Pflanzen zeigen oberirdisch die gleichen Symptome wie beim Wassermangel. Wenn Ihre Pflanze also „schlappmacht", kontrollieren Sie immer zuerst, ob die Erde trocken oder feucht ist. Ist die Erde feucht, dann versuchen Sie, die Pflanze vorsichtig auszutopfen. Am besten nimmt man dazu die Pflanze kopfüber, mit der einen Hand hält man den Topf, mit der anderen Hand bedeckt man die Substratoberfläche, damit nicht so viel Erde herausrieselt. Löst der Wurzelballen sich nicht von selbst aus dem Topf, dann klopfen Sie den oberen Topfrand vorsichtig auf eine Tischkante. Untersuchen Sie die Wurzeln, nachdem Sie die Pflanze ausgetopft haben. Normalerweise ist das Wurzelwerk, zumindest an den Spitzen, hell bis weiß gefärbt. Ist es bräunlich ge-

färbt und verströmt außerdem einen fauligen Geruch, dann sollten Sie die faulenden Stellen großzügig herausschneiden und die Pflanze in frische Erde umtopfen.

RICHTIG GIESSEN

Der beste Zeitpunkt zum Gießen ist morgens, denn tagsüber verbrauchen unsere grünen Freunde das meiste Wasser. Außerdem kann das Laub über den Tag abtrocknen, wenn die Pflanze von oben gegossen wurde. Man sollte jedoch darauf achten, daß nasse Blätter nicht der prallen Sonne ausgesetzt sind, die Wassertropfen könnten sonst das Sonnenlicht bündeln und Blattverbrennungen verursachen. Oft wird die Frage gestellt, ob man besser von oben oder von unten, also über den Untersetzer gießen soll. Im Prinzip vertragen unsere Pflanzen beides gleich gut. Es gibt allerdings einige, die empfindlich reagieren, wenn sie längere Zeit mit Wasser benetzt sind. So

kann sich zum Beispiel beim Alpenveilchen (*Cyclamen persicum*) oder beim Usambaraveilchen (*Saintpaulia-Ionantha*-Hybriden) zwischen den jüngsten Blatt- und Blütenknospen Wasser sammeln und Fäulnis auslösen. Daher werden diese Pflanzen von unten gegossen.

Entscheidend ist natürlich die richtige Wassermenge. Am besten werden ausgewachsene Pflanzen nicht so häufig, dafür aber durchdringend gegossen. Der Blumentopf muß gewährleisten, daß Gießwasser über

Die Klopfprobe zur Feuchtigkeitskontrolle setzt ein wenig Erfahrung und Übung voraus.

Pflanzen in Tontöpfen brauchen meist mehr Wasser als die in Plastiktöpfen, da über die Tonwand Wasser verdunstet wird.

Einige Bromelien lieben es, wenn immer etwas Wasser im Blatt-trichter steht.

und zu etwas flüssigen Dünger bei.

Zum Schluß noch einige wenige Pflanzenarten, die besonders häufig gegossen werden müssen: Hortensien (*Hydrangea macrophylla*) und Zierspargel (*Asparagus*-Arten) benötigen in der Wachstumszeit reichliche Wassergaben, der Ballen sollte immer feucht sein. Vor allem die Hortensien verdunsten über ihre großflächigen Blätter sehr viel Flüssigkeit und müssen bei Bedarf sogar zweimal täglich gegossen werden.

Frauenhaargras (*Scirpus cernuus*), Zimmerbambus (*Pogonatherum*-Arten) und das schon erwähnte Zypergras (*Cyperus involucratus*) gedeihen am besten, wenn immer etwas Wasser im Untersatz steht. Außerdem sollten diese Pflanzen häufig eingesprüht werden, sonst kommt es sehr schnell zu unschönen braunen Blattspitzen oder Blatträndern.

Usambaraveilchen am besten über den Untersetzer gießen.

ein Abzugsloch in den Untersetzer bzw. in den Übertopf gelangt. Ist die Erde etwas stärker ausgetrocknet, sickert das Wasser zuerst durch, wird danach aber noch von der Erde aufgenommen. Sollte eine halbe Stunde nach dem Gießen überschüssiges Wasser im Untersetzer stehen, dann muß es abgegossen werden, sonst kommt es zur unerwünschten Staunässe. Vor allem Primeln und Gloxinien reagieren empfindlich auf die sogenannten „nassen Füße".

Es gibt natürlich auch die Möglichkeit, Bewässerungssysteme zu installieren, die unsere Pflanzen über einen längeren Zeitraum mit Feuchtigkeit versorgen können. Näheres dazu finden Sie im Sonderteil „Urlaubsbewässerung" ab Seite 50.

PFLANZEN MIT EXTRAWÜNSCHEN

Manche Pflanzen verlangen beim Gießen eine Sonder-behandlung: In der Familie der Bromelien gibt es einige bekannte Zimmerpflanzenarten, die Wasser und Nährstoffe über ihren Blatttrichter aufnehmen, die Wurzeln dienen hauptsächlich als Haftorgane. Wir sorgen also bei der Lanzenrosette (*Aechmea*), dem Flammenden Schwert (*Vriesea*), Guzmanien, Nidularien und einigen Tillandsienarten dafür, daß in der Blattrosette immer ein bißchen Wasser steht; auch eine schwach konzentrierte Flüssigdüngung wird gelegentlich auf diesem Wege verabreicht. Andere Bromelien bilden zwar keinen Blatttrichter, nehmen aber trotzdem Wasser und Nährstoffe ausschließlich über ihre Blätter auf. Am bekanntesten sind Tillandsienarten, wie das Louisiana-Moos (*Tillandsia usneoides*), die gerne für die Gestaltung von Epiphytenstämmen verwendet werden. Diese Gewächse sprüht man täglich einmal mit weichem Wasser ein und gibt ab

Die richtige Wassermenge ist für das Gedeihen der Pflanzen sehr wichtig. Zuviel ist genauso schädlich wie zuwenig. Übrigens werden sehr viel mehr Pflanzen totgegossen, als daß sie vertrocknen.

Die richtige Temperatur

Alle Lebensvorgänge in der Pflanze werden von der Temperatur entscheidend beeinflußt. Jede Pflanzenart hat ihre eigenen Ansprüche – werden sie nicht erfüllt, dann müssen wir oftmals auf Blüte und gutes Wachstum verzichten.

Damit die Klivie schön blüht, muß die Ruhezeit unbedingt eingehalten werden.

Die Länge der Vegetationsperiode wird an den natürlichen Pflanzenstandorten in erster Linie von einem Faktor bestimmt: der Temperatur. Spätestens bei Werten um den Gefrierpunkt laufen die Lebensfunktionen der Pflanze nur noch auf Sparflamme. Allgemein betrachtet liegt der Temperaturbereich, in dem Pflanzen existieren können, zwischen -40° und +40 °C, wobei die extremen Werte nur von Überdauerungsorganen oder im Ruhezustand ertragen werden. In unseren Wohnräumen herrschen solche Extremtemperaturen natürlich nie, wir können unseren Pflanzen je nach Zimmerlage, Isolierung und Heizung durchschnittliche Tagestemperaturen um 20 °C anbieten, nachts ist es in den Zimmern meist etwas kühler als tagsüber.

TEMPERATUR UND WACHSTUM

Alle Lebensvorgänge in der Pflanze werden von der Temperatur entscheidend beeinflußt. Die Photosynthese wurde bereits im Kapitel „Licht und Beleuchtung" (Seite 40 ff.) kurz erwähnt. Zwischen dem Licht- und Wärmebedarf der Pflanzen besteht eine enge Beziehung. Etwas verallgemeinert gilt in der Wachstumsphase der Satz: „Je heller es ist, umso mehr Wärme kann eine Pflanze vertragen". Umgekehrt heißt das: „Je geringer das Lichtangebot, desto geringer ist der Wärmeanspruch der Pflanze". Daher bekommt es den Zimmerpflanzen gut, wenn die durchschnittlichen Zimmertemperaturen in der lichtarmen Jahreszeit niedriger liegen als im Sommer.

Sowohl im Sommer als auch im Winter kommen die meisten Pflanzen besser zurecht, wenn sie nachts kühler stehen als tagsüber. Das hat folgenden Grund: Die Photosynthese, auch Assimilation genannt, dient dem Stoffaufbau der Pflanze. Ein anderer wichtiger Vorgang findet nachts bzw. im Dunkeln statt: die Atmung oder Dissimilation. Im Prinzip ist die Atmung das genaue Gegenteil der Photosynthese. Einige der tagsüber im Licht gebildeten Stoffe werden wieder in ihre Einzelteile zerlegt und von der Pflanze verbraucht.

Für die Pflanze ist es wichtig, daß Photosynthese und Atmung im richtigen Verhältnis zueinander ablaufen. Vor allem im Winter bestünde sonst die Gefahr, daß nachts mehr Reservestoffe verbraucht würden, als die Pflanze tagsüber aufbauen könnte. Da die Pflanzen umso mehr Reservestoffe abbauen, je wärmer es im Zimmer ist, sollten kälteverträgliche Arten nachts möglichst kühl stehen. Wenn sich warme Nachttemperaturen nicht vermeiden lassen, sollte man diesen Nachteil mit einer täglich mehrstündigen Zusatzbelichtung ausgleichen.

TEMPERATUR-SCHÄDEN

Es kann schon reichen, wenn eine Pflanze auf dem Weg vom Blumengeschäft nach Hause oder beim Lüften im Winter kurzfristig frostigen Temperaturen ausgesetzt ist. Ein solcher Kälteschock kann allgemeine Wachstumsstörungen zur Folge haben, möglicherweise werden die besonders empfindlichen Blüten- oder Blattknospen abgestoßen. Schlimmstenfalls kommt es zu Frostschäden, erkennbar daran, daß sich auf Blättern oder Blüten Flecken bilden, das betroffene pflanzliche

Gewebe stirbt schnell ab. Ähnliches gilt bei kurzfristig starker Wärmeeinwirkung. Besonders gefährlich ist auch hier der Weg vom Blumengeschäft nach Hause, wenn die Pflanze beispielsweise längere Zeit im von der Sonne aufgeheizten Auto transportiert wird. Spätestens bei Temperaturen über 40 °C kommt es zu Schäden an Blättern und Blüten. Auch direkt am Blumenfenster kann es im Sommer so heiß werden, daß die Blätter aufgrund der erhöhten Transpiration zu welken beginnen. Darüber hinaus können Verbrennungen an Blättern und Blüten auftreten. Wesentlich häufiger kommt es jedoch vor, daß die Temperaturen für die Pflanzen über einen längeren Zeitraum etwas zu hoch oder zu niedrig waren. Daraus resultierende Schäden treten zeitlich verzögert auf und sind oft nur schwer zu erkennen.

Wenn Ihre Pflanzen längere Zeit zu kühl gestanden haben, äußert sich das in der Regel in einem verlangsamten Wachstum. Vor allem das Wurzelwachstum ist gehemmt, die Wasser- und Nährstoffaufnahme wird dadurch gestört.

Außerdem kommt es oft zu einem erhöhten Schaderregerbefall. Manche Wurzelpilze können sich bei niedrigen Temperaturen besser ausbreiten, weil die Blumenerde nach dem Gießen sehr langsam abtrocknet. Bei zu niedrigen Durchschnittstemperaturen ist daher die Gefahr von Wurzelfäule deutlich erhöht.

Hohe Temperaturen und gleichzeitiger Lichtmangel erhöhen die Atmungsrate, die Pflanze zehrt von ihren Reserven. Das führt schnell dazu, daß Triebe vergeilen, junge Blätter und Blüten haben keine intensive Färbung und bleiben außerdem relativ klein.

WELCHE TEMPERATUR IST RICHTIG?

Zwischen Frühjahr und Herbst, also in der Hauptwachstumsphase, herrschen in unseren Wohnräumen für die meisten Pflanzen sehr günstige Temperaturen. Selten ist es zu kühl, eher gibt es im Hochsommer Probleme, weil es direkt hinter der Fensterscheibe für die Pflanzen zu heiß wird.

Anders ist das im Winter, wo die Temperaturansprüche der einzelnen Arten weiter auseinanderliegen. Einige Gewächse sind auch in der lichtarmen Jahreszeit sehr wärmebedürftig, andere legen eine Ruhepause ein und verlangen nach einer besonders kühlen Umgebung. Aus diesen Gründen ist es schwierig, allgemeingültige Temperaturempfehlungen auszusprechen. Darüber hinaus gibt es auch innerhalb der Pflanzenfamilien teilweise recht große Unterschiede in den Wärmebedürfnissen. So gehören die Flamingoblume (*Anthurium-Scherzerianum*-Hybriden) und die Zimmerkalla (*Zantedeschia*-Arten) beide zur Familie der Aronstabgewächse. Die Flamingoblume sollte nicht kühler als 16 °C stehen, optimal sind durchschnittliche Temperaturen von 20 ° bis 22 °C. Die Zimmerkalla wächst und blüht am besten bei Temperaturen um 15 °C; steigen die Werte auf über 18 °C, werden neugebildete Blatt- und Blütenstiele zu lang.

Trotzdem lassen sich einige Pflanzenfamilien oder -gruppen zusammenfassen, weil sie ähnliche Wärmebedürfnisse haben: Drehfrucht (*Streptocarpus*), Gloxinie (*Sinningia*), Usambaraveilchen (*Saintpaulia-Ionantha*-Hybriden) und der Schiefteller (*Achimenes*) gehören allesamt zur Familie der *Gesneriaceae*, sie gelten als wärmebedürftige Arten, die auch im Winter warm stehen, während viele Kakteen kühl überwintert werden müssen.

Mein Rat: Manche Pflanzen reagieren besonders empfindlich auf zu geringe Bodentemperaturen. Stehen Ihre Pflanzen auf einer Unterlage aus Stein oder Marmor, dann ist die Gefahr „kalter Füße" besonders groß, weil sich diese Materialien nur sehr langsam erwärmen. Als kälteabweisende Isolierung können Sie Styropor oder ein kleines Holzbrett unter den Topf legen.

Untergelegte Holzbrettchen schützen vor einer kalten Fensterbank.

Thermometer und Hygrometer in einem

PFLANZEN FÜR SEHR KALTE UND SEHR WARME STANDORTE

Um die Zimmerpflanzen in verschiedene Temperaturbereiche zu gliedern, hat sich bei den Gärtnern die Einteilung in Kalthauspflanzen, Pflanzen für temperierte Häuser und Warmhauspflanzen durchgesetzt. Während die meisten bekannten Zimmerpflanzen am besten für temperierte Häuser mit durchschnittlichen Temperaturen zwischen 15° und 20 °C geeignet sind, sind in der Tabelle unten einige Pflanzenarten aufgeführt, die sich für besonders warme oder kühle Standorte eignen.

IM SOMMER AN DIE FRISCHE LUFT

Es gibt Zimmerpflanzen, die sich für einen Sommeraufenthalt im Freien mit besonders üppigem Wachstum bedanken. Wir stellen sie zwischen Mai und den ersten Nachtfrösten auf den Balkon, die Terrasse oder an einen geeigneten Platz in den Garten. An sonnigen Plätzen fühlen sich Agavengewächse, einige Palmenarten, Oleander, Hibiskus, Myrte, Bougainvillee oder das Orangenbäumchen besonders wohl. Für einen schattigen Standort eignen sich Azalee, Hortensie, Schönmalve oder Kamelie. Die genannten Arten haben gemeinsam, daß sie hohe Lichtansprüche haben, die Sommerwärme gut vertragen, ohne jedoch unter kühleren Nächten zu leiden. Sie sind so robust, daß etwas frischer Wind ihnen nichts ausmacht; auch Temperaturen bis nahe an den Gefrierpunkt sind selten ein Problem.

Ungeeignet für einen Aufenthalt im Freien sind wärmebedürftige Zimmerpflanzen oder solche mit empfindlichem Blattwerk, wie z. B. Usambaraveilchen, Buntwurz oder Elatior-Begonien. Befolgt man einige einfache Grundregeln, dann dürfte es mit der Übersommerung keine Schwierigkeiten geben.

Richtiger Zeitpunkt

Der Beginn des Freilandaufenthaltes wird hauptsächlich von der Temperatur bestimmt. Natürlich kann man den Pflanzen schon an warmen Märztagen etwas frische Luft anbieten, sollte sie jedoch nachts unbedingt ins Haus zurückholen. Die Pflanzen können draußen erst dann übernachten, wenn keine Fröste mehr drohen. Das ist etwa Mitte Mai der Fall. Herrscht trotzdem eine kühle Witterung, dann warten Sie noch ein oder zwei Wochen länger.

Eingewöhnen

Der Standortwechsel aus der Wohnung nach draußen ist für die Pflanze eine große Veränderung. Sie steht draußen wesentlich heller, tagsüber ist sie unter Umständen direkter Sonneneinstrahlung ausgesetzt, dafür sinken nachts die Temperaturen viel tiefer als in der Wohnung. Aus diesen Gründen ist es ratsam, die Pflanze schonend an die neue Umgebung zu gewöhnen. Soweit möglich holen wir die Gewächse in den

PFLANZEN FÜR SEHR WARME UND SEHR KÜHLE STANDORTE		
Pflanzengruppe	**Deutscher Name**	**Botanischer Name**
Warmhauspflanzen 20° bis 25 °C	Goldtrompete	*Allamanda cathartica*
	Glanzkölbchen	*Aphelandra squarrosa*
	Rippenfarn	*Blechnum gibbum*
	Dieffenbachie	*Dieffenbachia*-Arten
	Zimmerhopfen	*Justicia brandegeana*
Kalthauspflanzen 10° bis 15 °C	Glockenblume	*Campanula*-Arten
	Grünlilie	*Chlorophythum comosum*
	Keulenlilie	*Cordyline indivisa*
	Primel	*Primula*-Arten
	Judenbart	*Saxifraga stolonifera*

Hortensien in Blauviolett und Rot

Die Klivie sollten Sie während der Ruhezeit fast vergessen, dann blüht sie später um so schöner.

Ein Sonnenbrand-Schaden an den Blättern der Klivie. Die Klivie will sonnig bis halbschattig stehen bei ca. 20 °C im Sommerhalbjahr.

ersten Nächten zurück ins Haus. Wir achten darauf, daß auch sonnenverträgliche Arten auf gar keinen Fall in der prallen Mittagssonne stehen, sondern bringen sie an einen warmen, schattigen und windgeschützten Platz ins Freie.

Pflege

Natürlich wollen die Pflanzen je nach Bedarf mit Wasser und Nährstoffen versorgt werden. Pflanzen, die

Zimmerpflanzen, die die warme Jahreszeit im Garten verbringen, werden an einem bedeckten und windstillen Tag nach draußen gestellt. Auch die ersten paar Tage draußen dürfen die Pflanzen nicht in die Sonne!

dem Regen direkt ausgesetzt sind, brauchen einen guten Wasserabzug aus dem Topf. Sie können die Blumentöpfe auch bis zum Rand in ein Gartenbeet eingraben, so sparen Sie sich etwas Gießarbeit.

Wichtig ist eine regelmäßige Kontrolle auf Schaderregerbefall. Man sollte bedenken, daß draußen Schaderreger gefährlich werden können, die im Zimmer nur äußerst selten auftreten, wie zum Beispiel Nacktschnekken oder der Dickmaulrüßler.

Pflanzen ins Haus zurückholen

Auch hier gilt: Nicht bis zum ersten Frost warten, sondern die Pflanzen vorher, möglichst im Oktober, zurück in die Wohnung holen. Stellen Sie die Gewächse nicht gleich in ein gut geheiztes Zimmer, besser ist ein kühler und möglichst heller Standort, zum Beispiel im Flur oder im Schlafzimmer.

Kontrollieren Sie noch einmal gründlich auf Schaderreger. Während draußen ein leichter Befall durchaus toleriert werden kann, sollten die Pflanzen jetzt völlig „sauber" sein. Ansonsten bestünde die Gefahr, daß sich neue Schädlinge auch auf andere Zimmerpflanzen ausbreiten.

ZIMMERPFLANZEN KÜHL ÜBERWINTERN

Einige Zimmerpflanzen wollen in der lichtarmen Jahreszeit, also von November bis Februar, möglichst kühl überwintern. Dazu gehören auch einige Arten, die im Sommer einen Aufenthalt im Freien bevorzugen, zum Beispiel Agave, Dattelpalme, Myrte, Oleander, Fuchsie oder Hortensie. Kakteen oder Klivien brauchen eine Kühlphase im Winter, um im darauffolgenden Frühjahr neue Blüten anzusetzen. Näheres dazu lesen Sie im Kapitel „Blüte und Wiederblüte" auf Seite 86 ff.

Günstig für die Überwinterung sind Temperaturen zwischen 5 ° und 10 °C sowie ein heller Standort. Die Lebensfunktionen der Pflanze sind bei diesen kühlen Temperaturen auf ein Mindestmaß reduziert, es findet praktisch kein Wachstum statt. Dementsprechend wird nur äußerst sparsam gegossen und überhaupt nicht gedüngt. Direkte Sonne ist störend, wenn sich gleichzeitig das Zimmer aufheizt und dadurch die Ruhephase unterbrochen wird.

Als Überwinterungsraum geeignet ist ein heller Kellerraum (kein Heizungskeller!), ein kühler Hausflur, das Schlafzimmer oder im Idealfall ein Gewächshaus, das nur frostfrei gehalten wird.

Ausreichende Düngung

Von Luft, Wasser und Liebe allein kann eine Pflanze auf Dauer nicht leben. Sie benötigt für üppiges Triebwachstum und einen schön gefärbten Blütenflor lebenswichtige Nährstoffe.

NÄHRSTOFFVERSORGUNG AM NATÜRLICHEN STANDORT

Am natürlichen Standort ist jede Pflanze Teil eines Nährstoffkreislaufes. Abgestorbenes organisches Material wird von Kleinstlebewesen, von Regenwürmern, Bakterien, Pilzen und bodenbewohnenden Insekten in seine Einzelteile zerlegt. Dabei entstehen die für die Ernährung der Pflanzen wichtigen Mineralstoffe. Über die Wurzeln gelangen sie in die Pflanze, wo sie zum Aufbau neuer organischer Substanz verwendet werden. Stirbt die Pflanze irgendwann ab, dann wird auch sie von den Bodenlebewesen verarbeitet, die im Pflanzenkörper eingebauten Mineralstoffe werden wieder frei und stehen anderen Lebewesen zur Verfügung. Die Zimmerpflanze ist diesem natürlichen Stoffkreislauf entzogen und daher auf Mineralnährstoffe angewiesen, die wir ihr von außen zuführen. Weil der Wurzelraum auf einen engen Topf begrenzt ist, kann es leicht dazu kommen, daß unsere Zimmerpflanzen mit Nährstoffen über- oder unterversorgt werden.

WICHTIGE NÄHRSTOFFE

Üblicherweise unterteilt man die Nährstoffe nach dem Bedarf der Pflanzen in Makro- und Mikronährstoffe. Die größten Mengen benötigt die Pflanze von den Makronährstoffen Stickstoff, Phosphor und Kalium, außerdem werden Schwefel, Magnesium und Calcium dieser Gruppe zugerechnet. Die Mikronährstoffe heißen Bor, Eisen, Kupfer, Mangan, Molybdän und Zink. Jedes Element erfüllt in der Pflanze mindestens eine, in der Regel jedoch mehrere wichtige Funktionen. Von den Spurenelementen braucht die Pflanze nur geringste Mengen, trotzdem wirkt sich auch ein Mangel an diesen Nährelementen negativ auf die Vitalität aus. Im folgenden werden die Hauptnährstoffe vorgestellt und ihre wichtigsten Funktionen in der Pflanze erläutert.

Stickstoff (N)
Gilt als wichtigster Nährstoff der Pflanze, weil er ein Hauptbestandteil der pflanzlichen Eiweißverbindungen ist. Stickstoff fördert das Blatt- und Triebwachstum und ist auch wichtig für den Aufbau des Blattgrüns (Chlorophyll).

Ohne die richtige Nährstoffversorgung entwickeln viele unserer Zimmerpflanzen keine Blüten; hier ist die Kamelie zu sehen.

Phosphor (P)
Phosphor beeinflußt das Wachstum von Wurzeln, Blatt- und Blütenknospen. Außerdem benötigt die Pflanze Phosphor zur Ausreifung und Färbung von Blüten, Früchten und Samen.

Kalium (K)
Das dritte Hauptnährelement ist vor allem für den Wasserhaushalt der Pflanzen zuständig, denn Kalium sorgt dafür, daß Wasser in den Zellen festgehalten wird. Außerdem

Malaienblume mit Sortennamen 'Johannes Apel'

macht Kalium die Pflanzen widerstandsfähiger gegen Schaderreger und ungünstige Standortbedingungen.
Schwefel (S) ist wie Stickstoff für den Aufbau pflanzlicher Eiweißverbindungen und die Bildung des Chlorophylls zuständig. Letzteres gilt auch für das **Magnesium (Mg).**
Calcium (Ca) erhöht die Festigkeit des pflanzlichen Gewebes und steigert wie Kalium die pflanzliche Widerstandskraft.

MANGEL- UND ÜBERSCHUSS-SYMPTOME

Normalerweise gibt es mit der Nährstoffversorgung unserer Zimmerpflanzen keine Probleme, wenn wir in der Wachstumszeit daran denken, regelmäßig zu düngen und mehrjährige Gewächse ab und zu in neue Erde umzutopfen. Gelegentlich kommt es trotzdem vor, daß Zimmerpflanzenfreunde Wachstumsstörungen oder Verfär-bungen an ihren Gewächsen entdecken, ohne den genauen Grund zu kennen. Obwohl auch bei näherem Hinsehen kein Schaderreger zu sehen ist, wird vielleicht sogar ein Pflanzenschutzmittel eingesetzt, um den Schaden zu beheben. Die wahre Ursache kann auf diese Art nicht bekämpft werden, denn in Wirklichkeit liegt eine Ernährungsstörung vor. Folgende Mangel- und Überschußsymptome sind an Zimmerpflanzen besonders häufig zu beobachten: Stickstoffmangel erkennt man zuerst am verlangsamten Wachstum, Grünpflanzen bilden nur wenig neue Triebe. Die Blätter erscheinen hellgrün und fahl, auch rötliche Farbtöne sind nicht selten. Die Verfärbungen treten zuerst an älteren Blättern auf, die im fortgeschrittenen Stadium vorzeitig abgeworfen werden. Stickstoffüberschuß äußert sich in dunkelgrünen Blättern und schwammigem, weichem Pflanzengewebe. Die Anfälligkeit gegenüber

Blattchlorose an einer Citruspflanze, infolge von z. B. zu kalkhaltigem Gießwasser

Magnesiummangel an der Chrysantheme

Schaderregern ist allgemein erhöht.
Ist die Blütenbildung und -ausfärbung behindert, kann es sich um Phosphormangel handeln. Oftmals sind die älteren Laubblätter gleichzeitig schmutziggrün gefärbt, daneben können auch Farbtöne erscheinen, die von Blau über Rot bis Violett reichen. Neu gebildete Blätter bleiben klein und zeigen mit der Blattspitze starr nach oben, in Gärtnerkreisen spricht man von „Starrtracht" der Pflanzen.
Pflanzen mit Kaliummangel neigen – vor allen Dingen an warmen und sonnigen Tagen – zu Welkerscheinungen, der Gärtner spricht hier von der „Welketracht". Die

So sieht der Nährstoffmangel aus. Von links nach rechts: Stickstoff-, Phosphor- und Kaliummangel, ganz rechts gesundes Blatt vom Weihnachtsstern.

Sehr einfach ist die Nährstoffversorgung mit Düngestäbchen.

Gewächse bleiben klein und gedrungen, oftmals sind die Blattränder aufgehellt und sterben später ab. Die Anfälligkeit gegenüber Schaderregern kann bei Kaliummangel deutlich erhöht sein. Typisches Anzeichen von Eisenmangel ist die sogenannte Blattchlorose, zu erkennen daran, daß die Blattadern dunkelgrün gefärbt sind, während die Fläche zwischen den Blattadern gelblich aufgehellt ist. Besonders häufig tritt diese Mangelerscheinung in der lichtärmeren Jahreszeit oder bei einem zu hohen pH-Wert im Boden auf.

VON ENTSCHEIDENDER BEDEUTUNG: DER PH-WERT

Im Zusammenhang mit der Pflanzenernährung sollte man sich über den pH-Wert einige Gedanken machen. Für viele ist diese Maßzahl eine unbekannte Größe, deswegen einige erläuternde Anmerkungen: Mit dem pH-Wert gibt man an, in welchem Verhältnis Säuren und Basen im Boden vorlie-

gen. Zur besseren Übersicht hat man eine Skala entworfen, die von 1 bis 14 reicht. Bei pH 7 gilt ein Boden als neutral, das heißt der Anteil an Säuren und Basen im Boden ist ausgeglichen. Liegen die Werte niedriger als pH 7, ist der Boden sauer, liegen die Werte über pH 7 bezeichnet man ihn als basisch oder alkalisch.

Der pH-Wert hat entscheidenden Einfluß darauf, ob Nährstoffe von der Pflanze aufgenommen werden können oder nicht. Im schwach sauren bis neutralen Bereich (pH 5,5 bis 7) sind die Nährstoffe am besten verfügbar; die meisten Pflanzen kommen in diesem Bereich gut zurecht. Weicht der pH-Wert jedoch davon ab, kann es zu Mangelerscheinungen kommen, obwohl der Boden ausreichend mit Nährstoffen versorgt ist.

Haben wir uns eine neue Pflanze gekauft, dann können wir davon ausgehen, daß der pH-Wert im Boden richtig eingestellt ist. Es kann jedoch im Laufe der Zeit zu unerwünschten Abweichungen kommen. Auf die Problematik des harten Leitungswassers wurde schon im Kapitel „Richtig gießen" auf Seite 52 ff. hingewiesen. Je kalkhaltiger das Gießwasser ist, desto schneller steigt der pH-Wert im Substrat. Ist es einmal soweit gekommen, reagiert die Pflanze mit Gelbfärbung der Blätter (Stickstoffmangel) oder Blattchlorosen (Eisenmangel).

Besonders häufig sind diese Mangelsymptome an Gewächsen zu beobachten, die ein etwas saures Substrat bevorzugen. Zu diesen Pflanzen gehören Kamelie (*Camellia japonica*), Cattleya (*Cattleya-Labiata*-Hybriden)

und Azalee (*Rhododendron-Simsii*-Hybriden), die sich in einer Erde mit pH-Werten zwischen 4 und 5 am wohlsten fühlen. Für die genannten Arten kann man spezielle ammoniumhaltige Mineraldünger einsetzen, die den pH-Wert im Boden senken oder niedrig halten; man spricht hier von physiologisch sauer wirkenden Düngern. Abgesehen davon sollte man immer mit weichem Wasser gießen, um einem pH-Anstieg entgegenzuwirken.

Sind Sie nicht sicher, ob eine Wachstumsstörung durch einen falschen pH-Wert in der Blumenerde verursacht wurde, dann besorgen Sie sich im Fachhandel ein preiswertes Set mit pH-Teststäbchen. Diese verwenden Sie nach Anleitung der Hersteller.

NÄHRSTOFF-BEDARF VON ZIMMERPFLANZEN

Der Nährstoffbedarf ist von einer Reihe verschiedener Faktoren abhängig. In der

Hauptwachstumszeit, also zwischen März und September, ist der Bedarf am höchsten. Die meisten Gewächse wollen in dieser Zeit mindestens einmal wöchentlich gedüngt werden. Anders verhält es sich im Winter, wo die Düngeintervalle weiter auseinander liegen sollten; Pflanzen an schattigen oder kühlen Winterstandorten erhalten nur alle drei bis vier Wochen eine Düngergabe. Gewächse, die sich in einer Ruhephase befinden, werden überhaupt nicht gedüngt.

Der Bedarf an speziellen Nährstoffen kann in Abhän-

Anthurium-Scherzerianum-Hybride

Weihnachtssterne, *Euphorbia pulcherrima*

weiß man bei selbst hergestelltem Kompost nicht, wie es um den Nährstoffgehalt bestellt ist, so daß es bei empfindlichen Zimmerpflanzen leicht zu Ernährungsstörungen kommen kann. Andere organische Dünger, wie Hornspäne, Knochenmehl, Blutmehl oder Guano, mischt man der Erde am besten beim Umtopfen bei.

Es gibt auch organische Dünger zu kaufen, die mit bodeneigenen Mikroorganismen angereichert sind. Die Erde wird damit biologisch aktiviert, was einer Vedichtung und Verkrustung entgegenwirkt. Fragen Sie im Gartenfachhandel. Stehen die Pflanzen auf der Fensterbank, dann ist das Düngen mit mineralischen Düngern am einfachsten, weil sie der Pflanze alle wichtigen Nährstoffe in einem ausgewogenen Verhältnis liefern können.

Mineralische Flüssigdünger

Diese Düngerform ist in der Praxis am weitesten verbrei-

tet. Man erwirbt eine konzentrierte Düngerlösung, die alle wichtigen Makro- und Mikronährstoffe enthält. Manchmal fehlt allerdings das Nährelement Magnesium, weil es in Flüssiglösungen leicht ausflockt. Es gibt stickstoffbetonte Mischungen für Grünpflanzen, im Gegensatz dazu haben die sogenannten Blühdünger einen höheren Phosphatanteil. Die Anteile an Stickstoff, Phosphor und Kalium sollten auf der Packung genau angegeben sein.

Die Handhabung ist sehr einfach: Die Stammlösung muß lediglich nach Angaben des Herstellers verdünnt werden. Mischen Sie nie höhere Konzentrationen als auf der Packung angegeben, auch wenn Ihre Pflanzen Mangelerscheinungen zeigen. Zu hohe Düngerkonzentrationen können die feinen Wurzelhaare schädigen!

Mineralische Düngersalze

Sie enthalten alle Nährstof-

gigkeit von der Entwicklungsphase variieren. Jungpflanzen benötigen einen stickstoffbetonten Dünger, damit anfangs hauptsächlich das vegetative Wachstum (Blätter und Stengel) gefördert wird, später muß für den Blütenansatz eine stärkere Phosphorzufuhr gewährleistet sein. Kalium sollte unabhängig von der Entwicklungsphase immer in etwa gleich großen Mengen gedüngt werden.

RICHTIG DÜNGEN

In der Hauptwachstumszeit starten Sie zwei bis vier Wochen nach dem Kauf mit der ersten Düngergabe.

Selbst gezogene Jungpflanzen werden erst gedüngt, wenn das Triebwachstum einsetzt.

Grundsätzlich haben Sie die Wahl zwischen mineralischen und organischen Düngemitteln. Beim Mineraldünger können die Nährstoffe sofort von der Pflanze aufgenommen werden, organische Dünger geben ihre Nährstoffe etwas langsamer für die Pflanze frei. Die bekanntesten organischen Dünger sind Kompost und Stallmist. Beide sind jedoch eher für den Zier- und Nutzgarten, nicht aber für Zimmerpflanzen mit ihrem geringen Topfvolumen geeignet. Abgesehen davon

Verschiedene Düngemittel auf einen Blick: **1** Düngestäbchen, **2** Langzeitdünger (Depotdünger), **3** mineralischer Dünger als Granulat, **4** Hornspäne, **5** Blutmehl, **6** Hornmehl

fe, die die Pflanze braucht, einschließlich Magnesium. Man wiegt das Pulver zu Hause ab und löst es in Wasser auf (Herstellerangaben beachten). Bei den oftmals sehr kleinen Mengen benötigt man allerdings eine genau arbeitende Waage, z. B. eine Briefwaage.

Düngestäbchen und Düngetabletten

Diese Art der Düngung macht am wenigsten Arbeit, ist aber auch weniger präzise als die vorher beschriebenen Verfahren. Je nach Topf- und Pflanzengröße wird eine bestimmte Menge mineralsalzhaltiger Stäbchen oder Tabletten in die Blumenerde gesteckt. Die Nährstoffe werden nach und nach abgegeben, die Gefahr des Überdüngens ist daher sehr gering.

Spezialdünger

Manche Pflanzenarten, wie Kakteen, Bromelien oder Orchideen, gelten bei der Düngung als besonders empfindlich oder anspruchsvoll. Für solche Arten werden im Fachhandel spezielle Düngermischungen angeboten.

HILFE IM NOTFALL: BLATT-DÜNGUNG

Pflanzen mit akuten Mangelerscheinungen können auch über die Blätter gedüngt werden. Für die Zimmerpflanzen kann das zum Beispiel bei Eisenmangel sinnvoll sein, zu erkennen an chlorotisch aufgehellten Blättern. Häufig beobachtet man diese Mangelerscheinung an Bougainvilleen, Hortensien, Brunfelsien und Citruspflanzen. Ist ein zu hoher pH-Wert die Ursache für den Eisenmangel, würde eine Flüssigdüngergabe über den Boden nicht viel nützen, weil das Eisen dort für die Pflanze nicht verfügbar wäre. Besorgen Sie sich also im Fachhandel Eisenchelat und lösen es nach Angaben des Herstellers in Wasser auf. Die Düngerlösung sprühen Sie dann mit einem Zerstäuber über die Pflanze, am besten draußen oder über einer abwischbaren Oberfläche, sonst kann es unschöne Flecken geben. In erster Linie können die vorher genannten Pflanzen diesen Blattdünger bekommen. Pflanzen, deren Blätter nicht mit Wasser benetzt werden sollen, dürfen auf keinen Fall über das Blatt gedüngt werden.
Eine stickstoffbetonte Blattdüngung kann außerdem bei frisch bewurzelten Stecklingen sinnvoll sein. Allgemein betrachtet bleibt die Blattdüngung jedoch immer eine ergänzende Maßnahme.

Mein Rat: Düngen Sie nie eine Pflanze mit ausgetrocknetem Wurzelballen, sonst kann es vor allem bei salzempfindlichen Gewächsen leicht zu Schäden an den feinen Wurzelhaaren kommen.

WAS TUN BEI NÄHRSTOFFÜBER-SCHUSS?

Was ist aber bei einem überdüngten Substrat zu tun? Einen leichten Überschuß kann die Pflanze selbst korrigieren; sorgen Sie einfach dafür, daß sie eine Zeitlang nicht gedüngt wird. Den Ballen sollten Sie gleichzeitig feucht halten, damit es keine Salzschäden an den Wurzeln gibt.
Ist die Pflanze jedoch stark überdüngt, dann haben Sie zwei Möglichkeiten. Entweder Sie topfen um oder Sie spülen die Erde durch. Stellen Sie den Topf für eine Viertelstunde in ein Waschbecken unter nicht zu kaltes fließendes Wasser. Unten muß so viel Wasser ablaufen können wie oben hineingelangt. Sie können auch einen Eimer mit Wasser füllen und die Pflanze eintauchen, bis der Ballen sich vollgesogen hat. Danach abtropfen lassen. Diese Prozedur am besten einige Male wiederholen.

1

3

3

5

4

Schäden, Schädlinge und Krankheiten

Nicht nur Schädlinge und Krankheiten machen unseren Zimmerpflanzen das Leben schwer, auch Pflegefehler können sich fatal auswirken. Wir müssen unsere Pflanzen regelmäßig kontrollieren; je früher man die Schäden oder Schaderreger entdeckt, desto leichter ist die Bekämpfung.

Es ist schon ein großes Ärgernis. Da gibt man sich alle Mühe mit der Blumenpflege, nur um eines schönen Tages Schaderreger zu entdecken, die den Pflanzen das Leben schwermachen. Wie man sich vorbeugend schützen kann und was zu unternehmen ist, wenn eine

Gesunde, helle Wurzeln

Pflanze trotz guter Pflege befallen ist, das erfahren Sie in diesem Kapitel.

Das größte Problem an den Schaderregern ist nicht deren Bekämpfung, denn die meisten kann man mit speziellen Präparaten oder etwas mehr Pflegeaufwand in Schach halten. Viel schwieriger ist das Erkennen, die genaue Diagnose eines Schädlings oder einer Krankheit. Allzu oft werden Wachstumsstörungen der Pflanze auf parasitäre Schaderreger, wie Viren, Bakterien, Pilze oder Insekten, zurückgeführt, obwohl die Ursache in Wirklichkeit eine ganz andere ist. Bitte denken Sie daran: Die Ansprüche an Pflege und Standort sollten so gut wie möglich erfüllt werden, dann ist die Pflanze besonders widerstandsfähig gegen Krankheiten und Schädlinge.

Sie können die Vitalität Ihrer Pflanze außerdem mit sogenannten Pflanzenhilfs- und Pflanzenstärkungsmitteln fördern. Diese Präparate bestehen aus Pflanzenextrakten und enthalten Spurenelemente, Aminosäuren, Proteine, Fettsäuren, Vitamine, Enzyme oder auch Kompostauszüge in wechselnden Anteilen. Oftmals wirken die Hilfs- und Stärkungsmittel gleichzeitig vorbeugend gegen pilzliche

Die Wurzeln sind abgestorben, das sieht man an der braunen Farbe. Die Palme stand zu lange im Fußbad.

Erkrankungen. Sie erhalten diese Mittel im Pflanzenfachhandel.

INFEKTIONSQUELLEN UND PFLANZENHYGIENE

Oftmals taucht die Frage auf, wie Schädlinge überhaupt auf die Pflanzen im Zimmer gelangen können, zumal diese ihr Leben gut geschützt hinter dem Fenster verbringen. Folgende Wege sind denkbar:

Die Pflanze war schon beim Kauf befallen oder infiziert, der Schädling wird sozusagen in die Wohnung „eingeschleppt" und breitet sich dort schlimmstenfalls auch auf andere Gewächse aus.

Korkflecken am Klivienblatt

Blattschaden am Usambaraveilchen durch zu kaltes Wasser (links) und zu hohe Sonneneinstrahlung (Sonnenbrand, rechts)

Manche tierische Schaderreger sind sehr mobil und können selbständig längere Strecken zurücklegen. Die meisten Blattlausarten beispielsweise bilden im Sommer geflügelte Stadien und gelangen vielleicht beim Lüften des Wohnzimmers auf die Pflanzen.

Auch mangelnde Hygiene beim Umgang mit Pflanzen kann Infektionen auslösen. Beachten Sie also die folgenden einfachen Hygienevorschriften, sonst sorgen Sie selbst dafür, daß sich ein unliebsamer Schaderreger im Zimmer ausbreitet. Nehmen Sie zum Umtopfen ein Substrat, das frei von Schaderregern ist. Handelsübliche Erdmischungen sind in der Regel ungefährlich, Probleme könnte es geben, wenn Sie sich ein eigenes Substrat mit Erde aus dem Garten oder vom Komposthaufen mischen. Weil vor allem die pilzlichen Schaderreger unter Umständen sehr lange Überdauerungsstadien bilden, sollten Sie gebrauchte Ton- und Plastiktöpfe vor dem Umtopfen mit einem Scheuerschwamm gründlich auswischen.

Ist Ihnen auch schon einmal aufgefallen, daß im Sommer nach einem Gang durch den Garten oder einer Fahrradtour durchs Grüne kleine Läuse an Ihrer Kleidung haften? Auch auf diesem Wege können Schädlinge in die Wohnung und auf die Zimmerpflanzen gelangen.

Ist es erst einmal zum Befall gekommen, dann sollten kranke Pflanzen soweit wie möglich von den gesunden Pflanzen weggestellt werden, damit der Schädling sich nicht im Zimmer ausbreiten kann. Blätter oder Triebe, die besonders stark von einem Pilz oder von Insekten infiziert sind, sollten Sie vor einer Bekämpfungsmaßnahme von der Pflanze entfernen. An Stellen, wo die befallene Pflanze gestanden hat, werden Fensterbank und Fensterbrett gründlich abgewischt, denn auch hier könnten Schaderreger einige Zeit überdauern.

NICHTPARASITÄRE SCHÄDEN

Wurde eine Wachstumsstörung durch falsche Stand-

Wo kranke Pflanzen standen, wird die Fensterbank gründlich abgewischt. Danach kommen die gesunden Pflanzen an ihre alten Plätze auf ihre Untersetzer.

ortbedingungen oder ungeeignete Pflegemaßnahmen verursacht, dann spricht man von einem nichtparasitären Schaden.

Folgende Wachstumsstörungen treten häufig an unseren Pflanzen auf und werden leicht mit parasitären Symptomen verwechselt. <u>Wachstumsstockungen</u>, <u>Mißbildungen</u> und <u>Blattverfärbungen</u> können in einem zu kalten Standort begründet sein. Zu hohe Temperaturen verursachen <u>Welke- und Absterbeerscheinungen</u> an den Blättern.

Außerdem zu nennen sind <u>Blattvergilbungen</u> und eine übermäßige <u>Streckung der Triebe</u>, zurückzuführen auf Lichtmangel in Verbindung mit hohen Temperaturen. Übermäßiges Gießen – die Folge ist Sauerstoffmangel im Substrat – kann zu <u>Wurzelschäden</u> mit anschließenden Welkeerscheinungen führen.

Fehlerhafte Düngung oder ein falscher pH-Wert im Substrat verursachen <u>Blattvergilbungen oder -chlorosen</u>. In Einzelfällen kommt es sogar zu <u>Mißbildungen der Blätter oder Triebe</u>, leicht zu verwechseln mit Schäden,

die durch saugende Insekten verursacht werden.

Der Grund für vorzeitigen <u>Knospenfall</u> kann Wasser- oder Lichtmangel, möglicherweise auch ein Kälteschaden sein.

Besonders unansehnlich sind sogenannte <u>Korkwucherungen</u>, die ebenfalls zu den nichtparasitären Schäden gehören. Aufgrund zu hoher Luftfeuchtigkeit, übermäßiger Wassergaben, Lichtmangel oder zu reichlicher Düngung bilden sich auf oder unter den Blättern kleine, gelblichgrüne, sich später bräunlich verfärbende Flecken. Häufig zu beobachten sind die Korkwucherungen an Klivie (*Clivia miniata*), Gummibaum (*Ficus elastica*) und Geranien (*Pelargonium*-Arten). Sie werden leicht mit Schildläusen verwechselt.

Auch abwischbare Blattflecken deuten nicht unbedingt auf einen Pilzbefall hin, es kann sich hierbei auch um Kalk- oder Düngerflecken, also um <u>Blattverunreinigungen</u> handeln. Viele Gewächse aus der Familie der Gesneriaceae, dazu gehören Usambaraveilchen, Gloxinie und

Kranke oder verwelkte Pflanzenteile werden entfernt.

Moos auf der Topferde wird, wenn es stört, einfach entfernt.

Kontrollieren Sie Ihre Pflanzen regelmäßig, besonders auch die Blattunterseiten.

Columnee, reagieren mit hellgelben bis weißen, runden oder ovalen Blattflecken und -aufhellungen, wenn zu kaltes Gießwasser auf die Blätter gelangt.

SCHADERREGER-DIAGNOSE

Trotz guter Pflege, trotz bester Standortbedingungen können sich Schaderreger auf unseren Zimmerpflanzen ansiedeln. Im Gegensatz zum natürlichen Standort ist das Spektrum möglicher Erreger allerdings eher gering. Die größte Gefahr geht von tierischen Schädlingen aus, besonders häufig siedeln sich Spinnmilben, verschiedene Läusearten oder Thripse auf den Pflanzen an. Die wichtigsten pilzlichen Krankheiten sind Echter und Falscher Mehltau, Wurzel- oder Stammgrundfäule sowie Blattfleckenkrankheiten. Während diese Pilzkrankheiten meist auf wenige Zimmerpflanzenarten spezialisiert sind, können die erwähnten tierischen Schädlinge in der Regel mehrere Pflanzenarten besiedeln und sind daher besonders heimtückisch. Die beste Voraussetzung für eine erfolgreiche Bekämpfung ist die richtige Diagnose der Schaderreger. Untersuchen Sie Ihre Pflanzen alle ein bis zwei Wochen auf einen Befall, tierische Schädlinge findet man meistens an jüngeren Blättern sowie an Blatt- und Blütenknospen. Meistens kann man sie mit bloßem Auge ausmachen, für kleinere Schädlinge braucht man eine Lupe, um sicherzugehen.

Verschiedene Erreger kann man nicht erkennen, weil beispielsweise manche pilzlichen Welkerreger oder auch Minierfliegen in den Leitungsbahnen oder in den Blättern der Pflanze leben. Diese Erreger müssen also anhand der Symptome diagnostiziert werden, die sie auslösen.

Da auch Wurzeln mit Pilzen oder Wurzelläusen befallen sein können, sollten Sie Ihre Pflanzen beim Umtopfen immer genau untersuchen. Natürlich kommt es nicht nur beim Hobbygärtner vor, daß man Schwierigkeiten mit der Diagnose hat; vielleicht handelt es sich auch um einen Erreger, der nur selten auftritt und deswegen in den gängigen Bestimmungshilfen nicht auftaucht. Scheuen Sie sich in diesem Fall nicht, einen Fachmann um Rat zu fragen. Mitarbeiter eines Blumenfachgeschäftes oder einer nahegelegenen Gärtnerei geben normalerweise bereitwillig Auskunft bei diesen Fragen.

Eine weitere Möglichkeit: Wenden Sie sich an das für Ihre Region zuständige Pflanzenschutzamt (Adressen siehe Anhang, Seite 271). Am einfachsten ist es, unter Angabe der privaten Telefonnummer, eine Pflanzenprobe an das Amt zu schicken. Versenden Sie möglichst frisches, gut verpacktes Pflanzenmaterial, an dem der Schaden gut zu erkennen ist, einfach in Zeitungspapier eingepackt per Post. Das Pflanzenschutzamt erteilt Auskunft über die Schadursache und gibt Empfehlungen für eine erfolgversprechende Bekämpfung.

SCHADERREGER BEKÄMPFEN

Für die meisten Schaderreger, die an unseren Zimmerpflanzen auftreten, gibt es wirksame Pflanzen-

Mein Rat: Sie können auch Blattglanzmittel, die eigentlich nicht zu den Pflanzenschutzmitteln gehören, gegen Schildläuse und andere Pflanzensauger einsetzen. Die Wirkungsweise ist ähnlich wie bei ölhaltigen Präparaten. Die Schädlinge ersticken unter dem öligen Spritzbelag. Vorsicht: Manche Pflanzen reagieren empfindlich auf Blattglanzmittel!

schutzmittel oder Bekämpfungsverfahren. Kombiniert mit geeigneten Pflegemaßnahmen bekommen wir den Befall schnell unter Kontrolle. Nur in Ausnahmefällen ist man gezwungen, befallene Pflanzen zu vernichten, weil alle möglichen Bekämpfungsmethoden versagen.

Mechanische Schädlingsbekämpfung

Größere Schädlinge, wie selten auftretende Dickmaulrüßler oder Raupen, kann man von Hand absammeln. Sind hartlaubige Gewächse von tierischen Schädlingen befallen, taucht man sie kopfüber in einen Eimer mit handwarmem Wasser, dem etwas Spülmittel zugesetzt wurde, und „ertränkt" so die Schaderreger. Auch das Abbürsten oder Abbrausen unempfindlicher Gewächse – am besten ist eine kräftige Dusche mit handwarmem Wasser – hat sich bei der Bekämpfung von Läusen, Thripsen und Spinnmilben bewährt.

Im Fachhandel sind gelbe oder blaue Leimtafeln er-

Unempfindliche Pflanzen können zur Bekämpfung von Blattläusen, Thripsen und Spinnmilben mit handwarmem Wasser abgebraust werden.

hältlich, mit denen man bestimmte Schadinsekten abfangen kann. Sie eignen sich sowohl zur Bekämpfung als auch zur Früherkennung eines Schädlingsbefalls.

Zugelassene Pflanzenschutzmittel

Es gibt inzwischen im Fachhandel eine ganze Reihe von natürlich wirksamen Pflanzenschutzmitteln. Auf die „chemische Keule" sollten wir lieber verzichten. Doch auch bei diesen Spritzmitteln gilt: Empfehlungen des Herstellers zur Anwendung des Mittels genau durchlesen und befolgen. Folgende Wirkstoffe haben sich in der Praxis bewährt:

Lecithin wird aus der Sojapflanze gewonnen und ist wirksam bei der Bekämpfung des Echten Mehltaus. Natürliches Pyrethrum ist ein Extrakt aus Chrysanthemenblüten und kann gegen verschiedene Pflanzensauger eingesetzt werden. Bedenken Sie, daß dieses breitwirksame Spritzmittel auch eventuell vorhandene nützliche Insekten abtötet. Kaliumsalze (enthalten in Fettsäure-Präparaten) können bei mehrfacher Anwendung gegen Blattläuse, Weiße Fliegen und Spinnmilben wirksam werden. Mit Öl-Präparaten, in denen zum Beispiel Paraffinöl oder Rapsöl enthalten ist, kann man Schild-, Woll- und Schmierläuse erfolgreich bekämpfen. Der dünne Ölfilm überzieht die Schädlinge und läßt sie ersticken. Im Fachhandel erhalten Sie außerdem eine Reihe speziell für den Hobbygärtner zugelassene ungiftige oder mindergiftige chemische Pflanzenschutzmittel in Kleinpackungen für besondere Bekämpfungserfordernisse. Bitte erkundigen Sie sich dort über die Verwendung und beachten Sie immer die Gebrauchsanweisung der Hersteller.

Eine Schmierseifen-Lösung kann leicht selbst hergestellt werden: Verrühren Sie 20 Gramm reine Schmierseife aus der Drogerie in einem Liter heißen Wasser. Die Lösung abkühlen lassen und verdünnt gegen Blattläuse spritzen oder Schild- oder Wolläuse damit von den Pflanzen abwaschen. Des öfteren hört man Erfolgsberichte über selbst hergestellte Nikotinbrühen. Eine Tabakbrühe aus Zigarettenkippen ist zwar sehr wirksam gegen tierische Schädlinge, tötet aber auch alle Nützlinge ab und ist darüber hinaus auch für den Menschen hochgradig giftig. Von einem Einsatz der Nikotinbrühe kann deshalb nur abgeraten werden.

NUTZORGANISMEN IM WOHNZIMMER?

Im Unterglasanbau hat sich in den letzten Jahren der Einsatz von Nutzorganismen gegen tierische Schädlinge bewährt. In der Wohnung kann man diese Nützlinge nur in Ausnahmefällen einsetzen, weil sie meistens einen geschlossenen Pflanzenbestand mit einem konstanten Kleinklima bevorzugen. Besser geeignet sind sie daher für Wintergärten oder ein Gewächshaus.

Weil für diese Art der Schädlingsbekämpfung lebende Organismen benötigt werden, erwirbt man im Fachhandel keine Vorratspackung mit Nützlingen sondern Bestellgutscheine, die bei Bedarf an den Nützlingszuchtbetrieb weiterversandt werden. Sie können sich natürlich auch direkt an einen Zuchtbetrieb wenden. Die entsprechenden Adressen finden Sie im Anhang auf Seite 272.

In der Praxis haben sich bisher folgende Nutzorganismen bewährt:

Raubmilben gegen Spinnmilben

Phytoseiulus-Raubmilben ernähren sich nur von Spinnmilben und deren Ei- ern. Eine Raubmilbe kann täglich bis zu sieben erwachsene Spinnmilben oder 20 Eier und Jungtiere aussaugen.

Beleimte Gelbsticker oder Gelbtafeln locken mit der gelben Farbe u.a. Weiße Fliegen, Minierfliegen, geflügelte Blattläuse und Trauermücken an. Die Tierchen bleiben auf dem Leim kleben.

Raubmilbe (rot, größer) jagt Spinnmilbe (weißgelb, kleiner).

Mit der Lupe lassen sich die kleinen Schädlinge, wie Spinnmilben oder Thripse, gut erkennen.

Blattlauslöwe (Larve der Florfliege) saugt gerade eine Blattlaus aus (ca. fünffach vergrößert).

Spinnmilben mit Eiern

Die typischen Gespinste der Spinnmilben

Gallmücken gegen Blattläuse

Erwachsene Gallmücken (*Aphidoletes aphidimyza*) legen ihre Eier gezielt in der Nähe von Blattlauskolonien ab. Die aus den Eiern schlüpfenden Larven können jeden Tag über zehn Läuse abtöten. Da Gallmücken eine relativ hohe Luftfeuchtigkeit benötigen, eignen sie sich nur für den Einsatz in Wintergärten oder im Kleingewächshaus.

Florfliegen gegen Blattläuse

Auch bei der Florfliege (*Chrysopa carnea*) sind es die räuberischen Larven, die sich vor allem von Blattläusen, aber auch von Thripsen und Spinnmilben ernähren.

Marienkäfer gegen Woll- und Schmierläuse

Sowohl erwachsene Tiere als auch Larven des Australischen Marienkäfers (*Cryptolaemus montrouzieri*) haben Woll- und Schmierläuse auf ihrem Speiseplan. Die Erfolgszahlen sind beeindruckend, schließlich kann eine Marienkäferlarve über 300 Blattläuse vertilgen.

Raubwanzen gegen Thripse

Larven und erwachsene Tiere der Wanzengattung *Orius* leben räuberisch von bis zu

Sehr starker Befall mit Spinnmilben zeigt sich so, daß die gesamte Blattfläche aufhellt. Auch die Schädlinge und deren Gespinste sind sichtbar.

Befall mit Weichhautmilben (links), gesundes Usambaraveilchen (rechts)

zehn Thripslarven pro Tag. Darüber hinaus werden auch Blattläuse, Spinnmilben und Weiße Fliegen abgetötet.

Schlupfwespen gegen Weiße Fliege

Schon längere Zeit hat sich der Einsatz von *Encarsia*-Schlupfwespen gegen die Weiße Fliege bewährt. Die Weibchen legen ihre Eier direkt in den Schädling, die

frisch geschlüpften Nachkommen parasitieren die Larven der Weißen Fliege von innen und bringen sie so zum Absterben.

Auch andere Schlupfwespen-Arten kommen bei der Schädlingsbekämpfung zum Einsatz. Erwachsene *Metaphycus*-Schlupfwespen stechen Schildläuse an und saugen sie aus. Die Weib-

chen legen ihre Eier unter die Schildläuse, so daß schlüpfende Larven die Läuse fressen können. Das Weibchen der Schlupfwespe *Leptomastix dactylopii* legt seine Eier in Woll- oder Schmierläuse hinein. Die Larven bringen den Schädling zum Absterben.

Nematoden gegen Dickmaulrüßler und Trauermücken

Parasitäre Fadenwürmer (Nematoden) der Gattung *Heterorhabditis* werden in die Blumenerde gebracht und befallen dort Larven und Puppen des Dickmaulrüßlers. Einige Arten der Nematodengattung *Steinernema* haben sich bei der Bekämpfung von im Boden lebenden Trauermückenlarven bewährt.

SCHÄDLINGE

Es ist nicht möglich, an dieser Stelle alle Krankheiten und Schädlinge vorzustellen. Trotzdem kann man sich einen Überblick über häufig vorkommende Schaderreger, ihre Diagnose und Bekämpfung verschaffen. Für weitergehende Informationen sollte man entsprechende Fachliteratur zu Rate ziehen.

Gemeine Spinnmilbe, (*Tetranychus urticae*)

<u>Auftreten:</u> vor allem an Grünpflanzen, die Ausbreitung wird durch hohe Tem-

Wurzelmilbe, ca. zehnfach vergrößert

Schwarze Rußtaupilze, die sich auf den Ausscheidungen von z. B. Blattläusen oder Schild- und Schmierläusen angesiedelt haben.

Geflügelte und ungeflügelte Blattläuse

Weiße Fliege (oben) und deren Larve (unten), ca. 14fach vergrößert

Schildläuse

peraturen und trockene Luft gefördert.

Symptome: leicht zu übersehende Pflanzensauger; unter jüngeren Blättern oder an Triebspitzen; verursachen punktförmige Aufhellungen und Sprenkelungen, bei starkem Befall sind Pflanzenteile mit feinem Gespinst überzogen.

Bekämpfung: Luftfeuchtigkeit erhöhen; stark befallene Triebe zurückschneiden. Pflanzen mit Fettsäure– bzw. Pyrethrum-Präparat behandeln; nützliche Raubmilben einsetzen.

Weichhautmilbe
(Tarsonemus pallidus)

Auftreten: hauptsächlich an Alpenveilchen; auch an Efeu, Schefflera, Usambaraveilchen, Flammendes Käthchen, Geranie u.a.; Befall durch hohe Luftfeuchtigkeit gefördert.

Symptome: mit bloßem Auge kaum zu erkennen; an Blüten Mißbildungen, Laubblätter kräuseln oder verkümmern; an Triebspitzen nur wenig neue Blätter.

Bekämpfung: vorbeugend die Pflanzen nicht zu feucht oder zu warm halten; befallene Pflanzen am besten vernichten.

Wurzelmilbe
(Rhizoglyphus echinops)

Auftreten: in erster Linie an Knollen- und Zwiebelgewächsen sowie an Orchideen; zu feuchtes Substrat fördert Befall.

Symptome: bis zu 1 mm lange, weiße bis gelbliche Milben. An befallenen Pflanzenorganen entstehen mit braunem Fraßmehl gefüllte Gänge.

Bekämpfung: Pflanzenerde trocken halten, befallene Zwiebeln und Knollen vernichten.

Blattläuse
(Aphididae-Arten)

Auftreten: fast jede Zimmerpflanze kann von einer der vielen Blattlausarten befallen werden; Befallsgefahr am größten im späten Frühjahr und Sommer. Die Schädlinge fliegen an oder werden angeweht und vermehren sich auf der Pflanze rasant.

Symptome: die 1 bis 3 mm großen geflügelten und ungeflügelten Pflanzensauger sitzen bevorzugt an jungen Trieben und Knospen. An jüngeren Blättern Verkräuselungen, Aufhellungen und Blattrollen. Läuse scheiden zuckerhaltigen Kot (Honigtau) aus, auf dem sich schwarze Rußtaupilze ansiedeln können, die die Pflanze verschmutzen und deren Assimilation stören.

Bekämpfung: überhöhte Stickstoffdüngung vermeiden; Pflanzen regelmäßig kontrollieren; Gewächse mehrmals mit handwarmem Wasser abduschen; Einsatz von Nützlingen; Spritzung mit Fettsäure- oder Pyrethrum-Präparat.

Mottenschildlaus, Weiße Fliege (Trialeurodes vaporariorum)

Auftreten: den Schildläusen nahe verwandtes Insekt, bevorzugt hohe Temperaturen; befällt eine ganze Reihe gängiger Zimmerpflanzen.

Symptome: Befallsstellen und Symptome ähnlich den Blattläusen; berührt man eine stark befallene Pflanze, stieben die Weißen Fliegen wie Funken in großen Mengen im Springflug davon.

Bekämpfung: Pflanze bei kühlen Temperaturen einige Zeit nach draußen stellen; Nützlingseinsatz (Encarsia-Schlupfwespen), Abfangen der Fliegen mit Gelbtafeln; Spritzung mit Fettsäure- oder Pyrethrum-Präparat.

Schildläuse (Coccidae)

Auftreten: vor allem bei warmer, trockener Luft.

Symptome: Schildläuse sind nach jungem Larvenstadium unbeweglich und verbergen sich unter weißlich bis bräunlich gefärbtem Schild; befallen Blattober- und Blattunterseiten, auch verholzte Triebe; klebrige Ausscheidungen (siehe Blattläuse links).

Bekämpfung: vorbeugend für feuchte Luft sorgen; wenn möglich, die Schildläuse mit feiner Bürste abstreifen; spritzen mit Öl- oder Blattglanzmitteln; Nützlingseinsatz mit Metaphycus-Schlupfwespen.

Schmier- oder Wolläuse

Thripse (Mitte) und deren Larven (weißliche Tiere), ca. 15fach vergrößert

So sieht ein von Thripsen befallenes *Ficus*-Blatt aus: weißsilbrige Sprenkel und schwarze Kotpunkte.

Miniergänge der Minierfliegenlarve

Larve der Trauermücke, ca. fünffach vergrößert

Trauermücke, ca. Originalgröße

Blattälchenschaden am Blatt

Asseln

Larve des Dickmaulrüßlers, ca. vierfach vergrößert

Dickmaulrüßler, ca. dreifach vergrö...

Schmier- und Wolläuse (*Pseudococcidae*-Arten)

Auftreten: gefördert durch hohe Temperaturen und niedrige Luftfeuchtigkeit; vor allem an Kakteen, Orchideen, Weihnachtsstern, Schönmalve, Kroton, Kranzschlinge und anderen.
Symptome: ca. 1 mm weißwollige, ovale Insekten sitzen bevorzugt an geschützten Pflanzenteilen wie Wurzelhals, Blattachseln und Blattunterseiten; leicht zu erkennen, da Körper der Pflanzensauger von weißen, klebrigen Wachsausscheidungen überzogen ist.
Bekämpfung: Befallsnester mit Wattestäbchen zerstören; Spritzen mit Paraffinöl-Präparaten oder Betupfen mit wachslösender selbsthergestellter Spiritus-Seifenlösung.

Thripse, Blasenfüße, Gewitterwürmchen (*Thysanoptera*-Arten)

Auftreten: bevorzugt bei trockenem Raumklima, befallen die meisten bekannten Zimmerpflanzen.
Symptome: einheitlich 1 mm große Pflanzensauger, mit bloßem Auge leicht zu übersehen; Gewächshausblasenfuß als bekannteste Art mit schwarzweißer Bänderung auf dem Rücken. Befällt Blätter und Blüten; an Blättern silbrig-glänzende Stichstellen und schwarze, lackartige Kotpunkte, Blüten deformiert.
Bekämpfung: vorbeugend für hohe Luftfeuchtigkeit sorgen; Abfangen mit Blautafeln, Nützlingseinsatz (*Orius*-Raubwanze), Spritzen mit *Pyrethrum*-Präparat.

Minierfliege (*Liriomyza*-Arten)

Auftreten: an Topfchrysanthemen, Strauchmargeriten, Fuchsien, Geranien und Primeln.
Symptome: beinlose Larven des Schädlings leben im Blatt und verursachen typische Miniergänge.
Bekämpfung: Maden in den Miniergängen zerdrücken, ohne das Blatt zu beschädigen; stark befallene Blätter abpflücken und vernichten.

Trauermücke (*Lycoria*- und *Sciara*-Arten)

Auftreten: in humoser, feuchter Erde; Larven mitunter schädlich an jungen Wurzeln von Stecklingen und Sämlingen; in der Regel nützliche Zersetzer organischer Substanz.
Symptome: kleine, schwarze Fliegen schwirren hoch, wenn man den Topf anhebt; Wurzeln oder Sproßbasis sind von weißlich-gefärbten Larven befallen.
Bekämpfung: Abfangen der Fliegen mit Gelbtafeln.

Blatt- und Stengelälchen (*Aphelenchoides*- und *Ditylenchus*-Arten)

Auftreten: mikroskopisch kleine Fadenwürmer, mit bloßem Auge nicht zu erkennen; schwimmen vor allem im Gegenstromprinzip vom Boden im Oberflächenwasser besprühter Pflanzen hoch und bohren sich in Blätter und Triebe von Chrysanthemen, Begonien, Farnen und Primeln, mitunter auch an Zwiebeln und Knollen verschiedener Zierpflanzen; Ausbreitung durch Feuchtigkeit gefördert.
Symptome: zuerst aufgehellte, später braun bis schwarz werdende von den Blattadern begrenzte Blattflecken, mißgestaltete Triebspitzen.
Bekämpfung: vorbeugend: Blätter gefährdeter Pflanzen nicht längere Zeit mit Wasser benetzt lassen.

Regenwürmer

Enchytraeiden, um die Hälfte verkleinert

Nacktschnecken

GELEGENHEITS-SCHÄDLINGE

Asseln

Auftreten: Gelegenheitsschädlinge am Blumenfenster, bevorzugen feuchtes Milieu.
Symptome: Asseln leben in der Regel nützlich von verwesenden Pflanzenresten, können aber auch Pflanzenwurzeln oder -blätter schädigen.
Bekämpfung: feuchte Lappen in Pflanzennähe auslegen; Asseln sammeln sich nachts unter den Lappen, morgens einsammeln und draußen aussetzen.

Dickmaulrüßler und seine Larven

Auftreten: an Zimmerpflanzen während des Freilandaufenthaltes; Käfer verbirgt sich tagsüber und lebt nur nachts oberirdisch. Schädlicher sind in der Erde lebende, etwa 10 mm große Larven an Azaleen, Alpenveilchen, Fuchsien, Primeln, Azaleen, Rosen und anderen Kübelpflanzen.
Symptome: Käfer frißt halbkreisförmige Scharten in Blattränder, Larven ernähren sich durch Wurzelfraß; Pflanze kümmert und welkt.
Bekämpfung: Käfer können nachts bei Taschenlampenlicht leicht aufgespürt und abgesammelt werden. Bei Larvenbefall die Pflanze umtopfen, dabei Larven absuchen und vernichten.

Gute Erfolge auch bei Behandlung des Topfballens mit parasitären *Heterorhabditis*-Nematoden aus dem Gartenfachhandel.

Enchytraeiden und Regenwürmer

Auftreten: bei Verwendung von Kompost oder Gartenerde oder nach Übersommerung von Topfpflanzen im Garten.
Symptome: Die Zersetzer organischer Substanz verursachen im Blumentopf Schäden an feinen Wurzeln, Pflanze kümmert und welkt.
Bekämpfung: Regenwürmer bzw. Enchytraeiden aus der Erde sieben, Tiere einsammeln und im Garten aussetzen.

Nacktschnecken

Auftreten: an krautig wachsenden Pflanzen auf Balkon und Terrasse bzw. im Garten; bevorzugt in feuchter Umgebung. Tagsüber in vor der Sonne geschützten Verstecken.
Symptome: an krautigen, grünen Pflanzenteilen Fraßschäden; auf Pflanzen und Bodenoberfläche silbrig glänzende Schleimspuren.
Bekämpfung: Schnecken anhand der Schleimspuren bzw. während der Fraßzeit nachts oder frühmorgens aufspüren und absammeln.

Schmetterlingsraupen

Auftreten: an Balkon- und

Terrassenpflanzen, nur sehr selten auf der Fensterbank.
Symptome: Raupen in der Regel an der Blattunterseite oder tagsüber in oberster Bodenschicht; verursachen an den Blättern als Junglarven Fensterfraß mit pergamentartig durchscheinenden Blattflächen, später Kerb- oder Lochfraß.
Bekämpfung: Larven unter den Blättern absammeln.

Springschwänze (Collembola)

Auftreten: Insekten werden in Trockenstarre angeweht. Springschwänze sind nützlich, da sie die organische Substanz unserer Topferde umsetzen und von Bodenpilzen leben.
Symptome: selten kommt es zu Fraßschäden an Wurzeln von Sämlingen und Stecklingen.
Bekämpfung: vorbeugend Vermehrungssubstrat trockener halten. Springschwänze verlassen ihre Schlupfwinkel, wenn Topfballen unter Wasser getaucht wird.

Tausendfüßer

Auftreten: hauptsächlich bei Verwendung von nicht sterilisierter oder komposthaltiger Erde.
Symptome: Tausendfüßer sind im Komposthaufen bei der Zersetzung organischer Substanz wichtig. Im Blumentopf ernähren sie sich mangels abgestorbener or-

Schmetterlingsraupe

Springschwanz, ca. 19fach vergrößert

Tausendfüßer

ganischer Substanz auch von feinen Pflanzenwurzeln; dadurch Kümmerwuchs und Welke.
Bekämpfung: Tausendfüßer absuchen (rollen sich bei Berührung spiralförmig ein) und in Garten bzw. auf Komposthaufen aussetzen.

Wurzelläuse

Falscher Mehltau (blattunterseits)

Grauschimmel am Alpenveilchen

Blattflecken durch Blattflecken-pilze

Echter Mehltau (blattoberseits)

Echter Mehltau an der Blüte

Wurzelläuse (verschiedene Laus-arten)

Auftreten: vor allem an Zwiebelgewächsen, Brome-lien, Palmen und Kakteen.

Symptome: Pflanzen wel-ken oder zeigen Wachs-tumsstörungen; Blätter ver-gilben; an Wurzeln weißliche, mit Wachsstaub bepuderte Läuse, die zeit-weise auch oberirdisch le-ben.

Bekämpfung: vorbeugend den Topfballen gleichmäßig feucht halten. Bei Befall die Pflanzen mehrmals mit Py-rethrum- oder Fettsäure-präparat gießen.

PFLANZENKRANK-HEITEN

Blattfleckenpilze (Alter-naria, Septoria u.a.m.)

Auftreten: bei allgemeiner Schwächung der Pflanze durch ungünstige Standort-bedingungen; u.a. an Fla-mingoblume, Kamelie, Klimme, Kroton, Palmen-Arten und Orchideen.

Symptome: anfangs kleine, gelbe oder rötliche bis brau-ne Blattflecken, die später zusammenfließen und Ab-sterben des Blattes verursa-chen.

Bekämpfung: allgemein für optimale Pflege sorgen; infi-

zierte Pflanzen nicht mit Wasser besprühen; fleckige Blätter entfernen.

Echter Mehltau (Erisyphaceae)

Auftreten: Verbreitung ge-fördert durch warme und trockene Umgebung; ver-schiedene Arten dieser Pilz-familie sind auf bestimmte Pflanzenarten oder Pflan-zengruppen spezialisiert, d.h. Begonien-Mehltau be-fällt nicht die Rose. Häufig Befall an Begonie, Kroton, Hortensie, Chrysantheme, Alpenveilchen, Kalanchoë, Usambaraveilchen, Rose.

Symptome: typisch ist ein weißlicher, abwischbarer Belag auf Blattoberseite, auch an Trieben, Knospen und Blüten; stark befallene Pflanzenteile färben sich später dunkel und sterben ab; Pilz breitet sich über Luftbewegung oder direk-ten Kontakt zwischen Pflan-zen derselben Art schnell im Zimmer aus.

Bekämpfung: erkrankte Pflanzen isolieren; befallene Pflanzenteile abpflücken und vernichten; wiederhol-te Spritzung mit Lecithin- oder Schwefel-Präparaten.

Falscher Mehltau (Peronosporaceae)

Auftreten: bevorzugt kühle

und feuchte Umgebung; Spezialisierung wie beim Echten Mehltau; häufig an Primeln, Gloxinien und Pantoffelblumen.

Symptome: grauweißer, nicht abwischbarer Belag, meist auf der Blattuntersei-te.

Bekämpfung: vorbeugend hohe Substrat- und Luft-feuchtigkeit vermeiden; ge-fährdete Pflanzen nicht mit Wasser einsprühen; Sprit-zung in der Regel erfolglos, weil Pilz tief im Blattgewebe lebt.

Grauschimmel (Botrytis cinerea)

Auftreten: an geschwächten Pflanzen bei ungünstigen Standortbedingungen; Be-fall gefördert durch feucht-warme Umgebung; oft an Pflanzen mit dünnen oder weichen Blättern, zum Bei-spiel Alpenveilchen, Chrysantheme, Gloxinie.

Pelargonienrost

Schaden an der Pelargonie durch den Pilz *Phytophthora*

Symptome: auf Blättern und Trieben gräulicher Schimmelrasen, der bei stärkerer Luftbewegung auffliegt; befallene Pflanzenteile sterben unter Dunkelfärbung ab.
Bekämpfung: befallene Pflanzenteile vorsichtig entfernen; Standortbedingungen verbessern. Pflanzen trocken halten; gut lüften; morgens gießen, damit Pflanze tagsüber abtrocknen kann.

Rostpilze und Rostkrankheiten
Auftreten: an Zimmerpflanzen, hauptsächlich an Zonalpelargonien, Fuchsien, Rosen.
Symptome: Blattoberseits helle Flecken, an diesen Stellen blattunterseits Pusteln, die orangefarben oder braun und warzenähnlich sind. Sie lassen sich mit der Nadel aufstechen.
Bekämpfung: befallene Pflanzenteile oder ganze Pflanze vernichten. Einsatz eines Rostfungizids lohnt sich nur bei sehr wertvollen Pflanzen.

Wurzel- und Stammgrundfäule (verschiedene pilzliche Erreger)
Auftreten: an allen bekannten Zierpflanzen; vor allem

bei Staunässe bzw. zu feuchtem Substrat in Verbindung mit geringer Bodenwärme.
Symptome: Pflanze welkt, obwohl das Substrat feucht ist; gleichzeitig matte Graufärbung der Blätter; Wurzeln oder Sproßbasis mit meist dunkel gefärbten, fauligen Stellen.
Bekämpfung: keine direkte Bekämpfung möglich; vorbeugend Substrat trockener halten. Abgestorbene Pflanzen mit Erde in den Müll tun, da Bodenpilze Erden über Jahre verseuchen.

BAKTERIEN UND VIREN

Zum Glück werden unsere Pflanzen im Zimmer nur sehr selten mit Bakterien oder Viren infiziert. Beide Erregergruppen haben gemeinsam, daß sie nicht bekämpft werden können bzw. dürfen.
Gegen Viren gibt es zur Zeit kein wirksames Präparat, Bakteriosen könnte man mit Antibiotika bekämpfen, wie es in anderen Ländern üblich ist. Hierzulande ist der Einsatz von Antibiotika an Pflanzen verboten, weil

man ein verstärktes Auftreten antibiotikaresistenter Bakterienstämme befürchtet. Dem Zimmerpflanzenfreund bleibt nur die Möglichkeit, eine infizierte Pflanze oder befallene Pflanzenteile zu vernichten oder den Befall so lange wie möglich zu tolerieren, dann kann die Infektion allerdings auch auf andere Zimmerpflanzen übertragen werden.
Bekannte Virosen sind Mosaikkrankheiten, zu erkennen an teilweise regelmäßig gemusterten, gelbgrün gefärbten Blättern von Begonien, Orchideen und Usambaraveilchen. Auch Blüten können betroffen sein und zeigen Farbabweichungen (Buntscheckigkeit) oder Deformationen. Relativ verbreitet sind außerdem Viren, die Blattrollen oder -kräuselungen verursachen, wie man es gelegentlich an Fuchsien oder Pelargonien beobachtet. Die Viren werden in der Regel durch Blattläuse von Pflanze zu Pflanze verschleppt – deshalb immer Blattläuse bekämpfen.
Durch Bakterien verursachte Symptome können recht

vielgestalt sein und reichen von Blattflecken, Naßfäulen, Gallbildungen und Welkerscheinungen bis hin zu krebsartigen Wucherungen. Bei den Gärtnern besonders gefürchtet ist die Ölfleckenkrankheit der Begonie (*Xanthomonas begoniae*) mit anfangs durchscheinenden Blattflecken, die später unter Schwarzfärbung absterben. Ebenfalls bekannt ist die bakterielle Welke an Pelargonien (*Xanthomonas pelargonii*), die man an schwarz oder braun gefärbten Stengeln oder Trieben erkennt. Die Pflanzen bzw. Teile der Pflanze welken und sterben ab. Bei Auftreten Begonien und Pelargonien trockener halten und vor allem „unter Laub" gießen.
Vorbeugend kann man seine Pflanzen vor virösen oder bakteriellen Erregern nur schützen, indem man garantiert befallsfreie Pflanzen einkauft, Schädlinge bekämpft, die als Überträger in Frage kommen (v. a. Läuse) und bei Pflegemaßnahmen auf Reinlichkeit achtet, beispielsweise durch gründliches Säubern von Scheren und Messern.

Bakterien-Blattfleckenkrankheit an der Pelargonie

Ölfleckenkrankheit an der Begonie, hervorgerufen durch das Bakterium *Xanthomonas begoniae*

Pflegeleichte Zimmerpflanzen

<u>Aloen</u> sind seltener als vor etlichen Jahren an den Fenstern zu finden. Sie zählen zu jenen Pflanzen, die mit niederer Luftfeuchtigkeit auskommen. Der Wasserbedarf ist recht gering. Es genügt, wenn ein- bis zweimal pro Woche gegossen wird. Im Winter vertragen sie niedrige Temperaturen, und deshalb sind sie in dieser Zeit noch weniger zu gießen. Eine früher sehr beliebte Pflanze ist die <u>Schusterpalme</u> (*Aspidistra elatior*). Der Name kommt vielleicht daher, daß sie mit recht wenig Licht

zurechtkommt und der Schuster meistens eine dunklere Werkstatt hatte und in einfachen Verhältnissen lebte. Dennoch ist es eine Grünpflanze, die Beachtung verdient. Sie verträgt Zugluft, gegen Staub ist sie unempfindlich. Trockene Luft macht ihr nichts aus. Ob sie warm oder kalt steht, läßt sie kalt. Das einzige, was sie übelnimmt, ist starke Sonne und Nässe. Mit dem Umtopfen können Sie sich Zeit lassen, das genügt alle zwei bis drei Jahre.
Peperomia-Arten mit fleischi-

Die großen Blätter der *Monstera* strahlen immer wieder ein Stück Urwüchsigkeit aus, hier einmal in Weißgrün.

gen Blättern, das sind Pfeffergewächse, die zu den halbsukkulenten Pflanzen gehören. Sie speichern in ihren oberirdischen Pflanzenteilen Wasser. Deshalb verkraften sie es gut, wenn wir einmal vergessen, sie zu gießen. Auch niedere Luftfeuchtigkeit stecken sie problemlos weg. Im Winter genügt bei diesen *Peperomia*-Arten 12 °C. Besonders deshalb wollen sie in dieser Zeit wenig gegossen werden.

Die <u>Tradeskantie</u> erinnert mich immer an meine Kindheit. Damals wuchs diese Pflanze fast unter jedem Gewächshaustisch der Gärtnerei, in der ich oft einen Besuch machte. Im Winter ist diese Pflanze ideal für kühle Räume, zu dunkel sollte sie aber nicht stehen. Und was das Wasser betrifft, so hält

sie viel von Sparsamkeit. Das <u>Fensterblatt</u> wächst eigentlich als Kletterstrauch im tropischen Afrika. Vielleicht kennen Sie es besser unter dem Namen *Monstera*. Sie brauchen eine Pflanze für einen dunklen, warmen Platz mit einigermaßen hoher Luftfeuchtigkeit? Dann ist diese gerade richtig. Sie bildet zwar an einem helleren Platz schönere Blätter aus, aber die geringe Helligkeit bringt sie nicht um.

Die <u>Grünlilie</u> gibt es nicht mehr oft in den Gartenfachgeschäften. Es ist bekannt, daß sie für gute Raumluft zuständig ist, sie ist aber auch auf anderen Gebieten ein Künstler. Vielleicht ist es das bescheidene Äußere, das sie ins Hintertreffen geraten ließ. Was Robustheit betrifft, ist sie beachtenswert. Ob die Grünlilie sonnig steht oder ein Schattendasein führen muß, ist völlig unwichtig. Auch unregelmäßiges Gießen macht ihr nichts aus, denn ihre Wurzeln haben die Fähigkeit, etwas Wasser zu speichern. Sie

Er wird Geldbaum oder Pfennigbaum genannt und wächst unkompliziert und kräftig.

können dieser Pflanze also auch jederzeit einen Platz in Ihrem Büro verschaffen. Sie wird einen guten Kollegen abgeben.

Ceropegia, die Leuchterblume, läßt so manche Trockenheit über sich ergehen, ohne gleich einzugehen. Es ist die Pflanze, die dort hängen kann, wo man schlecht zum Gießen hinkommt, denn auch sie liebt trockene Füße. Außerdem genügen ihr im Winter 10 °C, sie möchte es aber eher sonnig haben – wie alle Sukkulenten.

Im allgemeinen Sprachgebrauch gibt es nicht nur den Goldesel, sondern auch den Pfennigbaum. Die Pflanze mit den dickfleischigen Blättern und dem kräftigen, baumartigen Wuchs ist ein recht genügsames Wesen, das wenig Wartung braucht. In der Ruhezeit im Winter genügen dem Pfennigbaum Temperaturen von 6 bis 10 °C. Entsprechend bescheiden fällt der Wasserbedarf aus. Auch trockene Luft beeindruckt die Pflanze nicht. Am liebsten hat sie es, wenn sie im Sommer ins Freie kann. Dort ist sie dann absolut pflegeleicht. Recht unterschiedlich ausgeprägt sind die verschiedenen Arten der Echeverien, doch eines haben sie gemein: Alle sind leicht und unkompliziert in der Pflege. Wie alle Dickblattgewächse speichern sie Wasser, ohne welches sie sonst die mexikanische Hitze

Der Geweihfarn sieht nicht danach aus, als sei er pflegeleicht, aber er ist es.

Unverwüstliche Tradeskantie

nicht überleben könnten. Ihre Ansprüche gleichen denen des Pfennigkrautes (*Crassula ovata*), mit dem es sich auch recht gut verträgt. Das Flammende Käthchen, besser als *Kalanchoë* bekannt, ist ein liebgewordener Gast an unseren Blumenfenstern geworden. Die leuchtenden Blüten in mehreren Farben verleihen der robusten Pflanze etwas Gefälligkeit. Mit ihr geht man genauso um wie mit der Fetthenne, die ja verwandt ist. Kühl im Winter, trocken durch das ganze Jahr und ein Platz an der Sonne – und schon sind sie zufrieden. Unheimlich groß ist die Familie der Wolfsmilchgewächse. Ca. 2000 Arten sind bekannt, davon ungefähr 400 sukkulente Arten. Und wie alle Dickblattgewächse kommen sie mit wenig Wasser zurecht. Ein beliebter Vertreter der Euphorbien ist der Christusdorn. Auch er ist zufrieden, wenn er es warm, sonnig und nicht zu naß hat. Lassen Sie ihn in Ruhe, denn bei häufigem Platzwechsel

reagiert er mit fallenden Blättern.

In vielen Gaststätten standen früher Sansevierien auf den Fensterbänken. Der Bogenhanf läßt so manches mit sich machen. Das feste Blatt ist sehr robust, verträgt starke Sonne, die Pflanze gibt sich mit geringen Wassergaben zufrieden, denn wie alle Sukkulenten speichert sie in den Blättern für Notzeiten Wasser.

Ein sehr tropisches Flair strahlt *Platycerium*, der Geweihfarn, aus. Es ist die ideale Pflanze für geheizte Räume mit einer geringen Luftfeuchtigkeit. Die wachsige Blattoberfläche mit dem filzigen Belag verhindert zu starke Verdunstung. Einen dunkleren Standort verträgt der Farn ohne weiteres. Das tägliche Gießen ist hier kein Thema, denn wenn die Pflanze einmal pro Woche getaucht wird, ist der Wasserbedarf gedeckt.

Selbst vermehren

Es ist immer wieder faszinierend zu beobachten, wie aus einem winzigen Samenkorn oder einem frisch bewurzelten Steckling eine prächtige Pflanze für die Fensterbank heranwächst.

AUSSAAT

Der beste Zeitpunkt für die Aussaat ist das zeitige Frühjahr, so daß der frisch gekeimte Sämling in die warme und lichtreiche Jahreszeit hineinwächst.
Als Hilfsmittel für die Aussaat benötigt man neben der Saatgutmischung ein geeignetes Anzuchtsubstrat und ein Aussaatgefäß, das man mit einer Glasscheibe oder Folie abdecken kann.

Im Fachhandel gibt es spezielle Anzuchtschalen aus Kunststoff (im Idealfall sogar mit eingebautem Heizelement), man kann es aber genauso gut mit einem Blumentopf, einer Porzellanschale oder einem Plastikbehälter mit Deckel versuchen, wie er in jedem Haushalt zu finden ist. Wichtigste Anforderung an das Anzuchtgefäß: absolute Sauberkeit! Waschen Sie das Gefäß direkt vor der

Aussaat gründlich aus, sonst können sich, schneller als Ihnen lieb ist, pilzliche Fäulniserreger zwischen den empfindlichen Sämlingen ausbreiten. Ein fertiges Anzuchtsubstrat kann man im Gartenfachhandel kaufen, alternativ kommt feiner Quarzsand aus dem Baustoffhandel beziehungsweise eine selbst hergestellte Mischung aus je einer Hälfte Sand und Torf in Frage. Entscheidend ist, daß das Substrat feinkrümelig, gut durchlüftet und frei von Schaderregern ist und außerdem wenig Nährstoffe enthält, da die Düngesalze sonst den jungen und besonders empfindlichen Pflanzenwurzeln schaden können.
Das Substrat wird zur Aussaat fast randvoll in das Anzuchtgefäß gefüllt und gut angefeuchtet. Danach die Samen gleichmäßig auf dem Substrat verteilen und mit einem Holzbrett leicht andrücken. Die Samen vorsichtig mit Wasser überbrausen, das Gefäß mit einer transparenten Glasscheibe oder Plastikfolie abdecken und an einen warmen und hellen Platz stellen.
Bei direkter Sonneneinstrahlung sollten Sie die Saat zusätzlich mit einem Stück Zeitungspapier schattieren. Die Samen keimen am besten bei hoher Luftfeuchtigkeit und gleichmäßiger Wärme; die meisten Pflanzenarten bevorzugen Keimtemperaturen zwischen 20° und 25 °C. Man unterscheidet bei der Aussaat Lichtkeimer und Dunkelkeimer, beachten Sie bitte die Angaben des Züchters auf der Saatgutpackung. Bei Lichtkeimern wird die Keimung durch Licht gefördert, bei Dunkel-

keimern, wie dem Alpenveilchen (*Cyclamen persicum*), müssen die Samen dagegen mit einer dünnen Substratschicht bedeckt werden, um ein gutes Keimergebnis zu erzielen. Es ist von Art zu Art sehr verschieden, wie schnell das Saatgut aufgeht. Zu den langsam keimenden Arten gehört die Kranzschlinge (*Stephanotis floribunda*), auch die Samen verschiedener Palmenarten brauchen unter Umständen über ein Jahr bis zur Keimung. Bei den meisten Arten wird aber spätestens nach einem Monat das erste Grün sichtbar. Wenn die Sämlinge sich entfaltet haben, wird die Glasscheibe oder Folie anfangs nur tagsüber, später vollständig entfernt, damit die jungen Pflanzen langsam abhärten.

PIKIEREN

Sind die Sämlinge in einer Aussaatschale so weit herangewachsen, daß die Blätter sich gegenseitig

Mein Rat: Sie können das Saatgut auch direkt in sogenannte Jiffy-Torfquelltöpfe aussäen. Im Gartenfachhandel erwirbt man die Jiffy-Töpfe in Tablettenform, läßt sie zu Hause in Wasser aufquellen und drückt pro Jiffy-Topf ein Samenkorn in die Torfmasse. Der Vorteil: Sie sparen sich das Pikieren, der bewurzelte Sämling wird später zusammen mit dem Jiffy-Topf in einen Blumentopf gesetzt.

Aussaat – Schritt für Schritt
1 Schale mit Aussaaterde bis ca. 1 cm unter den Rand füllen und anfeuchten. **2** Samen aussäen, **3** mit Erde abdecken (außer bei Lichtkeimern, siehe Packung) und andrücken; **4** schließlich anfeuchten. **5** Während der Keimung darf die Erde nicht trocken werden.

berühren bzw. wenn sich die ersten beiden echten Blätter nach den Keimblättern gebildet haben, dann werden sie pikiert (vereinzelt). Füllen Sie zuerst eine entsprechende Anzahl kleiner Ton- oder Plastiktöpfe mit gut angefeuchteter, schwach gedüngter Blumenerde. Die Sämlinge werden mit einem nicht zu spitzen Holz- oder Plastikstäbchen vorsichtig aus dem Anzuchtgefäß gehoben und in die vorbereiteten Töpfe gepflanzt.

Achten Sie darauf, daß die Wurzeln gerade nach unten in die Erde kommen und nicht abknicken.

Danach gießen Sie die frisch pikierten Pflanzen vorsichtig an, damit die Wurzeln besseren Bodenkontakt bekommen. Achten Sie außerdem darauf, daß die Sämlinge nach dem Pikieren etwa so tief in der Erde stehen wie vorher im Anzuchtgefäß. Empfindliche Arten können nach dem Pikieren noch einige Zeit unter einer Glas- oder Folienabdeckung verbringen. Sorgen Sie aber für ausreichende Frischluftzufuhr, damit die jungen Pflanzen nicht von Fäulnispilzen befallen werden.

VEGETATIVE VERMEHRUNG

Je nach Pflanzenart bieten sich verschiedene Arten der vegetativen Vermehrung an. Manche Gewächse können sich auch an ihrem natürlichen Standort durch Bildung von Ausläufern, Kindeln, Brutzwiebeln oder Brutpflanzen vegetativ ausbreiten. Bei anderen Formen der vegetativen Vermehrung, beispielsweise durch Blatt- oder Triebstecklinge, Teilung, Absenker oder Abmoosen, machen wir uns das natürliche Regenerationsvermögen der Pflanzen zunutze.

Ausläufer

Ausläufer sind Seitensprosse von Mutterpflanzen, an denen eigenständige Jungpflanzen wachsen. Teilweise werden schon an der Mut-

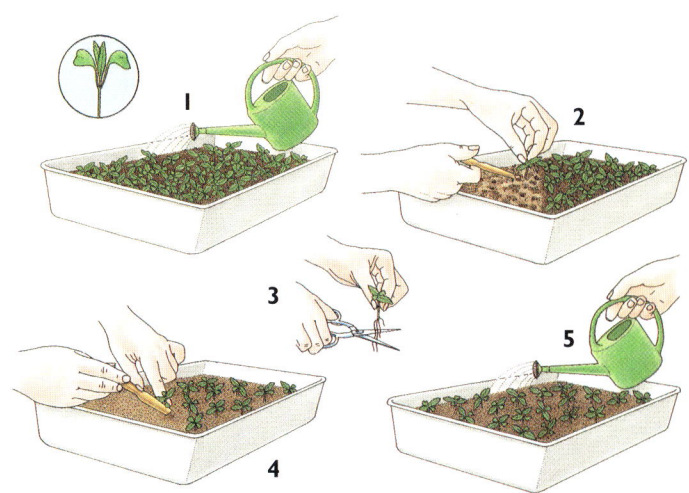

Pikieren – Schritt für Schritt
Wenn die Keimlinge die ersten Blätter nach den Keimblättern entwickelt haben, wird vereinzelt (pikiert). Zuerst gut anfeuchten (1), dann die kleinen Pflänzchen mit einem Pikierstäbchen oder einem Holzstäbchen vorsichtig herausnehmen (2). Nun mit dem Stäbchen in weiterem Abstand Löcher in eine zweite Schale (oder Topf) stechen und die Jungpflanzen mit den Wurzeln gerade nach unten einsetzen (4). Die Wurzeln können eingekürzt werden (3). Am Schluß das Gießen nicht vergessen (5).

terpflanze eigene Wurzeln gebildet. Die Vermehrung ist kinderleicht, Sie trennen die jungen Pflanzen mit einem Messer von der Mutterpflanze ab und topfen sie direkt ein.

Zimmerpflanzen können wir generativ durch Aussaat oder vegetativ durch verschiedene Verfahren vermehren. Die Aussaat dauert etwas länger, kann allerdings zum Erlebnis werden – nicht nur durch das Beobachten der Entwicklungsstadien, sondern auch durch die wachsenden Pflanzen, die unterschiedlich aussehen können (Blattzeichnung, Farbe etc.).

Blattstecklinge vom Usambaraveilchen

Ganz oben: Ein Blatt mit genügend langem Stiel abtrennen und in Vermehrungssubstrat stecken.
Oben: Haben sich die Tochterpflänzchen gebildet, werden sie einzeln neu eingesetzt.

Die Ausläuferbildung kann übrigens auch unterirdisch stattfinden, wie man es von der Agave (*Agave americana*) kennt. Die bekanntesten Zimmerpflanzen mit oberirdischer Ausläuferbildung sind *Chlorophythum como-*

sum und *Saxifraga stonifera*.

Kindel

Im Gegensatz zu den Ausläufern werden Kindel direkt an der Sproßbasis der Mutterpflanze gebildet. Typisch ist die Kindelbildung bei rosettenförmig wachsenden Bromelien, wie Lanzenrosette (*Aechmea fasciata*), Flammendes Schwert (*Vriesea splendens*) oder Guzmanie (*Guzmania lingulata*, früher *G. minor*). Wenn die Bromelien-Mutterpflanze nach der Blüte zu kümmern beginnt – sie stirbt nun ab –, werden die bewurzelten Kindel mit einem Messer abgetrennt und eingetopft.

Brutzwiebeln

Zwiebelblumen, wie *Hippeastrum-Vittatum*-Hybriden, bilden an der Mutterzwiebel kleine Brutzwiebeln. Sie werden zum Topftermin im Dezember abgetrennt, eingetopft und zunächst feucht und warm gehalten. Allerdings müssen Sie einige Jahre Geduld haben, bis die Nachkommen eigene Blüten bilden.

Brutpflanzen

Einige Zimmerpflanzen vermehren sich sozusagen „lebendgebärend". Direkt an den Blättern wächst eine teilweise erstaunlich große

Zahl an bewurzelten Nachkommen heran. Besonders populär sind bei uns das Brutblatt (*Kalanchoë daigremontiana*; früher: *Bryophyllum*) und die Henne mit Küken. Die Brutpflanzen werden einfach vom Blatt abgenommen und in einen eigenen Topf pikiert.

Stecklinge

Die meisten der uns bekannten Zimmerpflanzen lassen sich am besten durch Stecklinge vermehren. Je

nach verwendetem Pflanzenteil unterscheidet man Kopf-, Teil-, Stamm- oder Blattstecklinge.
Kopfstecklinge schneidet man an unverholzten Triebspitzen, so daß noch zwei bis vier voll entwickelte Laubblätter am Steckling verbleiben. Geschnitten wird ca. 1 cm unter einem Blattknoten, weil sich am Knoten die ersten Wurzeln

bilden. Anschließend steckt man die Stecklinge in einen Topf oder eine Schale mit Vermehrungssubstrat und schützt sie nach dem Angießen mit einer Folie oder einer Glasscheibe vor übermäßiger Verdunstung. Eine hohe Bodenwärme fördert die Wurzelneubildung. Die Bewurzelung von Stecklingen kann mit speziellen Mitteln aus dem Fachhandel beschleunigt werden. Bei einigen Arten gelingt die

Diese Brutpflänzchen am Mutterblatt können einfach eingesetzt werden.

Bewurzelung noch einfacher: Man stellt die Stecklinge in ein gefülltes Wasserglas, so daß die Schnittstelle (nicht die Laubblätter!) ständig im Wasser steht. Sobald sich genügend Wurzeln gebildet haben, kann man den Steckling eintopfen. Sehr gut klappt dieses Verfahren bei der Buntnessel (*Coleus-Blumei-*Hybriden), dem Fleißigen

Kopfstecklinge – Schritt für Schritt

1. Wählen Sie eine nicht verholzte Triebspitze mit zwei bis vier Laubblättern.
2. Richten Sie den Steckling so her, wie auf dem Bild gezeigt.

3. Stecken Sie ihn in einen vorbereiteten Topf mit Anzuchterde. Eventuell können Sie vor dem Stecken Bewurzelungsmittel zur sicheren und schnelleren Bewurzelung verwenden.
4. Folie darüberspannen, damit der Steckling nicht so viel Wasser verdunsten muß.

Teilung einer Zimmerpflanze
1. Die Pflanze aus dem Topf nehmen.

2. Mit der Hand oder dem Messer wird geteilt.

3. Jedes Teilstück einzeln einpflanzen. Angießen nicht vergessen.

Lieschen (*Impatiens-Walleriana*-Hybriden) sowie den meisten immergrünen Kletterpflanzen.

Teilstecklinge schneidet man vom mittleren und unteren Teil eines Triebes und verfährt danach genau wie mit Kopfstecklingen. Teilstecklinge bieten die Möglichkeit, eine größere Anzahl Nachkommen pro Pflanze heranzuziehen. Empfehlenswert ist diese Vermehrungsart zum Beispiel für die Dreimasterblume (*Tradescantia spathacea*).

Stammstecklinge kann man von einer zu groß gewordenen Yucca-Palme (*Yucca elephantipes*) schneiden. Man zersägt einen kahlen Stammabschnitt in etwa 10 cm lange Teilstücke und steckt diese 5 cm tief mit der Schnittstelle nach unten in einen Eimer, der vorher mit sandigem Vermehrungssubstrat gefüllt wurde. Nach drei bis vier Wochen wachsen die ersten Wurzeln, und das Stammstück treibt neu aus. Voraussetzung ist allerdings eine Bodenwärme von etwa 25 °C.

Usambaraveilchen vermehrt man durch Blattstecklinge. Ein Blatt mit ausreichend langem Blattstiel wird von der Pflanze abgetrennt und schräg in ein Gefäß mit Vermehrungssubstrat gesteckt.

An einem Blatt entwickeln sich mehrere Nachkommen, die später vereinzelt werden müssen (siehe Zeichnungen Seite 82 oben links).

Blätter der Drehfrucht (*Streptocarpus*-Hybriden) werden entlang der Mittelrippe durchtrennt und mit der Schnittstelle in das Vermehrungssubstrat gedrückt. Bei den schön gezeichneten Blättern der Rex-Begonie (*Begonia-Rex*-Hybriden) können Sie die Mittelrippe der Blattunterseite mit einer Rasierklinge vorsichtig anschneiden. Danach legen Sie das Blatt, mit kleinen Steinchen beschwert, auf ein mit Anzuchterde gefülltes Gefäß. An den Schnittstellen wachsen kleine Nachkommen heran.

Vom Zypergras (*Cyperus involucratus*) schneiden Sie einfach ein Blatt mit langem Blattstiel ab und stellen es kopfüber in ein mit Wasser gefülltes Glas. Nach kurzer Zeit wachsen aus dem Blattschirm frische Wurzeln, und die junge Pflanze kann eingetopft werden.

Teilung

Zierspargel (*Asparagus densiflorus*), Zypergras (*Cyperus involucratus*), Zimmerbambus (*Pogonatherum*-Arten), Einblatt (*Spathiphyllum*) und manche Farnarten können

Sie auch durch Teilung vermehren. Die Pflanzen werden ausgetopft, von Hand oder mit einem scharfen Messer getrennt und sofort eingetopft. Der Vorteil liegt auf der Hand: Man hat sofort bewurzelte Nachkommen.

Absenker

Gewächse, die längere Triebe bilden, beispielsweise *Epipremnum*, kann man durch Absenker vermehren. Ein Trieb wird über einen mit frischer Erde gefüllten Topf geleitet, eine Stelle mit Blattknoten wird leicht in die Erde gedrückt und dort mit einem bügelförmigen Drahtstück fixiert. Haben sich die ersten Wurzeln gebildet, trennt man den Trieb mit einem Messer von der Mutterpflanze ab.

Abmoosen

Für verholzende Pflanzen, wie Gummibaum (*Ficus elastica*) oder Baumfreund (*Philodendron*-Arten), eignet sich das Abmoosen. Unterhalb eines Blattknotens wird der Stamm mit einem Messer fast bis zur Hälfte schräg eingeschnitten, ein in die Schnittstelle geklemmtes Stück Holz oder Plastikteil verhindert das Zusammenwachsen. Konstruieren Sie eine Plastikmanschette, zum Beispiel aus einer Plastiktüte, die –

gefüllt mit feuchtem Torf – um die Schnittstelle gelegt und am oberen und unteren Ende zusammengebunden wird.

Man kann schon nach vier Wochen kontrollieren, ob sich bereits Wurzeln gebildet haben. Es kann aber auch mehrere Monate dauern. Das ist je nach Pflanzenart verschieden. Nach erfolgter Bewurzelung trennen Sie den Stamm unterhalb des neuen Wurzelballens ab und topfen ihn ein.

So einfach ist es, vom Zypergras Nachkommen großzuziehen.

Pflanzen umtopfen

Manche Pflanzen können bei der richtigen Pflege viele Jahre alt werden. Um das zu ermöglichen, müssen wir sie in gewissen Zeitabständen in einen größeren Topf mit frischer Erde umsetzen.

RICHTIG UMTOPFEN

Die meisten mehrjährigen Gewächse wollen alle ein bis zwei Jahre, langsam wachsende alle drei Jahre umgetopft werden. Der beste Zeitpunkt für diese Pflegemaßnahme ist das zeitige Frühjahr, wenn es mit dem besseren Angebot an Licht und Wärme einen neuen Wachstumsschub gibt. Davon ausgenommen sind Gewächse, die zu diesem Zeitpunkt Knospen ansetzen oder blühen, wie zum Beispiel Azaleen oder Kamelien; sie würden sehr wahrscheinlich ihre Knospen oder Blüten abwerfen. Woran erkennt man, ob eine Pflanze umgetopft werden will? Zuerst einmal daran, daß die Erde „verbraucht" ist. Wenn wir die Pflanze austopfen, sehen wir nur noch einen Topfballen bestehend aus Wurzelfilz, aber keine Erdkrümel. Pflanzen mit dickfleischigen Wurzeln können sich sogar selbst aus dem zu eng gewordenen Topf heben. In solch einem Fall ist es kaum möglich, die Versorgung mit Wasser und Nährstoffen über längere Zeit sicherzustellen. Ohne einen größeren Topf und frische Erde würde die Pflanze über kurz oder lang nur noch kümmerlich wachsen.

Auch die nachlassende Qualität des Substrates kann ein Umtopfen erforderlich machen. Mit der Zeit verliert es seine Strukturstabilität, der Anteil an luftführenden Poren geht zurück, Düngesalze reichern sich in pflanzenschädigenden Konzentrationen an und bilden einen weißlichen Belag auf der Oberfläche.

Vor dem Umtopfen sollten Sie die Pflanzen gründlich wässern, am besten tauchen Sie den Wurzelballen einen Tag vorher in einen mit Wasser gefüllten Eimer. Nach dem Austopfen streifen Sie die nicht durchwurzelte Erde ab, auch faulende oder abgestorbene Wurzeln werden, soweit möglich, entfernt. Der neue Topf sollte einen 2 bis 3 Zentimeter größeren Durchmesser haben als der alte.

In den neuen Topf legen Sie eine gewölbte Tonscherbe oder ein paar kleine Kieselsteine, damit das Wasserabzugsloch nicht von der Topferde blockiert wird, dann kann eine kleine Drainageschicht eingefüllt werden. Füllen Sie nun etwas Erde in den neuen Topf und setzen Sie den Wurzelballen so hinein, daß die Pflanze im neuen Topf genauso hoch steht wie im alten. Danach den Topf mit frischer Erde auffüllen und andrükken, am oberen Topfrand sollte ein 1 cm breiter Gießrand entstehen. Zuletzt kräftig angießen, damit die Erde sich setzt und keine Hohlräume entstehen.

In den nächsten drei bis vier Wochen wird zunächst vorsichtig gegossen und nicht

Das alles braucht man üblicherweise zum Umtopfen von Zimmerpflanzen.

Umtopfen – Schritt für Schritt

1. u. 2. Nach dem Anfeuchten wird die Pflanze aus dem Topf herausgenommen. Mit einem leichten Schlag auf die Tischkante lösen sich selbst festsitzende Ballen.

3. Über das Abzugsloch des größeren Topfes legen Sie einige Ton-scherben, darüber kommt möglichst eine Drainageschicht, dann die Erde. Die Zimmerpflanze einsetzen und die Zwischenräume mit Erde auffüllen – dann leicht andrücken. Die Pflanze muß nach dem Umtopfen genauso hoch stehen wie vorher. Man beläßt oben etwa 1 cm Gießrand.

gedüngt. Die meisten Pflanzen bilden in dieser Zeit kaum neue Blätter. Wenn ein neuer Austrieb an den Triebspitzen zu erkennen ist, kann die regelmäßige Düngung wieder einsetzen.

PLASTIK ODER TON?

Normalerweise topfen wir unsere Pflanzen in Gefäße aus Kunststoff oder Ton. Beide Materialien haben ihre Vor- und Nachteile, so daß man von Fall zu Fall entscheiden muß, welche Topfart man auswählt. Viele Erwerbsgärtner verwenden bevorzugt die unzerbrechlichen Kunststofftöpfe, vor allem wegen des geringen Eigengewichtes. Das ist übrigens auch bei den Pflanzen von Vorteil, die ins Blumenfenster gehängt werden. Dagegen sind Tontöpfe sehr gut für Pflanzen mit viel oberirdischer Pflanzenmasse geeignet, denn sie sorgen mit ihrem hohen Eigengewicht für eine gute Standfestigkeit der Pflanze. Weil Tontöpfe auch über die poröse Topfwand Wasser verdunsten, müssen sie reichlicher gegossen werden; Kunststoff-töpfe speichern das Wasser wesentlich länger, bei ihnen ist jedoch die Gefahr von stauender Nässe größer.

WELCHE ERDE IST DIE RICHTIGE?

Schon seit Jahrzehnten haben sich im gewerblichen Zierpflanzenanbau Erdsubstrate bewährt, die hauptsächlich Torf enthalten. Sie können die hohen Pflanzenansprüche an Wasser- und Nährstoffspeicherkapazität, Strukturstabilität und Porenvolumen bestens erfüllen. Auch für den Kleinverbraucher sind im Fachhandel verschiedene Erdmischungen erhältlich, die im wesentlichen aus aufgekalktem Torf bestehen. Als Zusatzstoffe enthalten sie manchmal Steinwollflocken oder Styromull, wodurch die Wasserhaltekraft oder die Luftdurchlässigkeit erhöht wird.
Weil für den Hausgebrauch meistens nur kleine Substratmengen benötigt werden, lohnen sich eigene Erdmischungen nur in Ausnahmefällen. Einfacher ist es, einen Sack mit fertig gemischter Erde zu besorgen, wie er in jedem Gartenfach-handel zu bekommen ist. Sie haben die Auswahl zwischen Einheitserden und Torfkultursubstraten, die sich je nach zugesetzter Düngermenge für die Aussaat, Jungpflanzen oder ausgewachsene Zimmerpflanzen eignen.
Für die Kulturen mit besonderen Ansprüchen sind spezielle Mischungen erhältlich. Kakteenerde hat einen höheren Sandanteil, Substrate für Orchideen sind besonders leicht und luft-durchlässig, Azaleen verlangen eine Erdmischung mit niedrigem pH-Wert.
Weil die einheimischen Torfvorräte zur Neige gehen, sucht man aus Gründen des Umweltschutzes schon seit längerer Zeit nach Torfersatzstoffen. Rindenkultursubstrate haben sich schon seit langem bewährt; in letzter Zeit sind im Fachhandel auch Blumenerden erhältlich, die ausschließlich aus kompostierten Grünabfällen bestehen.

Mein Rat Wollen Sie beispielsweise eine sehr groß gewordene Zimmerpflanze nicht umtopfen aber trotzdem mit frischer Erde versorgen, dann tauschen Sie einfach nur die obere, nicht durchwurzelte Erdschicht aus. Entfernen Sie die alte Erde aber möglichst vorsichtig, so daß die Wurzeln nicht beschädigt werden.

Blüte und Wiederblüte

Nicht jede Pflanze blüht einfach jedes Jahr wieder so üppig wie beim Einkauf. Das liegt meist daran, daß wir bestimmte Pflegeansprüche nicht erfüllt haben. Oder es handelt sich um eine Zimmerpflanze, die nur schwer zur zweiten Blüte zu bringen ist.

Wovon ist es abhängig, ob ein Blühimpuls ausgelöst wird? Zuerst einmal vom Alter: Eine Pflanze durchläuft in ihrem Leben mehrere Entwicklungsstadien. Im Anschluß an die Keimung beginnt eine Jugendphase, die je nach Pflanzenart wenige Wochen oder auch mehrere Jahre dauern kann. In dieser Phase wächst die Pflanze ausschließlich vegetativ, bildet also nur Blätter und Triebe, aber keine Blüten. Erst mit dem Ende der Jugendphase erreicht sie ihre Blühreife.

Manche Gewächse benötigen über einen längeren Zeitraum eine Ruhezeit mit kühlen Temperaturen, um Knospen anzusetzen. Bei anderen wird der Blühimpuls über die Tageslänge gesteuert, man bezeichnet sie dann als Langtags- oder Kurztagspflanzen. Eine dritte Gruppe ist zur Blütenbildung auf eine hohe Lichtintensität angewiesen.

TEMPERATUR UND BLÜHIMPULS

Einige Tips zur kühlen Überwinterung von Zimmerpflanzen wurden bereits im Kapitel „Die richtige Temperatur" auf Seite 59 ff. vorgestellt. Viele Gewächse bevorzugen zur Überwinterung einen gleichmäßig kühlen und hellen Standort. Soll durch diese Kühlphase gleichzeitig der Knospenansatz ausgelöst oder gefördert werden, stellen die Pflanzen recht unterschiedliche Ansprüche an die Dauer und die Durchschnittstemperaturen während der Kühlperiode.

KURZTAGS- UND LANGTAGS- PFLANZEN

In unseren Breiten schwankt die Tageslänge je nach Jahreszeit zwischen acht Stunden im Winter und bis zu 18 Stunden im Sommer. Einige der uns bekannten Zimmerpflanzen stammen ursprünglich aus Gegenden, wo die Tageslänge ähnlichen Schwankungen unterworfen ist. Sie haben sich an diese Verhältnisse angepaßt und erhalten ihren Blühimpuls, wenn die Tageslänge über einen längeren Zeitraum einen „kritischen Wert" unter- oder überschritten hat. Meist liegt dieser kritische Wert bei einer Tageslänge von zehn bis zwölf Stunden. Blüht die Pflanze, wenn es eine gewisse Zeit lang weniger als zehn Stunden pro Tag hell ist, dann spricht man von einer Kurztagspflanze. Umgekehrt handelt es sich um eine Langtagspflanze, wenn nach Tagen mit mehr als zwölf Stunden Licht Blüten gebildet werden.

Die Gärtner haben sich diese Reaktion zunutze gemacht und können im Gewächshaus durch Belichtung und Verdunkelung genau steuern, wann die entsprechenden Pflanzen Blüten bilden. Von den bei uns verbreiteten Zimmerpflanzen, die auf die Tageslänge reagieren, gehören die meisten zur Gruppe der Kurztagspflanzen. Bei manchen sind kurze Tage für den Knospenansatz unbedingt erforderlich, andere blühen unabhängig von der Tageslänge, jedoch entwickeln sie bei Kurztagsbedingungen wesentlich mehr Blüten.

Während die Langtagspflanzen mit zunehmender Tageslänge im Frühjahr oder Sommer in unseren Breiten von selbst blühen, müssen die Kurztagspflanzen verdunkelt werden. Wollen Sie beispielsweise ein Flammendes Käthchen zu Hause wieder zum Blühen anregen, dann gehen Sie wie folgt vor: Sorgen Sie dafür, daß die Pflanze über einen Zeitraum von mindestens vier Wochen nicht mehr als neun Stun-

Das Flammende Käthchen ist eine Kurztagspflanze.

Weihnachtsstern zur Wiederblüte bringen

1. Wenn der Weihnachtsstern „verblüht" ist, stellt man das Gießen langsam ein, bis die Erde schließlich ganz trocken ist. Dann werden die Triebe auf ca. 10 cm zurückgeschnitten.
2. In einem kühlen Raum (12 – 15 °C) bleibt die Pflanze sechs bis acht Wochen stehen. Dann topft man um. Der Weihnachtsstern treibt neu aus. Falls die Pflanze zu stark wächst, kürzt man die Triebe bis Ende August ab und zu ein.

3. Ab Oktober darf der Weihnachtsstern täglich nur noch zehn Stunden Licht bekommen, daher stülpt man einen lichtdichten (ohne Löcher) Eimer über, den man nur zehn Stunden am Tag entfernt. Schon das Licht einer Straßenlaterne während der Dunkelphase verhindert die Einfärbung der Hochblätter.
4. Rechtzeitig zu Weihnachten erstrahlt Ihr Weihnachtsstern in alter Pracht.

KÜHLPERIODE ZUR AUSLÖSUNG ODER FÖRDERUNG DES KNOSPENANSATZES

Deutscher Name	Botanischer Name	Kühldauer (Wochen)	Temperatur
Brunfelsie	*Brunfelsia pauciflora*	8	9 – 13 °C
Pantoffelblume	*Calceolaria*-Hybriden	10	8 – 10 °C
Klivie	*Clivia miniata*	8 – 10	8 – 10 °C
Kolumnee	*Columnea*-Arten	4 – 6	12 – 15 °C
Hortensie	*Hydrangea macrophylla*	6 – 8	3 – 5 °C
Kußmäulchen	*Hypocyrta glabra*	10 – 12	10 – 15 °C
Myrte	*Myrtus communis*	10 – 12	2 – 6 °C
Fliederprimel	*Primula malacoides*	5	5 – 10 °C
Cinerarie	*Senecio-Cruentus*-Hybriden	6	9 – 12 °C
Gloxinie	*Sinningia*-Hybriden	3	16 °C

KRITISCHE TAGESLÄNGE VON KURZ- UND LANGTAGS-PFLANZEN

Deutscher Name	Botanischer Name	Zeitdauer (Wochen)	Hell/ Dunkel	Bemerkungen
Kurztagspflanzen				
Elatior-Begonie	*Begonia-Elatior*-Hybriden	4	9 Std./ 15 Std.	blüht auch ohne Kurztag, aber sparsam
Lorraine-Begonie	*Begonia-Lorraine*-Hybriden	4	10 Std./ 14 Std.	blüht auch ohne Kurztag, aber sparsam
Chrysantheme	*Dendranthema-Grandiflorum*-Hybriden	4	9 Std./ 15 Std.	ohne Kurztag keine Blüte
Weihnachtsstern	*Euphorbia pulcherrima*	8 – 11	10 Std./ 14 Std.	ohne Kurztag keine Blüte
Flammendes Käthchen	*Kalanchoë*-Hybriden	4 – 5	9 Std./ 15 Std.	ohne Kurztag keine Blüte
Langtagspflanzen				
Glockenblume	*Campanula isophylla*	10 – 12	14 Std./ 10 Std.	ohne Langtag keine Blüte

den Licht pro Tag abbekommt. Zum Abdunkeln verwenden Sie einen ausreichend großen, lichtundurchlässigen Pappkarton oder Plastikeimer. Sie könnten die Pflanze zum Beispiel von 8.00 Uhr bis 17.00 Uhr dem Tageslicht aussetzen und für den Rest des Tages die Verdunklung über die Pflanze stülpen. Es reicht nicht, die Pflanze in der Dunkelphase nur vor Sonnenlicht zu schützen. Sogar das relativ schwache Licht von elektrischen Glühbirnen oder Straßenlampen kann die Blütenbildung vollständig verhindern. Daher sollten Sie die Pflanzen auch nachts abdecken.

Wie schon am Anfang dieses Kapitels erwähnt, wird bei anderen Pflanzen der Blühimpuls durch eine hohe Lichtstärke ausgelöst. In unseren Breiten blühen diese Gewächse meistens im späten Frühling oder in den Sommermonaten. Den Rest des Jahres könnte man eine künstliche Zusatzbelichtung einsetzen, um die Blütenbildung zu fördern.

Kakteen wieder zum Blühen zu bringen, ist nicht sehr schwer. Voraussetzung ist, daß die Pflanzen richtig überwintert werden.

Zu den Pflanzen, die auf eine hohe Lichtstärke reagieren, gehören: Glanzkölbchen (*Aphelandra squarrosa*), Dipladenie (*Dipladenia*-Hybriden), Blaues Lieschen (*Exacum affine*), Roseneibisch (*Hibiscus rosa-sinensis*), Fleißiges Lieschen (*Impatiens walleriana*), Zimmerhopfen (*Justicia brandegeana*), Dichtähre (*Pachystachys lutea*), Passionsblume (*Passiflora caerulea*), Usambaraveilchen (*Saintpaulia-Ionantha*-Hybriden), Kranzschlinge (*Stephanotis floribunda*) und die Drehfrucht (*Streptocarpus*-Hybriden).

BROMELIEN ZUM BLÜHEN BRINGEN

Nicht nur beim Gießen oder Düngen verlangen die trichterförmigen Bromelien eine Sonderbehandlung, auch die Blütenbildung unterliegt eigenen Gesetzen. Bei den Bromeliengewächsen wird die Blütenbildung durch ein Gas gefördert, und zwar durch Äthylengas. Dieses Gas wird zum Beispiel von überreifen Äpfeln abgegeben. Es ist allerdings zu berücksichtigen, daß

auch die Bromelien vor der Blüte eine Jugendphase durchlaufen müssen, die bei langsam wachsenden Arten zwei bis drei Jahre dauern kann.

Auf Seite 195 wird beschrieben, wie Sie z. B. eine Lanzenrosette (*Aechmea fasciata*), mit Hilfe eines Apfels zum Blühen brigen.

KAKTEENBLÜTEN DURCH RICHTIGES ÜBERWINTERN

Auch Kakteen müssen im Winter eine kühle Ruhephase durchleben, um neue Blüten anzusetzen. Viele Pflanzenfreunde sind allerdings unsicher, wie die stacheligen Gewächse in dieser Phase richtig zu behandeln sind. Dabei unterscheiden sich die Kakteen in ihren Ansprüchen gar nicht so stark von „normalen" Zim-

merpflanzen. Das Motto lautet: kühl überwintern, viel Licht bieten und wenig Wasser geben!

Temperatur

Kakteen bevorzugen während der Wintermonate tagsüber Durchschnittstemperaturen zwischen 8 ° und 15 °C, nachts sollten die Werte nicht unter 5 °C absinken.

Licht

Kakteenarten, die im Spätwinter Knospen ansetzen, wie Igelkakteen oder Warzenkakteen, stellt man in ein helles Südfenster. Oster-, Weihnachts-, Säulen-, Blattund Feigenkakteen geben sich auch mit einem nach Westen ausgerichteten Fenster zufrieden. Natürlich kommen für die Kakteenüberwinterung auch andere Standorte in Frage, zum Beispiel ein heller und kühler Keller.

Lüften

Achten Sie beim Lüften darauf, daß keine kalte Zugluft auf den von der Wintersonne erwärmten Kakteenkörper fällt. Die Pflanzen reagieren darauf mit hellen Flecken, die sich schnell vergrößern und unter Schwarzfärbung absterben.

Gießen

Kakteen werden im Winter nur äußerst sparsam gegossen, sie sind in dieser Phase sehr empfindlich gegen Wurzelfäule. Zu hohe Wassergaben führen schnell zu Wurzelfäule, zu erkennen an einem schwachen und knospenlosen Neuaustrieb im Frühjahr. Andererseits kann auch zu wenig Wasser dazu führen, daß die feinen Faserwurzeln vertrocknen. Beim Gießen ist also allergrößte Sorgfalt geboten.

Zimmerpflanzen in Hydrokultur

Zuerst hielt die erdelose Pflanzenpflege in Büros und Geschäftsräumen Einzug, eben dort, wo sich nicht jeden Tag eine liebevolle Person um die Pflanze kümmern konnte. Heute sieht man sie überall: Zimmerpflanzen in Hydrokultur.

Obwohl so mancher Zimmerpflanzengärtner der Hydrokultur noch etwas skeptisch gegenübersteht, die erdelose Pflanzenhaltung hat sich auch im Wohnbereich trotz der etwas höheren Anschaffungskosten längst etabliert. Schon in den 40er Jahren wurden er- ste Versuche mit erdelosen Hydrokulturverfahren durchgeführt. Die Grundidee ist eigentlich ganz einfach: Eine Pflanze braucht Licht, Luft, Wasser, Wärme und Nährstoffe, um wachsen und blühen zu können.

Ein Erdsubstrat ist nicht unbedingt notwendig, wenn die Wurzeln die für das Pflanzenwachstum notwendigen Nährstoffe aus einer Nährlösung aufnehmen können. Die kleinen Blähtonkugeln, mit denen die meisten Hydrokulturgefäße gefüllt sind, dienen in erster Linie dazu, den Pflanzen einen festen Stand zu ermöglichen.

GRUND-AUSSTATTUNG

Im Prinzip sind Hydrokultursysteme immer gleich aufgebaut. Die Pflanze wächst in einem mit Blähton gefüllten Kulturtopf, an dem ein Wasserstandsanzeiger angebracht ist. Der Kulturtopf steht wiederum in einem Pflanzgefäß mit flüssiger Nährlösung.

Blähton ist in Körnungsgrößen zwischen 2 und 16 mm erhältlich. Er verhält sich chemisch neutral und enthält viele luftgefüllte Poren, die eine gute Luft- und Wasserführung garantieren.

Der Kulturtopf besteht aus Kunststoff und ist seitlich und am Boden eingeschlitzt, damit genügend Sauerstoff und Nährlösung an die Wurzeln gelangen kann.

Für das Pflanzgefäß eignen sich verschiedene Materialien, die allerdings folgende Anforderungen erfüllen sollten: absolut wasserdicht, stabil, handlich und schön. Am gängigsten sind Pflanzgefäße aus Kunststoff, jedoch sind auch Behälter aus Keramik (u.a. bei Kleingefäßen), Metall (nur mit Kunststoffauskleidung,

Diese Pflanzen fühlen sich in Hydrokultur wohl (im Uhrzeigersinn von ganz links): Elefantenfuß, Cordyline, Drachenbaum mit *Ficus pumila* als Unterpflanzung, Christusdorn und *Pila*

sonst werden unter Umständen pflanzenschädigende Stoffe an die Nährlösung abgegeben) oder Holz (mit Kunststoffeinsatz oder Folienauskleidung) im Handel erhältlich.

Der Wasserstandsanzeiger besteht aus einem Kunststoffröhrchen mit eingebautem Schwimmer und zeigt auf einer Skala den aktuellen Stand der Nährlösung (Minimum (0), Optimum (1), Maximum (2)) im Pflanzgefäß an.

RICHTIGE WASSER-VERSORGUNG

Ein großer Vorteil der Hydrokultur ist die Erleichterung beim Gießen. Schließlich stehen die Pflanzen in einem Gefäß mit Wasservorrat und müssen daher nicht so häufig gegossen werden wie in der Erdkultur; das ist besonders vorteilhaft bei längerer Abwesenheit des Besitzers. Der Wasserstandsanzeiger gibt genaue Auskunft über den Wasserbedarf, so daß Gießfehler weitgehend ausgeschlossen sind.

Am besten warten Sie mit dem Gießen, bis der Wasserstandsanzeiger auf „Minimum" steht. Das bedeutet nicht, daß Wasser und Nährstoffe schon vollständig aufgebraucht sind, in der Regel ist noch 1 bis 2 cm Nährlösung im Pflanzgefäß vorhanden. Sie könnten jetzt sogar noch ein bis zwei Tage mit dem Gießen warten. Füllen Sie dann das Pflanzgefäß mit handwarmem Wasser so weit auf, bis der Wasserstandsanzeiger auf „Optimum" steht. Bis zur „Maximum"-Anzeige sollten Sie das Hydrokulturgefäß nur in Ausnahmefällen auffüllen, zum Beispiel bei längerer Abwesenheit. Wird re-

gelmäßig bis zum Maximum aufgefüllt, steigt die Gefahr von Wurzelschäden durch Sauerstoffmangel.

Obwohl das Gießen der Pflanzen in Hydrokulturgefäßen so einfach ist, kann es Probleme geben, wenn der Wasserstandsanzeiger durch Pflanzenwurzeln oder kleine Blähtonkugeln blockiert wird: Die Pflanze wird fleißig gegossen, der Anzeiger allerdings steht immer noch auf „Minimum". Im Zweifelsfall heben Sie einfach den Kulturtopf vorsichtig aus dem Pflanzgefäß und überprüfen den Wasserstandsanzeiger.

DÜNGUNG IN DER HYDROKULTUR

Die gängigen Blumendünger sind aufgrund ihrer Zusammensetzung für Hydrokulturpflanzen nicht geeignet. Erstens enthalten sie oft zu wenig Spurenelemente und zweitens wäre die Gefahr einer Überdosierung sehr groß. Schließlich wirkt die Blumenerde wie ein Nährstoffpuffer und kann dadurch Salzschäden verhindern. Ein zu hoher Salzgehalt in der Nährlösung eines Hydrokulturgefäßes schadet der Pflanze sehr viel schneller.

Im Fachhandel gibt es daher eine Auswahl an flüssigen oder mineralischen Hydro-Düngern, die in Zusammensetzung und Wirkungsweise speziell auf diese Kulturform abgestimmt sind. Je nach Packungsempfehlung wird alle vier bis acht Wochen gedüngt. Besonders praktisch sind sogenannte Ionenaustauschdünger. Wie schon im Kapitel „Richtig gießen" erwähnt, enthält unser Leitungswasser unter anderem Calcium (Ca) und Chlor (Cl)

in geringen Mengen. Weil diese Teilchen elektrisch geladen sind, nennt man sie Ionen.

Ionenaustauschdünger (Lewatit) bestehen aus kleinen Kunstharzkugeln, die mit Nährstoffionen besetzt sind. Wenn man den Dünger in die Nährlösung gibt, werden die Nährstoffionen an den Kugeln gegen die Ionen im Wasser ausgetauscht und sind für die Pflanzen verfügbar. Für die Düngung mit Ionenaustauschern ist also „hartes" Leitungswasser besonders günstig, weil es die passenden Austauschionen enthält.

Der große Vorteil dieses Verfahrens: Die Nährstoffionen werden nach und nach in die Nährlösung abgegeben. Eine Düngergabe reicht für vier bis sechs Monate, und eine Überdüngung ist bei richtiger Dosierung praktisch ausgeschlossen.

Sie können die Kunstharzkugeln in Pulver- oder Tablettenform verabreichen. Bei ausreichend großen Hydrokulturgefäßen können Sie Lewatit in einer sogenannten Nährstoffbatterie einsetzen. Die Batterie wird einfach in eine vorgefertigte Mulde am Boden des Kulturgefäßes eingelegt.

Mein Rat: Wenn Sie Ihre Hydrokulturpflanzen zwei bis dreimal jährlich mit langsam wirkenden Ionenaustausch-Düngern versorgen, sollten Sie sich die entsprechenden Termine genau notieren. So können Sie immer kontrollieren, ob die vorgeschriebenen Düngeintervalle eingehalten wurden.

Anfangs gab es Probleme, wenn Lewatit in Verbindung mit weichem Gießwasser eingesetzt wurde. Es mangelte an austauschbaren Calcium-Ionen, als Folge wurden zu wenig Nährstoffe an die Lösung abgegeben. Mit der Einführung von Lewatit HD 5 Plus gibt es jetzt einen Ionenaustauschdünger, der an Wasser verschiedener Härtegrade – also auch an weiches Wasser – angepaßt ist.

PFLEGE VON HYDROKULTUR-PFLANZEN

Natürlich stellen Pflanzen in Hydrokulturgefäßen die gleichen Ansprüche an ihre Umgebung wie Gewächse, die in Blumenerde wachsen. Einige Besonderheiten sind allerdings zu beachten:

Austauschen der Nährlösung

Weil es bei Verwendung von Hydrokultur-Flüssigdüngern zu pflanzenschädigenden Salzanreicherungen kommen kann, wird zwei- bis dreimal jährlich die Nährlösung komplett ausgetauscht. Bei dieser Gelegenheit werden Pflanzsubstrat und Gefäße gründlich gereinigt.

Wenn Sie mit Ionenaustauschern düngen, kann es

Das brauchen Sie für die Hydrokultur: Innentöpfe mit Wasserstandsanzeiger, Blähton in der richtigen Größe, Übertöpfe, Dünger und Wasser.

nicht zu den schädlichen Salzanreicherungen kommen. In dem Fall wird die Nährlösung nur dann ausgetauscht, wenn z. B. durch Pflanzenreste verschmutzt ist.

Nehmen Sie zum Säubern den Kulturtopf aus dem Pflanzgefäß und ziehen den Wasserstandsanzeiger heraus. Dann spülen Sie Topf und Blähton unter handwarmem Wasser etwa fünf Minuten lang durch. Reinigen Sie auch das Pflanzgefäß und den Wasserstandsanzeiger, der bei dieser Gelegenheit auf richtige Funktion kontrolliert wird. Danach setzen Sie alles wieder zusammen und füllen das Pflanzgefäß mit frischem Wasser bzw. neuer Nährlösung auf.

Pflanzen ausputzen

Achten Sie bei den Hydrokulturen darauf, daß abgestorbene Blätter und Blüten gründlich ausgeputzt werden. Sollten sie in die Nährlösung gelangen, kann es leicht zu Fäulnis kommen.

Wassertemperatur

Oftmals verursacht eine zu niedrige Temperatur der Nährlösung Probleme mit Hydrokulturgewächsen. Optimal sind Wassertemperaturen um 20 °C. Steht das Pflanzgefäß jedoch auf einer steinernen Fensterbank, unter der kein Heizkörper installiert ist, sinkt die Nährlösungstemperatur in der kühlen Jahreszeit schnell in einen kritischen Bereich ab. Stellen Sie das Pflanzgefäß in diesem Fall auf eine Styroporplatte oder ein kleines Holzbrett. Besser ist es, in einer flachen Schale mit Sand ein elektrisches Bodenheizkabel (erhältlich im Fachhandel) zu verlegen und das Hydro-Pflanzgefäß auf diese wärmende Unterlage zu stellen.

Pflanzenschutz

Bevorzugt auftretende Schädlinge sind Thripse, verschiedene Lausarten und Spinnmilben (zur Bekämpfung siehe Kapitel „Schäden, Schädlinge und Krankheiten" auf Seite 68 ff.). Mit pilzlichen oder bakteriellen Erkrankungen gibt es dagegen kaum Probleme. Falls durchsichtige Pflanzgefäße aus Glas oder Plexiglas verwendet werden, kann es zu Algenwuchs in der Nährlösung kommen. In diesem Fall sollte man die Nährlösung austauschen und zusätzlich einen lichtundurchlässigen Innenbehälter in das Pflanzgefäß stellen.

Umtopfen

Auch wenn Sie beim Kauf ein ausreichend großes Kulturgefäß ausgewählt haben, mit der Zeit benötigen die Gewächse in Hydrokulturen einen größeren Wurzelraum. Topfen Sie um, wenn sich im Kulturtopf so viele Wurzeln gebildet haben, daß nur noch wenig Platz für den Blähton ist. Verwenden Sie einen ausreichend großen Kulturtopf, damit

Umstellen von Erd- auf Hydrokultur
1. Gründlich gewässerte Pflanzen austopfen, und die Wurzeln von der Erde befreien. 2. Die Wurzeln so lange mit handwarmem Wasser spülen, bis sich keine Erde mehr an ihnen befindet.

3. Verfaulte, beschädigte und zu lange Wurzeln ausschneiden.
4. Pflanze – wie im Text beschrieben – in Hydrokulturgefäß einpflanzen und gießen.

Sie die Pflanzen nicht allzu oft umtopfen müssen. Neuer Blähton sollte vor dem Umpflanzen angefeuchtet werden. Natürlich besteht auch die Möglichkeit, gebrauchten Blähton ein zweites Mal zu verwenden. Er darf allerdings keine Krankheitserreger enthalten und sollte vor dem Topfen gut durchgespült werden. Füllen Sie den Kulturtopf zuerst mit einer schmalen Lage aus frischem Blähton auf. Dann die Pflanzenwurzeln auf der Blähtonschicht verteilen; zu lange Wurzeln werden mit einer Schere eingekürzt. Richten Sie die Pflanze so aus, daß sie genauso tief steht wie im alten Gefäß und füllen dann den Topf vorsichtig mit Blähton auf. Damit sich der Blähton gut um die Wurzeln legt, sollten Sie den Topf außerdem zwei- bis

dreimal leicht auf eine Unterlage stoßen.
Werden verschiedene Zimmerpflanzenarten in einem Gefäß zusammengepflanzt, dann müssen die Ansprüche der einzelnen Pflanzen an den Standort und den pH-Wert der Nährlösung aufeinander abgestimmt sein.

Vermehrung
Natürlich haben Sie auch die Möglichkeit, selbst vermehrte Pflanzen in Hydrokulturgefäße zu setzen. Wichtig ist, daß an den Wurzeln keine Erde haftet, die in die Nährlösung gelangen könnte. Am besten verwenden Sie Jungpflanzen, die in einem Wasserglas Wurzeln gebildet haben und topfen diese ein, wie es vorher beschrieben wurde. Nach dem Eintopfen werden die jungen Pflanzen etwa zwei bis drei Wochen mit einer Plastikfolie vor übermäßiger Verdunstung geschützt und an einen warmen und hellen, aber nicht sonnigen Standort gestellt.

PFLANZEN VON ERDKULTUR AUF HYDROKULTUR UMSTELLEN

Für die Umstellung von Erd- auf Hydrokultur eignen sich vor allem junge,

wüchsige und gesunde Zimmerpflanzen. Weil die Pflanzen für die Kultur in Nährlösung andere Wurzeln („Wasserwurzeln") ausbilden müssen, verläuft die Umstellung nicht immer problemlos. In der Übergangsphase ist die Pflanze ähnlich empfindlich wie ein unbewurzelter Steckling. Am besten gehen Sie folgendermaßen vor:
• Die Pflanze einen Tag vor der Umpflanzaktion gründlich wässern.
• Die Pflanze austopfen und mit den Fingern von lose sitzenden Erdkrümeln befreien.
• Wurzelballen mit handwarmem Wasser so lange abspülen, bis keine Erde mehr an den Wurzeln haftet, Erdreste in der Nährlösung hätten Fäulnis zur Folge.
• Verfaulte, beschädigte oder zu lange Wurzeln mit einem Messer oder einer Schere ausschneiden.
• Pflanze wie ganz links beschrieben ins Hydrokulturgefäß eintopfen.
• Lauwarmes Wasser ohne Nährstoffe in das Pflanzgefäß einfüllen (Wasserstandsanzeige: „Optimum").
• Zum Schutz vor zu starker Verdunstung für zwei bis drei Wochen eine trans-

Eine eindrucksvolle Pflanze für einen Einzelplatz, die Buntwurz

BLATT- UND BLÜTENPFLANZEN FÜR HYDROKULTUREN (AUSWAHL)

Deutscher Name	Botanischer Name	Besonderheiten
Blattflanzen		
Kolbenfaden	*Aglaonema*-Arten	gut geeignet für schattige Standorte
Zierspargel	*Asparagus densiflorus*	kommt auch mit kühleren Temperaturen zurecht
Nestfarn	*Asplenium nidus*	vorsichtig düngen: salzempfindlich!
Klimme	*Cissus*-Arten	unter 15 °C Blattschäden (Flecken)
Dieffenbachie	*Dieffenbachia maculata*	bei Temperaturen unter 18 °C anfällig für Stammfäule
Kentiapalme	*Howeia forsteriana*	sehr widerstandsfähig und haltbar
Efeutute	*Epipremnum pinnatum*	beliebt als Bodendecker in Hydrokultur-gefäßen
Birkenfeige	*Ficus benjamina*	buntblättrige Sorten müssen hell stehen
Fensterblatt	*Monstera deliciosa*	bei zu hohem Wasserstand leicht Wurzelfäule
Strahlenaralie	*Schefflera actinophylla*	anfällig für Spinnmilben und Thripse
Blütenpflanzen		
Flamingoblume	*Anthurium-Andraeanum*-Hybriden	benötigt zur Blütenbildung hohe Luftfeuchtig-keit
Zimmerhafer	*Billbergia nutans*	bildet viele Kindel, daher leicht selbst zu vermehren
Weihnachtsstern	*Euphorbia pulcherrima*	Rückschnitt nach der Blüte, für zweiten Blütenflor ist Kurztag erforderlich
Roseneibisch	*Hibiscus rosa-sinensis*	anfällig für Blattläuse und Spinnmilben
Wachsblume	*Hoya bella*	bei zu hohem Wasserstand leicht Wurzelfäule
Flammendes Käthchen	*Kalanchoë*-Hybriden	Rückschnitt nach der Blüte, für zweiten Blütenflor ist Kurztag erforderlich
Usambara-veilchen	*Saintpaulia-Ionantha*-Hybriden	beliebt als dekorative Mini-Pflanze in Hydro-kultur-Arrangements
Korallenstrauch	*Solanum pseudocapsicum*	schmückende Früchte sind an der Pflanze lange haltbar
Einblatt	*Spathiphyllum*-Hybriden	weit verbreitet, blühfreudig und relativ anspruchslos
Drehfrucht	*Streptocarpus*-Hybriden	kaltes Wasser auf den Blättern führt zu Flecken

damit keine organische Substanz (Blätter, Blüten) in die Nährlösung gelangen kann.
• Arten mit starkem Wurzelwachstum, wie Grünlilie oder Zypergras, denn sie müssen häufig umgetopft werden.
• Zimmerpflanzen, die eine Kühlphase brauchen, um neue Blüten anzusetzen. In der Kühlperiode sinkt zwangsläufig auch die Temperatur der Nährlösung in einen für die Pflanze kritischen Bereich. Hortensie, Klivie oder Azaleen reagieren darauf oftmals mit Wurzelfäule.

parente Plastikfolie über die Pflanze stülpen.
• Mit der Düngung starten, wenn der Wasserstandsanzeiger auf „Minimum" steht.

PFLANZEN FÜR DIE HYDROKULTUR

In den vergangenen Jahren wurden in Hydrokulturen hauptsächlich Grünpflanzen verwendet. Doch auch dem Liebhaber bunter Farben kann man einige blühende Arten empfehlen. Einige Arten gelten jedoch als besonders anspruchsvoll und erfordern deshalb einen höheren Pflegeaufwand. Weniger gut geeignet für die Hydrokultur sind:
• Arten, die Knollen oder Rhizome bilden, denn sie reagieren auf Gießfehler sehr schnell mit Fäulnis (z. B. Alpenveilchen).
• Kurzlebige Blütenpflanzen, die schnell ausgetauscht werden müssen, z. B. Blaues Lieschen.
• Gewächse mit hohem Putzaufwand; Elatior-Begonie oder Fleißiges Lieschen müssen regelmäßig von Verblühtem befreit werden,

Ein Hauch von Exotik haftet der Anthurie an.

Geschenke für besondere Gelegenheiten

Das Usambaraveilchen in vier Größen als Geschenk für eine Familie mit zwei Kindern

Wer kennt es nicht, das große Rätselraten um ein passendes Geschenk für irgendeinen Anlaß. Außer den jährlich wiederkehrenden Festtagen ereignen sich zusätzlich eine Menge Dinge, zu denen ein schönes Geschenk gebraucht wird. Zimmerpflanzen sind fast nie verkehrt, sie müssen allerdings dem Geschmack des zu Beschenkenden entsprechen. Nachfolgend will ich Ihnen einige Tips geben, die zum Nachmachen einladen und Anregungen geben sollen.

PRÄSENT FÜR UNSERE NEUEN NACHBARN

Hinter dem Vorhang hat man ja ganz genau gesehen, was alles aus dem Möbelwagen in das Haus geschleppt wurde. Aber trotzdem... Sie brauchen nicht unbedingt einen Detektiv anzustellen, um herauszufinden, was für Leute Ihre neuen Nachbarn sind. Ein kurzes Gespräch mit ihnen kann genauso aufschlußreich sein und ist oft der Anfang für ein gutes nachbarliches Verhältnis. Zum nüchternen, kühlen Ambiente einer Wohnung bietet sich zum Beispiel eine edle Grünpflanze an. Ich denke da an eine schöne *Alocasia lowii*. Ein weißer Keramiktopf steigert den Ausdruck der Pflanze. Ebenso passend ist eine blühende *Anthurium-Andraeanum*-Hybride. Hier wäre zum Beispiel eine Unterpflanzung mit kleinen Farnen möglich.

Passend zum Richtfest einer Gartenlaube: Laubenrichtfestkiste

Auch eine Pflanzung mit *Cyperus*, Wasserlinsen und *Scirpus* kann eine fantastische Stimmung bringen. Besonders wenn die Pflanzen in einem schönen Glasgefäß oder in einer Metallwanne arrangiert sind.

Da gibt es aber auch den ganz normalen Nachbarn, den mit Kindern, den naturverbundenen, der einfache, (vielleicht) schöne Holzmöbel hat, lustige Vorhänge an den Fenstern usw. Ein Weg, allen Familienmitgliedern eine Freude zu machen, wäre, für jeden einzelnen eine Pflanze der gleichen Art in unterschiedlichen Größen, die der Familie entspricht, zu schenken. Passend zur Einrichtung sind einfache Tontöpfe oder naturfarbene Keramiktöpfe sinnvoll. Welche Pflanzen genommen werden, hängt hier stark von der Jahreszeit ab. Auf alle Fälle kommen keine steifen Exoten in Frage, sondern Pflanzen mit fröhlichem Ausdruck.

Da wäre dann noch der junge Mann, der seine Bude in der Großstadt bezogen hat. Er hat nur einen kleinen Balkon und fühlt etwas Heimweh nach seiner kleinen Welt in der Provinz. Ganz leicht kann ihm das mit ein paar nostalgisch anmutenden Pflanzen abgewöhnt werden. Ich denke da zuerst an ein kleines, feines Sortiment von Duftpelargonien. Die Duftpelargonie wird durch ihre Vielfalt an unterschiedlichen Düften und ihrem differenzierten Wuchs nicht langweilig. Außerdem kann der Mann seine neuen Lieblinge im Winter nach Großmutters Methode in der Wohnung weiterleben lassen.

Eine Variante wäre aber auch ein schönes Exemplar eines *Abutilon* oder einer Zimmerlinde. Sie haben beide durch ihre Blattfarbe und Form einen ganz besonderen Charme. Unser junger Mann, der wahrscheinlich nicht gerade die neueste Kollektion der Möbelbranche in seiner Bude stehen hat, ist sicher begeistert, wenn die Pflanze in einem schönen Terrakotta-Gefäß bei ihm leben darf. Eine Unterpflanzung mit Bubikopf, Efeu oder ähnlichem unterstreicht den Charme dieser Pflanzen.

Eine kleine Freude für Ihren Friseur. Sie können auch noch ein freundliches Gesicht auf den Blumentopf malen.

Schön und nicht teuer: ein Fleißiges Lieschen, dessen Name allein schon ein Kompliment ist.

DIE LAUBEN-RICHTFESTKISTE

Da hat Sie doch ein Freund eingeladen, dem Sie beim Bau seiner Gartenlaube behilflich waren. Er feiert ein Richtfest. Nun stellt sich die Frage nach einem passenden Geschenk. Ein Richtfest ist etwas Fröhliches, und in einer Gartenlaube können recht romantische Abende verbracht werden – Abende im Kerzenschein.

In einer einfachen Holzkiste verstaut so mancher Hobbygärtner sein Werkzeug oder nimmt sie zum Ernten seiner Gartenfrüchte. Nehmen Sie also eine Kiste, nageln Sie ein paar Latten als Andeutung der Laube daran. Nun befestigen Sie einen kleinen passenden Richtbaum daran und schmücken ihn mit bunten Bändern. In das Innere der Kiste stellen Sie einen schönen Efeu, zum Beispiel 'Mein Herz'. Mit einer Topfrose steigern Sie diese Romantik noch mehr. Die Flasche Bier und den Meterstab könnten Sie dazustellen. Dazwischen legen Sie einige Päckchen mit Blumensamen und einige Kerzen, und Sie werden mit Ihrer Laubenrichtfestkiste ein gern gesehener Gast sein.

HEISSE KUMPEL

Haben Sie sich in Ihrem Leben noch nie für Kakteen begeistern können? Meistens überfällt das junge männliche Geschlecht diese Begeisterung, aber auch so manche Frau blieb davon nicht verschont.

Da bezieht so ein Halbwüchsiger das für ihn ausgebaute Dachgeschoß. Er macht eine Fete zum Einzug, und lauter Gleichgesinnte treffen sich. Abenteuer gehören zu diesem Alter. Unkonventionell muß es zugehen, auf keinen Fall spießig. Ich entscheide mich als Geschenk für einige unterschiedliche dornige Kumpel verschiedener Art. Säulenformen und Kugelformen, dazu eventuell einige *Lithops* oder Echeverien. Eine flache Schale dient als Pflanzgefäß. Um die Sache lebendig zu gestalten, empfiehlt sich eine Bodenmodellierung. Einige Steine und Sand runden die gestaltete Wüstenlandschaft ab.

FIGAROS STUDIE ÜBER EINEN BUBIKOPF

Jeder Mensch hat normalerweise seinen Friseur. Man läßt sich schließlich nicht von jedem den Kopf waschen. Man hat eine andere Beziehung zum Friseur als zu dem, der einem jeden Morgen die Zeitung bringt. Nun wurde der Salon modernisiert, und da will man sein Wohlwollen bekunden. Ganz einfach geht das mit einem Bubikopf. Ein Kamm, passend zur neuen Einrichtung, daran befestigt, und ein unverfängliches Präsent ist fertig. Die Flaschenpflanze erinnert mich immer etwas an Struwwelpeter. Dazu läßt sich auch ein Bubikopf arrangieren. Schere und Kamm als Utensil, und Ihr Friseur kann seine Studie über den Bubikopf beginnen.

Zimmerpflanzen-porträts

Jede Zimmerpflanze hat ihre eigenen Wünsche an Standort und Pflege. Einige stellen nur wenige Ansprüche. Andere wiederum sind empfindlich, wie sollten sie auch anders, kommen doch zum Beispiel viele aus dem tropischen Regenwald in unsere meist trockene Zimmerluft. Auf den folgenden Seiten stellen wir Ihnen über 230 Zimmerpflanzen im Porträt vor. Die Pflanzen sind nach botanischen Namen von A bis Z geordnet. Ausgenommen sind die Bromelien (ab Seite 194), Kakteen (ab Seite 202), Farne (ab Seite 214), Orchideen (ab Seite 226) und Palmen (ab Seite 236).

Schönmalve

Abutilon-Hybriden

Abutilon, Schönmalve

Im Winter hell bei max. 10 °C.

Gießen: April bis August reichlich, dann sparsamer, nie ballentrocken.

Düngen: April bis August 14tägig mit handelsüblichem Volldünger, dann Düngepause.

Umtopfen: jedes Jahr im Frühjahr in gute Blumenerde, den neuen Topf nicht zu groß wählen.

Pflanzenschutz: auf Spinnmilben und Weiße Fliege achten.

Allgemeines: etwa 150 Arten, Heimat Südamerika; andere Namen sind Zimmerahorn, Samtpappel. Größte Bedeutung haben die durch Kreuzung verschiedener Arten entstandenen Hybriden, Blüte ganzjährig in Gelb, Orange oder Rot.

Standort: Sommer ab 15 °C, heller Platz im Garten, keine volle Sonne. Topf in die Erde einsenken: besseres Wurzelklima.

Vermehrung: im Februar aus Samen, Keimung bei 22 °C, später Temperatur senken. Frühjahr/Sommer Stecklingsvermehrung: in sandiger Erde ohne Dünger bei 20 °C.

Besonderheiten: im April Triebe um ein Drittel kürzen, sonst zu sparriger Wuchs. Temperaturansprüche im Winter oft nicht zu erfüllen, örtlichen Gärtner nach Überwinterungsservice fragen.

Abutilon,
Schönmalve

Nesselschön

Acalypha hispida

Allgemeines: auch Fuchsschwanz genannt; etwa 420 Arten bekannt, Heimat tropische Gebiete. *A. hispida* hat oft 50 cm lange, rote Blütenstände (Fuchsschwanz), Blüte April bis Dezember. *A. wilkesiana* mit auffälligen Blätterfärbungen bronzerot bis gelblichweiß. *A. hispaniolae* – geeignete Ampelpflanze, Blütenstände wie *A. hispida,* jedoch nur ca. 15 cm lang, hängender Wuchs.

Standort: immer hell, nie vollsonnig. Temperatur-Minimum 15 °C, in der Wachstumszeit über 20 °C. Heizungsluft oder trockene Zimmerluft ist ungünstig, eingerollte Blätter sind die Folge.

Gießen: empfindlich gegen Staunässe und Ballentrockenheit. Gießwasser genau dosieren.

Düngen: März bis September wöchentlich mit Volldünger, in Ruhephase nicht.

Umtopfen: jährlich im Frühjahr in gute Blumenerde.

Pflanzenschutz: auf Befall mit Spinnmilben oder Blattläusen achten. Vorsichtig gießen, fault bei Nässe.

Vermehrung: im Frühjahr drei Stecklinge je Topf bei 20 °C bewurzeln lassen. Späteres Stutzen ergibt buschigen Wuchs.

Besonderheiten: nur bei ausreichend hoher Luftfeuchte zu kultivieren. Buntblättrige Arten vergrünen bei zu dunklem Standort.

Acalypha, Nesselschön

Schiefteller

Achimenes-Hybriden

Allgemeines: etwa 50 Arten bekannt, Heimat Südamerika. Seit über 150 Jahren als Topfblume kultiviert. Wildarten ca. 60 cm hoch. Heute nur noch 20 cm hohe Hybriden im Handel, Blüte Juni bis Oktober, Blütenfarbe rot, blau oder weiß. Blätter gegenständig, rauh, unterseits oft rötlich. Die weichen Triebe brauchen einen Stützstab.
Standort: hell, aber niemals vollsonnig, sonst Blattverbrennungen. 19 – 25 °C sollten eingehalten werden, hohe Luftfeuchte.
Gießen: März bis Oktober gut feucht halten, niemals kaltes Gießwasser verwenden, danach laufend trockener halten.
Düngen: März bis Oktober alle drei Wochen mit Volldünger.
Umtopfen: jährlich im Februar/März, fünf bis acht Knollenstückchen je 10-cm-Topf, 1 – 2 cm hohe Erdabdeckung.
Pflanzenschutz: ringförmige Flecken bedeuten zuviel Sonne oder kaltes Wasser auf den Blättern. V-förmige Flecken oder abnormer Wuchs heißt Virusbefall. Braune, absterbende Wurzeln durch Nematoden.
Vermehrung: Rhizome teilen und Anfang März bei ca. 25 °C in Töpfen auslegen.
Besonderheiten: Pflanze hat unterirdische Sproßachse (Rhizom) und zieht zum Herbst ein wie unsere Stauden.

Mein Rat: Pflanze nicht wegwerfen, wenn sie ab November welkt. Rhizome aus dem Topf nehmen und bei 14 °C in trockenem Sand überwintern.

Zwergkalmus

Acorus gramineus

Allgemeines: es sind zwei Arten dieser Gattung bekannt, *A. calamus*, eine heimische Wildpflanze, und *A. gramineus,* Heimat Japan, Indien, China. Gramineus bedeutet grasartig. *Acorus* ist aber kein Gras, sondern wie *Anthurium* oder *Philodendron* ein Aronstabgewächs. Sproßachse unterirdisch (*Rhizom*). Sorte 'Albovariegatus' weiß gestreift, 'Aureovariegatus' gelb gestreift; Sorte 'Pusikus' wird ca. 10 cm hoch, die anderen ca. 40 cm. Wuchsgestalt buschig. Die Blätter sind schwertlilienartig und haben keine Mittelrippe.
Standort: hell bis halbschattig, nie vollsonnig, normale Zimmertemperaturen etwa 18 – 22 °C, im Winter 15 – 18 °C oder kühle Räume mit 3 – 5 °C.
Gießen: reichlich, *A. gramineus* ist in der Heimat ein Bewohner feuchter Standorte.
Düngen: sparsam düngen, April bis August alle vier Wochen mit Blumenvolldünger.
Umtopfen: März bis April in Blumenerde mit Tonanteil und hohem pH-Wert 6 – 7.
Pflanzenschutz: *Acorus* ist ein sehr robustes Gewächs; kaum Schädlinge oder Krankheiten zu erwarten.
Vermehrung: im Frühjahr beim Umtopfen Rhizom zerteilen.
Besonderheiten: die Pflanze ist als Topfblume wenig bekannt. *A. gramineus* ist auf Grund seines buschigen und kompakten Wuchses gut als Randbepflanzung für Feuchtzonen in Terrarien geeignet.

Achimenes-Hybride, Schiefteller

Acorus gramineus, Zwergkalmus

Wüstenrose

Adenium obesum

Allgemeines: nur diese eine Art bekannt. Heimat Südarabien, Uganda bis Kenia. Dort bis 5 m hoch, als Zimmerpflanze nur ca. 90 cm. Etwa 2 cm Wachstum jährlich. Obesum heißt dick und deutet auf die wulstigen Triebe und fleischigen Blätter hin. Blüht im Frühsommer, außen kräftig rosa, zur Mitte hin heller, ca. 10 cm Durchmesser.

Standort: sonnig und warm, der Heimat entsprechend, vor Frost schützen.

Gießen: März bis September, zwischen den Wassergaben Substrat gut abtrocknen lassen. Im Winter max. einmal pro Monat sparsam wässern.

Düngen: sehr sparsam alle sechs bis acht Wochen, im ersten Jahr überhaupt nicht.

Umtopfen: im Frühjahr nur, wenn der alte Topf zu klein geworden ist. Kakteenerde verwenden oder normale Blumenerde mit Sand strecken.

Pflanzenschutz: kaum Schädlingsbefall zu erwarten. Schäden häufig durch zuviel Gießen.

Vermehrung: Stecklinge bewurzeln bei 22 °C Bodentemperatur jederzeit leicht´ in Sand. Im Frühling auch Samenaussaat möglich.

Besonderheiten: *Adenium* stammt aus der Familie der Hundsgiftgewächse und ist sehr giftig, nicht in Reichweite von Kindern aufstellen, nach Berührung mit dem Milchsaft Hände gründlich waschen.

Adenium obesum,
Wüstenrose

Dickblatt

Aeonium arboreum

Allgemeines: 23 Arten bekannt, Heimat Mittelmeerraum, wächst dort noch in großen Höhen über 1000 m. *A. arboreum* wird ca. 90 cm hoch. Arboreum bedeutet baumartig – ein Hinweis auf die Wuchsgestalt, bildet Stämmchen mit Blattrosetten am Triebende. Grün- und rotblättrige Sorten bekannt. Bildet im Spätwinter kleine gelbe Blütentrauben. Andere Arten: *A.* x *domesticum*, horstartiger Wuchs, 15 cm hoch, Blätter rund und behaart. *A. haworthii*, strauchartig, 50 cm hoch, Blätter blaugrün, wachsartiger Belag mit scharfer Spitze und gezähntem Rand. *A. tabuliforme*, rundliche Blätter, weiß behaart, gelbe Blüte.

Standort: hell, gerne vollsonnig, geringe Luftfeuchte. Im Sommer ca. 20 °C, im Winter um 16 °C. Im Sommer auch im Garten.

Gießen: März bis September nur bei trockenem Substrat, im Winter nur, wenn die Pflanze schrumpft.

Düngen: nur sehr sparsam einmal monatlich stickstoffbetont, im Winter gar nicht.

Umtopfen: alle drei bis vier Jahre im Frühjahr in sandige Erde oder Kakteensubstrat.

Pflanzenschutz: keine Probleme mit Schädlingen oder Krankheiten.

Vermehrung: Triebstecklinge im Frühjahr in Sand, feucht und warm, nach der Wurzelbildung trockener halten.

Besonderheiten: extrem pflegeleichte Zimmerpflanze für sonnige Fenster.

Aeonium arboreum,
Dickblatt

Schamblume

Aeschynanthus speciosus

Allgemeines: etwa acht Arten bekannt, Heimat Java, Borneo. Schöne Ampelpflanze, Triebe ca. 60 cm lang, röhrenförmige rote Blütenbüschel am Triebende. Blütezeit Juli bis Oktober. Blatt fleischig und spitzeiförmig. *A. radicans, A. lobbianus* – sehr ähnlich; *A. tricolor* mit behaarten Blättern und weichen Trieben, Blüte dreifarbig, rot mit gelben und schwarzen Streifen im Frühjahr/Sommer, *A. marmoratus*, besitzt keinen Blütenschmuck, aber schöne grünweiß marmorierte Blätter.

Standort: schattig/halbschattig, im Winter hell. Hohe Luftfeuchte, bei 25 °C Temperatur, öfter mit handwarmem Wasser besprühen. Temperatur im Winter für fünf Wochen auf 15 °C senken, um Blütenbildung anzuregen.

Gießen: konstant feucht

Aeschynanthus marmoratus besitzt keinen Blüten-, dafür aber einen schönen Blattschmuck.

halten, verträgt weder Staunässe noch Trockenheit, nie mit kaltem Wasser gießen. Dezember bis Januar sparsamer.

Düngen: März bis August alle zwei bis drei Wochen schwach düngen.

Umtopfen: ältere Exemplare im Frühjahr in lockere Erdmischung (Orchideenerde) mit gutem Wasserabzug.

Pflanzenschutz: auf Spinnmilben, Läuse und Wurzelkrankheiten achten.

Vermehrung: schwierig, sechs Kopfstecklinge im Juni in 7-cm-Topf stecken, bei 24 °C Bodenwärme bewurzeln lassen, täglich mehrfach ansprühen.

Besonderheiten: alle Arten sind Epiphyten.

Aeschynanthus, Schamblume

Amerikanische Agave

Agave americana

Allgemeines: auch Hundertjährige Aloe genannt; 49 Arten bekannt, Heimat Mexiko, im Mittelmeergebiet eingebürgert. Die Agave ist eine auffällige Kübelpflanze für Terrasse und Hauseingang. Blatt bis 1,75 m lang, gezähnt mit spitzem Enddorn, rosettenförmiger Wuchs. *A. sisalana* – Nutzpflanze zur Sisalgewinnung. Aus Blütensaft entsteht durch alkoholische Gärung Pulque. Sorte mit weißen oder gelben Streifen am Rand oder in der Blattmitte. Weitere Arten sind *A. filifera* und *A. victoriaereginae* (Zwergagave).

Standort: sonnig bis halbschattig, über Sommer im Garten, Winter hell und trocken bei 4 – 6 °C, frostfrei.

Gießen: im Sommer sparsam, im Winter nur, wenn die Pflanze schrumpft.

Düngen: im Sommer einmal monatlich mit Blumendünger.

Umtopfen: im Frühjahr, wenn Topf zu klein geworden ist, in mit Sand gestreckter Blumenerde.

Pflanzenschutz: keine Probleme, sehr robust.

Vermehrung: Pflanze treibt Tochterrosetten, beim Umtopfen ablösen und eintopfen.

Besonderheiten: *A. americana* treibt nach 15 – 50 Jahren auch bei uns einen 4 – 10 m hohen Blütenstand, danach stirbt die Pflanze ab.

Mein Rat: Die Enddornen bilden eine erhebliche Verletzungsgefahr. Weinkorken auf die Dornen aufspießen oder die Dornen mit einer Zange kappen, das mindert Gefahr für Kinder, Erwachsene und Haustiere.

Agave americana 'Marginata', Amerikanische Agave

Kolbenfaden

Aglaonema commutatum

Der Kolbenfaden ist auch gut in Hydrokultur aufgehoben.

Allgemeines: 40 – 50 Arten; Heimat Malaiischer Archipel, Regenwaldbewohner. Unscheinbare Blüte im Frühsommer, später roter Beerenschmuck, Pflanze wird nur wegen der schön gezeichneten Blätter kultiviert. Sorten 'Silver King' mit lebhafter Blattzeichnung; 'Silver Queen' in Silberweiß mit geringem Anteil Grün. 'Maria' hat harmonische Blattzeichnung mit größerem Anteil Grün.

Standort: kommt mit recht wenig Licht aus. Halbschattiger, sehr warmer Platz mit hoher Luftfeuchte (Pflanzenvitrine oder Badezimmer), Temperatur ganzjährig 20 °C, besser 25 °C.

Gießen: regelmäßig feucht halten, in der Zeit von Dezember bis März etwas trockener, aber nie völlig trocken.

Düngen: Frühsommer/Sommer 14tägig mit Blumendünger versorgen.

Umtopfen: alle zwei bis drei Jahre im Frühsommer in gute Blumenerde.

Pflanzenschutz: auf Spinnmilben und Thripse achten, Wurzelfäule bei Staunässe.

Vermehrung: Kopfstecklinge bewurzeln bei 25 °C Bodenwärme im Frühsommer.

Besonderheiten: wer hohe Temperaturansprüche erfüllen kann, hat mit *Aglaonema* eine haltbare Topfpflanze.

Goldtrompete

Allamanda cathartica

Allgemeines: auch Dschungelglocke genannt, etwa zwölf Arten bekannt, Heimat Brasilien, dort oft über 6 m hoch. Bei uns mit Stützgerüst bis 2 m. Blüht von Mai bis Dezember, leuchtendgelbe, 5 cm große Trichterblüten, Laub lorbeerblattähnlich. Durch dänische Züchtungen robuster geworden. Andere Arten sind *A. violacea* mit roter Blüte und *A. neriifolia* mit gelborangefarbener Blüte.

Standort: hell und sonnig, nur von November bis Februar etwas geschützter. Ganzjährig 25 °C und wärmer bei hoher Luftfeuchte um 70 Prozent. Pflanzenvitrine, Warmhaus.

Gießen: Mai bis November reichlich, im Winter sparsamer, Ballen nie austrocknen lassen.

Düngen: April bis September jede Woche mit Blumendünger, im Winter keine Düngegaben.

Umtopfen: im Frühjahr in gute Blumenerde, nur bei zu kleinem Topf.

Pflanzenschutz: Blattverlust nicht auf Krankheit zurückzuführen, sondern auf zu dunkle Standorte. Auf Schildläuse und Spinnmilben achten.

Vermehrung: heute durch krautige Stecklinge im Frühjahr bei 25 °C unter Glas oder Folie, früher verschiedentlich auch durch Veredlung. Bei der Weiterkultur sollten die Pflanzen hell, luftig und mäßig warm stehen.

Besonderheiten: im Februar Triebe ein Drittel zurückschneiden, gibt buschigere Pflanzen und mehr Blüten. Pflanze braucht unbedingt eine Kletterhilfe.

Allamanda cathartica,
Goldtrompete

Aglaonema commutatum,
Kolbenfaden

Alokasie
Alocasia lowii

Allgemeines: etwa 70 Arten bekannt, Heimat Borneo, Philippinen. Bis 1 m hoch, nur kurzer Stamm über der Erde, unterirdischer, knollenartiger Rhizomsproß. Eindrucksvolle Blattpflanze. Blätter langgestielt, oval bis pfeilförmig, einfarbig grün oder mit kontrastreichen weißen Nerven, Blattunterseite purpurviolett. Andere Arten: *Alocasia* x *Amazonica* ist durch Kreuzung entstanden, leicht auffallende Blattadern und violette Blattunterseite. *Alocasia sanderiana* mit buschigem Wuchs, Adern und Blattrand weiß.
Standort: halbschattig bis schattig, Temperatur ganzjährig zwischen 20 und 25 °C bei regenwaldtypischer Luftfeuchte, nur in Pflanzenvitrine oder speziellen Warmhäusern zu erreichen.
Gießen: Substrat gut feucht hal-

oder einfach in Orchideenerde.
Pflanzenschutz: auf Spinnmilben und Thripse achten, Staunässe vermeiden.
Vermehrung: Teilung der Rhizomsprosse oder Abtrennen von Brutknöllchen beim Umtopfen.
Besonderheiten: Pflanze für Liebhaber, Temperatur- und Luftfeuchte-Optimum in normalem Wohnraum nicht gegeben.

ten, im Winter sparsamer, aber nie austrocknen lassen.
Düngen: April bis September 14tägig mit handelsüblichem Blumendünger.
Umtopfen: alle zwei bis drei Jahre im Frühjahr in Blumenerde gestreckt mit Hygromull bzw. Sphagnummoos

Alocasia x *Amazonica,* Alokasie

Aloe, Bitterschopf
Aloë variegata

Allgemeines: etwa 200 Arten bekannt, Heimat Südafrika. Zier- und Nutzpflanze (Heilpflanze). Schwertförmige Blätter bilden eine Rosette ähnlich wie Agaven, jedoch weicher. Rote, röhrenartige Blüte, erscheint vielfach auf einem Blütenschaft. Blütezeit Januar bis April. Weitere Arten: *A. arborescens,* strauchartig, blüht von Januar bis April. *A. vera* (*barbadensis*), Echte Aloe, Inhaltsstoffe für Kosmetik und Wundheilung.
Standort: hell, aber keine volle Sonne, über Sommer auch im Garten. Im Winter hell bei 6 bis 12 °C.
Gießen: im Sommer und im Winter nur bei trockenem Substrat gießen, fault bei Staunässe.
Düngen: im Sommer alle 14 Tage mit Blumenvolldünger versorgen, im Winter ist dagegen eine Düngepause einzulegen.

Umtopfen: nur, wenn der alte Topf zu klein geworden ist, im Frühjahr. Genausotief pflanzen wie vorher, Pflanze fault sonst leicht. Blumenerde etwas mit Sand strecken, für guten Wasserabzug sorgen.
Pflanzenschutz: bei Staunässe entsteht Wurzelfäule, sonst sehr robust.
Vermehrung: Kindel im Frühjahr von der Mutterpflanze ablösen und eintopfen.
Besonderheiten: blüht erst nach drei bis sechs Jahren. *A. vera* wird in den letzten Jahren verstärkt im Mittelmeerraum auf Plantagen zur Gewinnung ihrer Inhaltsstoffe kultiviert.

Aloë variegata, Echte Aloe

Doldenrebe, Scheinrebe

Ampelopsis brevipedunculata

Allgemeines: 20 Arten bekannt, Heimat Japan/China. Rankender Strauch. Sorte 'Elegans' weiß-grünweiß panaschiert, junge Blätter oft noch mit rosa Farbton. Zum Winter laubabwerfend.
Standort: hell, aber nicht vollsonnig, Sommer draußen im lichten Schatten von Gehölzen. Winter hell bei 2 – 5 °C, in milden Lagen draußen mit Reisigabdeckung. *Ampelopsis* ist empfindlich gegen Standortwechsel (Laubabwurf).
Gießen: im Sommer gut feucht halten, Staunässe und Ballentrockenheit verursachen Laubabwurf. Im Winter sparsam gießen, um Ballentrockenheit zu vermeiden.
Düngen: Frühjahr/Sommer wöchentlich mit Blumenvolldünger. Im Winter Düngepause.

Umtopfen: Februar bis März in normale Blumenerde. Topf nicht zu groß wählen.
Pflanzenschutz: Blattfall durch Standortwechsel und bei zu feuchtem oder zu trockenem Stand. Auf Spinnmilben und Läuse achten.
Vermehrung: nicht zu weiche Stecklinge aus Stammstücken, im Frühjahr schneiden und in Sand stecken.
Besonderheiten: *Ampelopsis* ist als Ampelpflanze geeignet, ansonsten Kletterhilfe anbieten.

Mein Rat: Schneiden Sie vor dem Austrieb im Januar/Februar alle Triebe um ein Drittel zurück, das ergibt kräftige, wüchsige Pflanzen.

Känguruhblume

Anigozanthos flavidus

Allgemeines: zwölf Arten bekannt, Heimat Westaustralien. *A. flavidus* wird am häufigsten kultiviert, ist robuster als die anderen Arten. Unterschiedliche Wuchsstärke, bis 2 m Stiellänge. Blütenfarbe variiert, gelbliche, rosa, grünliche Töne möglich. Blütezeit Frühjahr/Sommer. Weitere Art: *A. manglesii* – mittelhohe Art, Blüte grünlich, Blütenstiel rot, Blüte vom Winter bis in den Sommer, keine lange Lebensdauer.
Standort: sonnig im Sommer, draußen. Obwohl leichte Fröste vertragend, nicht winterhart. Im Winter sind 10 °C und ein heller Standort optimal.

Gießen: Wasserbedarf im Sommer hoch. Blätter nicht benetzen, für guten Wasserabzug sorgen. Knospenabwurf bei Ballentrockenheit.
Düngen: in der Wachstumszeit alle 14 Tage, schwach dosiert.
Umtopfen: im Sommer, Blumenerde mit Rindensubstrat strecken.
Pflanzenschutz: auf Blattfleckenkrankheiten und Schneckenfraß achten.
Vermehrung: Teilung der Rhizome beim Umtopfen oder durch Aussaat. Keimt ganzjährig bei Zimmertemperatur.
Besonderheiten: empfindliche, selten angebotene Kübelpflanze.

Ampelopsis brevipedunculata 'Variegata'

Anigozanthos flavidus, Känguruhblume

Flamingoblume

Anthurium x Scherzerianum

Anthurium-Andraeanum-Hybride, Große Flamingoblume

Allgemeines: auch Schwefelblume genannt; etwa 550 Arten bekannt, im tropischen Amerika beheimatet. Zwei Arten bedeutend: Große Flamingoblume, *A. x Andraeanum,* und Kleine Flamingoblume, *A. x Scherzerianum.* Erstere hat ca. 40 cm lange Blätter und 1 m lange Blütenstiele; die Spatha ist groß, mit geradem, hell gefärbtem Kolben. Letztere sehr ähnlich, nur zierlicher. Kolben spiralig verdreht, orangerot, Spatha rot, weiß, orange oder gefleckt.

Standort: hell bis halbschattig, nie vollsonnig. Im Sommer 20 °C, im Winter nicht unter 16 °C, hohe Luftfeuchte.

Gießen: im Sommer reichlich, im Winter vorsichtig.

Düngen: Frühsommer 14tägig mit Blumendünger.

Umtopfen: alle zwei Jahre im Frühjahr in grobe, durchlässige Erde, Torfmull oder Blumenerde mit Rindenmulch.

Pflanzenschutz: Blattflecken und Wurzelfäule oft durch Pflegefehler. Auf Spinnmilben, Thripse und Schildläuse achten.

Vermehrung: ältere Exemplare durch Teilung vermehren.

Besonderheiten: Pflanze liebt hohe Luftfeuchte, Blätter täglich ansprühen, Spatha muß aber trocken bleiben, sonst bilden sich häßliche Flecken.

Glanzkölbchen

Aphelandra squarrosa

Allgemeines: etwa 80 Arten bekannt, Heimat Südamerika. Kräftig wachsende Pflanze mit 20 cm langen, auffällig weiß gezeichneten Blättern. Trieb endet in dekorativer Blütenähre. Die gelbe Braktee (die echte Blüte liegt versteckt und ist unscheinbar) öffnet sich von unten nach oben und ist sehr haltbar. Normale Blütenzeit ist April bis Dezember, blühende Pflanzen sind jedoch ganzjährig erhältlich. Weitere Arten: *A. sinclairiana* mit verzweigtem Sproß, Blätter hellgrün und behaart, ziegelrote Deckblätter und rosa Blüten. *A. tetragona* mit leuchtendrotem Blütenstand.

Standort: heller Platz ohne volle Sonne, kalte Luft oder Zugluft vermeiden. Im Sommer 18 – 22 °C anstreben, im Winter nicht unter 18 °C. Hohe Luftfeuchte.

Gießen: im Sommer leicht feucht halten, Staunässe vermeiden, im Winter sparsam.

Düngen: Frühjahr/Sommer jede Woche, im Winter alle vier Wochen mit Blumendünger.

Umtopfen: alle ein bis zwei Jahre im Frühjahr in Blumenerde.

Pflanzenschutz: Blattfall ist Pflegefehler (zu kühl, zu naß); verschiedene Welkekrankheiten sowie Blatt- und Schildläuse möglich.

Vermehrung: schwierig, Kopfstecklinge Mai bis Juni bei 25 – 30 °C bewurzeln.

Besonderheiten: Pflanze blüht selten ein zweites Mal, ist aber auch ohne Blüte dekorativ.

Anthurium-Scherzerianum-Hybride, Kleine Flamingoblume

Aphelandra squarrosa 'Dania', Glanzkölbchen

Zimmertanne

Araucaria heterophylla

Allgemeines: auch Norfolktanne genannt; etwa zwölf Arten bekannt, Heimat Norfolk. Im vergangenen Jahrhundert zeitweise Zimmerpflanze Nr. 1. In der Heimat 65 m hoch, bei uns 1 – 6 m, langlebig. Kerzengerader Stamm, etagenartig angeordnet, dicht benadelte Äste. Weitere Arten: *A. araucana* – kegelförmiger Wuchs, spitze Nadeln, winterhart bis -5 °C (kurzzeitig bis -18 °C) im Weinbauklima im Freiland. *A. bidwillii* – häufig Ziergehölz im Mittelmeerraum, bis -5 °C bedingt winterhart, große 30 cm hohe und 23 cm breite Zapfen.

Standort: kühler, heller Platz ohne direkte Sonne, aber mit hoher Luftfeuchte, im Sommer auf dem Balkon oder im Garten. Im Winter hell und kühl bei 3 – 10 °C, nicht wärmer.

Gießen: im Sommer stets feucht halten, im Winter sparsamer, nie austrocknen lassen.

Düngen: Frühjahr/Sommer 14tägig mit Blumenvolldünger. Herbst/Winter alle acht Wochen.

Umtopfen: nur alle drei Jahre, alte Exemplare noch seltener, nicht tiefer als bis zum Wurzelansatz eintopfen. Gute Blumenerde!

Pflanzenschutz: gelegentlich Schmierläuse.

Vermehrung: dem Fachmann überlassen.

Spitzblume

Ardisia crenata

Allgemeines: über 230 Arten bekannt, oft kleine Bäume, Heimat Japan/Südasien. Bis 1 m hohes Bäumchen, immergrün mit gekerbtem, ledrigem Blatt. Die weißen oder rosafarbigen Blütenrispen erscheinen von Juni bis September. Später durch roten Beerenschmuck anhaltender Zierwert. Weitere Art: *A. malouiana* – kurzstämmiger Wuchs, lanzettliches, 7 – 8 cm breites Blatt.

Standort: hell, idealerweise nur mit Morgensonne. Im Sommer 18 – 20 °C, im Winter 16 – 18 °C. Luftfeuchte über 60 Prozent ist förderlich für den Beerenschmuck. Langlebige Pflanze für mäßig warme Zimmer.

Gießen: ganzjährig mäßig feucht halten.

Düngen: in der Wachstumszeit zweiwöchig, im Winter max. vierwöchig mit Blumendünger.

Umtopfen: alle ein bis zwei Jahre im Frühjahr in gute Blumenerde mit Tonanteil.

Pflanzenschutz: auf Thripse und Spinnmilben achten.

Vermehrung: Fruchtfleisch der Beeren entfernen, Samen waschen und im Frühjahr aussäen.

Besonderheiten: Fruchtansatz wird verbessert, wenn die Blüten mit einem Pinsel bestäubt werden.

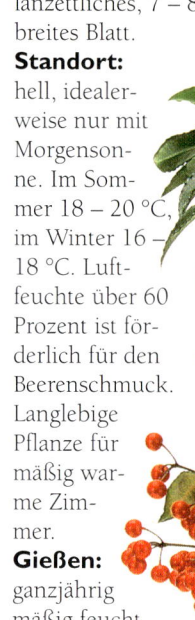

Araucaria heterophylla, Zimmertanne

Ardisia crenata, Spitzblume

Zierspargel

Asparagus densiflorus

Asparagus falcatus

Allgemeines: etwa 300 Arten bekannt. Heimat Südafrika. Anspruchslose Zimmerpflanze. *A. densifl.* 'Sprengeri': aufrechter Wuchs, später überhängend, dornige Blätter, blattähnliche Seitensprosse. *A densifl.* 'Meyeri': steife katzenschwanzähnliche Triebe. *A. falcatus:* stark wachsend, sichelartige Scheinblätter, bedornt. *A. setaceus:* im Alter kletternd, sehr fein benadelt.

Standort: hell, keine volle Sonne. Im Sommer um 20 °C, im Winter 16 – 18 °C.

Gießen: regelmäßig gießen, öfter besprühen, verträgt keine Ballentrockenheit.

Düngen: Frühjahr bis Herbst alle 14 Tage mit Blumenvolldünger, im Winter alle acht Wochen.

Umtopfen: jährlich im März in gute Blumenerde.

Pflanzenschutz: auf Thripse, Spinnmilben und Läuse achten, Blattfall durch Pflegefehler (zu sonnig, zuviel Dünger, zuviel Wasser).

Vermehrung: Wurzelteilung im März. Aussaat Januar bis Februar (frischer Samen), Saatschale bis zur Keimung verdunkeln, dann erst Licht geben, 20 °C Bodentemperatur.

Besonderheiten: *A. densiflorus* 'Sprengeri' auch für Ampeln geeignet.

Asparagus densiflorus 'Sprengeri', Zierspargel

Schusterpalme

Aspidistra elatior

Allgemeines: auch Metzgerpalme oder Sternschild genannt; etwa acht Arten von *Aspidistra* bekannt, Heimat Ostasien. Nur *A. elatior* in Kultur. Äußerst robuste Zimmerpflanze, früher oft zur Dekoration in Ladengeschäften, daher der Name. Sorte 'Variegata' weißgrün gestreift.

Standort: keine direkte Sonne, sonst jeder Platz geeignet. Verträgt ganzjährig jede Zimmertemperatur. Nur weißgrüne Form braucht hellen Platz bei 10 – 12 °C, sonst geht die Zeichnung verloren.

Gießen: im Sommer mäßig feucht halten, im Winter nur bei trockenem Substrat gießen.

Düngen: alle vier Wochen mit gutem Blumendünger.

Umtopfen: alle zwei bis drei Jahre im Frühjahr in gute Blumenerde.

Pflanzenschutz: auf Spinnmilben und Thripse achten.

Vermehrung: von März bis Mai Rhizom in Stücke mit je zwei Blättern teilen.

Besonderheiten: unscheinbare schmutzig violette Blüte liegt direkt auf dem Substrat auf, Blütezeit Februar bis April.

Mein Rat
A. elatior kommt mit 400 Lux Helligkeit aus, (sonnige Tage im Freien 76 000 Lux). Dies zeigt, wie robust diese Pflanze ist. Zudem ist sie unempfindlich gegen Staub, Temperaturschwankungen, Zugluft und geringe Luftfeuchte. Eine Pflanze für extreme Plätze.

Aspidistra elatior, Schusterpalme

Begonie, Schiefblatt

Begonia

Allgemeines: bedeutende Zierpflanzengattung, die wegen ihres Formen- und Farbenreichtums aus Haus und Garten nicht wegzudenken ist. Die verbreiteten Knollenbegonien (*B. tuberosa*) und häufigen Eis- oder Beetbegonien (*B.-Semperflorens*-Hybriden) spielen im Freiland eine bedeutende Rolle, finden im Zimmer aber keine Verwendung. Die als Zimmerpflanzen genutzten Begonien werden in zwei Hauptgruppen unterteilt: die Blütenbegonien und die Blattbegonien. So umfangreich ihr jeweiliges Erscheinungsbild ist, so nuancenreich ist auch die jeweils richtige Pflege, weswegen hier die Pflanzenhinweise bei der jeweiligen Art zu finden sind.

Blütenbegonien

Sie sind ausgesprochene Saisonpflanzen, die für die Dauer ihrer üppigen Blüte gerne gehalten, danach aber nicht weitergepflegt werden. Sie haben ihre eigentliche Hauptblütezeit während des Winters. Ihrer Beliebtheit wegen werden sie inzwischen aber ganzjährig als Blütenpflanze angeboten, was der Gärtner durch Steuerung der Belichtung erreicht. Dieser Umstand der Umgewöhnung der Pflanze bewirkt, daß der Hobbygärtner die Pflanzen wieder an den tatsächlichen Jahresverlauf zurückgewöhnen müßte. Damit wäre der Ausfall einer Blühsaison verbunden – weswegen die Weiterpflege nicht lohnt.

*Begonia-Elatior-*Hybriden

Sie sind die verbreitetsten Blütenbegonien für das Zimmer. Es gibt sie groß- und reichblütig, in den Farbtönen rosa, rot, gelb, weiß und oftmals pastellfarben. Ihre Blüten sind, je nach Sorte, gefüllt oder auch ungefüllt. Zudem können die Blattränder glattrandig oder gefranst sein, wobei letztere Variante zusätzlichen Zierwert hat.

Standort: sie stehen gerne heller, nicht in der prallen Sonne. Im Winter aufgestellte Pflanzen werden zwischen 10 °C und 15 °C gehalten, die in der wärmeren Jahreszeit von April bis September genutzten bei ca. 18 °C.

Gießen: mäßig gießen.

Düngen: wöchentlich mit Blütenpflanzendünger.

Umtopfen: entfällt; wer die Pflanze nach der Blüte weiterpflegen will, topft in frische Blumenerde um und schneidet die Pflanze um zwei Drittel zurück.

Pflanzenschutz: auf Befall mit Mehltau, Botrytis, Blattläusen und Thripsen achten.

Vermehrung: eher Gärtnersache. Nach Rückschnitt gewachsene Triebe können in feuchtem Torf-Sand-Gemisch (1:1) bei 20 – 25 °C bewurzelt werden.

Besonderheiten: am besten als Saisonpflanze nutzen.

*Begonia-Lorraine-*Hybriden

Sie sind kleinblütiger als die Elatior-Hybriden, blühen aber überreich in Rosatönen, Rot oder Weiß.

Standort: verlangen etwas wärmeren Standort bei gleichmäßigen 18 – 20 °C, zudem hohe Luftfeuchtigkeit. Eine Zimmerpflanzenvitrine o.ä. ist besonders günstig.

Gießen: feucht halten, aber nicht naß.

Düngen: wöchentlich einmal mit Blütenpflanzendünger.

Umtopfen: entfällt, siehe *B.-Elatior-*Hybriden.

Pflanzenschutz: siehe *B.-Elatior-*Hybriden

Vermehrung: siehe *B.-Elatior-*Hybriden.

Besonderheiten: siehe *B.-*

*Begonia-Elatior-*Hybride in Gelb

Prächtige rote Blütenbegonie (*Begonia-Elatior-*Hybride)

Elatior-Hybriden. Diese Pflanze nicht einsprühen. Neigt zu Blütenabwurf bei starken Temperaturschwankungen und Zugluft.

Blattbegonien

Diese Begonien zieren in erster Linie durch ihr Blattwerk. Die Blüten sind, soweit sie überhaupt entwickelt werden, von untergeordneter Bedeutung. Der interessante Formenreichtum verleitet Pflanzenfreunde schnell zum Sammeln. Von den zahlreichen Arten und Sorten sind am ehesten verbreitet:

Begonia boweri (Tigerbegonie)

Hübsch, geflecktblättrige, nicht ganz so groß werdende Blattbegonie.

Standort: nicht zu hell, halbschattig bis schattig. Verlangt hohe Luftfeuchtigkeit und wärmere Temperaturen bei 20 °C.

Gießen: feucht halten, nicht naß, nicht austrocknen lassen.

Düngen: reicht 14tägig mit der Hälfte der vom Hersteller des Blattpflanzendüngers angegebenen Konzentration in der Zeit von März bis Oktober. Dazwischen nur alle acht Wochen leicht düngen.

Umtopfen: nur alle zwei Jahre nötig, dann in frische Blumenerde.

Pflanzenschutz: auf Blattläuse, Thripse, Mehltau und Botrytis achten. Vor allem Gießfehler vermeiden.

Vermehrung: gelingt leicht durch Blatt- oder Triebstecklinge, die zu mehreren in feuchtes Torf-Sand-Gemisch (1:1) gesteckt und bei Temperaturen von 20 – 25 °C bewurzelt werden.

Besonderheiten: nicht einsprühen, nicht auf die Blätter gießen.

Begonia-Corallina-Hybriden (Blattbegonie)

Strauchförmig wachsende Hybriden, können sehr alt werden. Blühen zum Teil auch recht hübsch.

Standort: hell bis halbschattig, keine pralle Sonne. Von März bis September bei 20 °C, von Oktober bis Februar etwas kühler, mindestens aber 15 °C warm halten. Verträgt sommertags das geschützte Freiland.

Gießen: mit raumtemperiertem Wasser gießen, der Größe angepaßte Wassermengen geben, nicht zu feucht halten, Ende September bis Anfang November etwas trockener.

Düngen: wöchentlich in der Zeit von März bis September mit Blütenpflanzendünger versorgen, von Oktober bis Februar nur alle sechs Wochen mit Blattpflanzendünger.

Umtopfen: reicht meist alle zwei Jahre, dann in frische Blumenerde.

Pflanzenschutz: auf Blattläuse achten, Gießschäden vermeiden.

Vermehrung: Blatt- und Triebstecklinge wurzeln relativ leicht in feuchtem Torf-Sand-Gemisch (1:1) bei 20 – 25 °C.

Besonderheiten: groß gewordene Pflanzen vertragen auch kräftigen Rückschnitt, am besten beim Umtopfen.

Begonia-Rex-Hybriden (Königsbegonie)

Unter den Blattbegonien ebenso variantenreich wie königlich bunt ausgefärbt.

Standort: hell, keine pralle Sonne, luftfeucht und ohne Zugluft bei gleichmäßig gehaltenen 15 – 25 °C.

Gießen: feucht halten, nicht staunaß, raumtemperiertes Wasser verwenden. Von Oktober bis Februar etwas trockener halten.

Düngen: von März bis Oktober wöchentlich mit Blattpflanzendünger versorgen. Von November bis Februar nur alle sechs Wochen düngen.

Umtopfen: reicht in der Regel alle zwei Jahre, dann in frische Blumenerde.

Pflanzenschutz: auf Thrips- und Blattlausbefall achten, Gießschäden und Blattbefeuchtung vermeiden.

Vermehrung: Blatt- oder Triebstecklinge in feuchtes Torf-Sand-Gemisch (1:1) stecken und bei 20 – 25 °C bewurzeln.

Besonderheiten: verträgt kräftigen Rückschnitt, wird durch Stutzen buschiger; Blätter beim Gießen nicht anfeuchten.

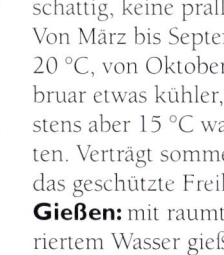

Begonia boweri, Tigerbegonie

Begonia-Rex-Hybride, Königsbegonie

Begonia-Lorraine-Hybride

Bougainvillee

Bougainvillea glabra

Allgemeines: auch Wunderblume genannt; vor allem als größeres Exemplar eher Kübel- als Zimmerpflanze. Geschätzt wegen der auffälligen Hochblätter in – je nach Sorte – allen Rottönen.

Standort: verlangt sonnigen, sehr hellen Platz; ist der Standort luftig, nicht zugig, verträgt sie auch pralle Sonne.

Gießen: im Sommerhalbjahr reichlich gießen, im Winterhalbjahr mäßig, nie ganz trocken werden lassen. Besonders im Dezember und Januar fast nicht gießen. Überwintern bei 12 – 14 °C.

Düngen: von März bis Oktober wöchentlich mit Blütenpflanzendünger.

Umtopfen: nur alle zwei Jahre erforderlich. Dann in besonders lehmhaltige Blumenerde pflanzen, nötigenfalls Lehm beimengen. In möglichst hohe Gefäße topfen.

Pflanzenschutz: auf Blattläuse, Woll- und Schildläuse achten.

Vermehrung: durch Stecklinge im Sommer, Bewurzelungsmittel verwenden, dann in feuchtem Torf-Sand-Gemisch an hellem Platz bei 25 °C unter Folie bewurzeln.

Besonderheiten: je nach Bedarf große Pflanzen vor dem Überwintern, kleinere vor dem Austrieb um ein Drittel bis um die Hälfte zurückschneiden. Wirft Blätter im Herbst ab. Verträgt auch kräftigeren Rückschnitt.

Mein Rat: Ist im Wintergarten auch als kräftig wachsende Kletterpflanze zu gebrauchen.

Bougainvillea,
Bougainvillee

Glücksbaum

Brachychiton

Allgemeines: auch Flaschenbaum genannt. Besonders interessant wegen der verschlungenen Verwachsungen des verdickten Wurzelhalses.

Standort: von März bis September sonnig bis halbschattig bei Temperaturen von 15 – 25 °C eher warm stellen. Die übrige Zeit hell bis halbschattig, dann jedoch deutlich kühler bei 12 – 15 °C.

Gießen: mäßig, nicht zu feucht halten, Staunässe vermeiden. Während der Winterruhe von November bis Februar noch trockener halten.

Düngen: von März bis Oktober in 14tägigem Abstand mit Blattpflanzendünger versorgen.

Umtopfen: nur selten erforderlich. Erst sobald der Topf kräftig durchwurzelt ist, im darauffolgenden Frühjahr in sandige, lockere Blumenerde setzen.

Pflanzenschutz: in lufttrockenen Räumen auf Spinnmilbenbefall achten.

Vermehrung: durch Kopfstecklinge im Frühjahr, Bewurzelungsmittel verwenden. In feuchtem, warmem Torf-Sand-Gemisch (1:1) an hellem Standort unter Folie bei 25 °C bewurzeln.

Besonderheiten: vertrocknet wegen besonderer Speicherorgane nicht leicht.

Mein Rat: Achtung – wegen des gleichen deutschen Namens „Flaschenbaum" nicht mit *Nolina recurvata* (Seite 162) verwechseln!

Brachychiton,
Glücksbaum

Browallie

Browallia speciosa

Weißblühende Browallie

Allgemeines: auch Blauglöckchen genannt; einjährige, blaublühende Topfpflanze, auch als Beetpflanze und für Schalenbepflanzung geeignet.

Standort: hell und mäßig warm stellen bei Temperaturen zwischen 15 und 20 °C.

Gießen: gleichmäßig feucht halten, daher regelmäßig gießen.

Düngen: von März bis Oktober regelmäßig 14tägig mit Blütenpflanzendünger versorgen.

Pflanzenschutz: auf Befall mit Blattläusen achten.

Umtopfen: ist nicht erforderlich.

Vermehrung: erfolgt durch Aussaat, Keimdauer 14 Tage bei 18 – 20 °C Keimtemperatur. Drei Sämlinge jeweils in einen Topf setzen, um buschige Pflanzen zu erhalten. Vermehrung durch Kopfstecklinge in feuchtem Torf-Sand-Gemisch (1:1) unter Folie an hellem Standort bei 20 – 25 °C möglich.

Besonderheiten: Pflanze wird nur einjährig gezogen.

 **Mein Rat:** Die Browallie kann auch als Ampelpflanze verwendet werden.

Brunfelsie

Brunfelsia pauciflora var. *calycina*

Allgemeines: aparte, blaublühende Schönheit mit feinem Duft. Verlangt etwas „Grünen Daumen" und regelmäßige Pflege.

Standort: März bis September hell, jedoch nicht in der prallen Sonne, nicht zu warm bei Temperaturen von 15 – 18 °C halten. Die übrige Zeit ebenfalls hell, aber kühler, bei max. 15 °C.

Gießen: nicht zu trocken und gleichmäßig feucht halten, daher regelmäßig gießen, im Winterhalbjahr etwas sparsamer. Regelmäßig mit Wasser einsprühen.

Düngen: wöchentlich mit Blütenpflanzendünger versorgen.

Umtopfen: jährlich nach der Blüte in nicht zu großen Blumentopf in sandige Blumenerde setzen.

Pflanzenschutz: auf Befall mit Blattläusen und Spinnmilben achten.

Vermehrung: eher Gärtnersache, Stecklinge wachsen schlecht an. Wer es probieren will: Stecklinge in feuchtwarmes Torf-Sand-Gemisch (1:1) an hellem Standort bei 22 – 25 °C unter Folie bewurzeln, Bewurzelungsmittel verwenden.

Besonderheiten: Ruhezeit von Oktober bis Dezember unbedingt einhalten: sechs bis acht Wochen bei 12 °C kühl, aber hell stellen und relativ trocken halten; Laubabwurf bei großer Wechselwärme und zu trockener Luft. Nach der Blüte um ein Drittel zurückschneiden und bis zum erneuten Austrieb bei ca. 20 °C wärmer stellen.

 **Mein Rat:** Wirft bei zu hoher Raumtemperatur leicht die Blüten ab.

Browallia speciosa, Browallie

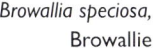

Brunfelsia pauciflora var. *calycina*, Brunfelsie

Buntwurz
Caladium

Der Buntwurz besticht durch seine dekorativen Blätter.

Allgemeines: edle Blattschmuckpflanze mit großen bunten Blättern.

Standort: muß sehr hell stehen, jedoch nicht in der prallen Sonne, bei Temperaturen von 20 – 25 °C stets feuchtwarm halten, besonders zugluftempfindlich!

Gießen: nur mit zimmertemperiertem Wasser gießen und täglich mit Wasser besprühen. Ab September langsam abtrocknen lassen.

Düngung: nach dem Austrieb bis August wöchentlich mit Blattpflanzendünger versorgen.

Umtopfen: im Februar die trockene Knolle putzen, sie von trockenen Pflanzenresten reinigen, nicht zu tief in frische, humos-sandige Blumenerde topfen, warmfeucht wieder antreiben.

Pflanzenschutz: selten Blattlausbefall.

Vermehrung: an der Knolle treten kleine Brutknollen auf, die beim Umtopfen gewonnen werden können, auch Zukauf ist möglich. Diese Brutknollen werden wie umgetopfte Knollen weitergepflegt.

Besonderheiten: den hohen Anspruch an die Luftfeuchtigkeit beachten! Die ab September/Oktober abgetrockneten Pflanzen in der trockenen Erde ihres Blumentopfes warm, bei etwa 20 °C, überwintern und im Februar umtopfen.

Korbmarante
Calathea

Allgemeines: schmucke Blattpflanze.

Standort: am besten in einem der Sonne abgewandten Blumenfenster. Ganzjährig feuchtwarm halten, hohe Luftfeuchtigkeit, Temperaturen bei 25 °C, die über Nacht auf leicht unter 20 °C abgesenkt werden. Sowohl nachts als auch im Winter nicht unter 16 – 18 °C halten. Nie pralle Sonne geben, halbschattig stellen.

Gießen: feucht halten, nicht staunaß, häufig einsprühen. Im Winter leicht weniger gießen, je nach Standort. C. crocata während der Blüte nicht besprühen. Kalkarmes, zimmerwarmes Gießwasser verwenden.

Düngen: mäßig düngen, 14tägig mit der Hälfte der vom Hersteller eines Blattpflanzendüngers angegebenen Konzentration versorgen. C. crocata von Anfang Juli bis Ende September mit gleicher Konzentration, auch 14tägig, aber mit Blütenpflanzendünger düngen.

Umtopfen: im Frühjahr in möglichst grobfaserige Erde setzen, dies kann Azaleenerde sein oder auch Blumenerde, gestreckt mit Torf. Beigabe von 15 Prozent Blähtonkugeln verbessert die Bodenstruktur.

Pflanzenschutz: Schäden durch Gießfehler und bei zu lufttrockenem Stand.

Vermehrung: durch Teilung buschigerer Pflanzen beim Umtopfen.

Besonderheiten: für langfristiges Gedeihen ist die richtige Standortwahl und einfühlsame Pflege grundlegend.

Caladium-Bicolor-Hybride, Buntwurz

Calathea, Korbmarante

Mein Rat: C. crocata bildet nur Blüten, wenn sie durch kürzere, dunklere Tage im Herbst darauf vorbereitet wird. Daher ab Oktober bis Dezember etwas dunkler stellen, kein Licht über die dann natürliche Tageslänge hinaus geben (auch kein Zimmerlampenlicht).

Pantoffelblume

Calceolaria x *herbeohybrida*

Allgemeines: überreich in Gelb- und Rottönen blühende Zimmerpflanze, die auch für Beet- und Schalenbepflanzung sowie für Arrangements geeignet ist. Nur kurzlebig.

Standort: verlangt einen hellen, mindestens halbschattigen Platz. Luftig, aber nicht zugig stellen. Eher kühl bei Temperaturen von 15 – 18 °C halten.

Gießen: gleichmäßig feucht halten, daher regelmäßig gießen, keine Staunässe.

Düngen: ist nicht nötig.

Umtopfen: ist für diese Einjahresblume nicht erforderlich.

Pflanzenschutz: gelegentlich können Blattläuse auftreten.

Vermehrung: Aussaat im Juli bei 18 °C. Die Keimzeit dauert drei Wochen. Bei 18 °C weiterpflegen. Von Dezember bis Januar unbedingt Kühlphase bei etwa 8 °C einhalten. Auch Stecklinge von abgeblühten Pflanzen wachsen in Torf-Sand-Gemisch (1:1) an hellem Platz bei Temperaturen von 20 – 22 °C unter Folie.

Besonderheiten: Pflanze ist nur kurzlebig und stirbt bald nach der Blüte ab.

Mein Rat: Die Pantoffelblume wirkt noch üppiger, wenn stets mehrere Pflanzen zusammen verwendet werden.

Kallisia

Callisia elegans

Allgemeines: kräftig wachsende Blattpflanze; der Zierwert der kleinen weißen Blüten ist unbedeutend. Kriechender bzw. überhängender Wuchs. Seltener wird auch *Callisia fragrans* angeboten, die aufrecht wächst und duftende Blüten besitzt.

Standort: halbschattigen bis hellen Platz geben, nicht in die pralle Sonne stellen. Verträgt trockene Zimmerluft. Sommertemperaturen zwischen 18 und 22 °C, im Winterhalbjahr nicht unter 15 °C.

Gießen: gleichmäßig feucht halten.

Düngen: in der Wachstumszeit von März bis Oktober wöchentlich einmal mit Blattpflanzendünger versorgen.

Umtopfen: jährlich im Februar in frische Blumenerde setzen, große Pflanzen nur alle zwei Jahre.

Pflanzenschutz: Befall mit Blattläusen, Weichhautmilben und Thripsen möglich.

Vermehrung: gelingt leicht durch Stecklinge im Frühjahr. In feuchtem Torf-Sand-Gemisch (1:1) an hellem Platz bei 25 – 28 °C unter Folie bewurzeln.

Besonderheiten: kann gelegentlich in Form gestutzt werden und verträgt auch radikalen Rückschnitt. Sowohl als Ampelpflanze als auch zur Unterpflanzung größerer Pflanzen in Wintergarten oder Zimmerbeet geeignet.

Calceolaria-Hybride, Pantoffelblume

Callisia elegans, Kallisia

Sommeraster

Callistephus chinensis

Allgemeines: einjährige Blütenpflanze in den Blütenfarben – je nach Sorte und Spielart – weiß, rot, lila, blau. Verschiedene Wuchshöhen erhältlich. Oft auch zur Schalenbepflanzung und als Sommerblume im Freiland verwendet.

Standort: steht gern hell, auch sonnig, bevorzugt aber Temperaturen von 15 – 18 °C.

Gießen: vorsichtig gießen: nicht zu trocken halten, zuviel Nässe bewirkt aber Fäulnis.

Düngen: regelmäßig wöchentlich mit Blütenpflanzendünger versorgen.

Umtopfen: ist nicht nötig.

Pflanzenschutz: Befall mit Blattläusen ist möglich, auch Mehltau tritt auf.

Vermehrung: durch Aussaat im März/April in Saatkisten, die Samen keimen bei etwa 18 °C nach etwa zehn Tagen. Sämlinge pikieren, später topfen und bis zur Blüte weiterpflegen. Bei etwa 15 °C nicht zu warm heranziehen.

Besonderheiten: die Pflanze stirbt spätestens zum Winter hin ab. Die Aussaat gelingt jedoch relativ leicht. Wem diese Pflanze gut gefällt: Es gibt sie auch hochwachsend als Schnittblume.

Callistephus chinensis, Sommeraster

Kamelie

Camellia japonica

Allgemeines: Teeverwandte mit schöner Blütenpracht im zeitigen Frühjahr.

Standort: hell bis halbschattig, eher kühl. Zur Blüte etwa 15 °C, im Winter kühler: nicht über 10 °C.

Gießen: gleichmäßig feucht halten. Ab Knospenbildung etwas trockener, ebenso während der Winterruhe. Lauwarmes, entkalktes bzw. Regenwasser nehmen, öfters besprühen.

Düngen: Dezember bis Mai 14tägig mit Azaleendünger mit nur 50 Prozent der angegebenen Menge. Von Mai bis August wöchentlich mit angegebener Düngermenge.

Umtopfen: in sandige Azaleenerde topfen, ist nur alle paar Jahre erforderlich.

Pflanzenschutz: Schildläuse, Blattläuse, Thripse

Vermehrung: Stecklinge im späten Sommer, in feuchter Azaleenerde unter Folie bei 20 – 25 °C, Bewurzelungsmittel verwenden. Wurzelt spät, nach ca. acht Wochen. Pflanzen später wiederholt stutzen.

Besonderheiten: keine überheizten Räume, keine direkte Mittagssonne, kein Umstellen während der Knospenbildung; sechs Wochen Ruhephase im August/September, d.h., sehr hell halten, weniger gießen.

Camellia japonica, Kamelie

Hängeglockenblume

Campanula isophylla

Campanula isophylla, Hängeglockenblume

Allgemeines: üppig blühende sommerliche Glok-
kenblume für Blumentopf
und Ampel; Blütenfarben
Weiß oder Blau.
Standort: hell, sonnig bis
halbschattig, verlangt luftigen, eher kühlen Standort,
im Winter nicht über 10 °C.
Gießen: mäßig feucht halten, verträgt auch kalkhaltiges Wasser, im Winter we-
niger gießen.

Düngen: von Mai bis August alle 14 Tage.
Umtopfen: im Februar in
frische Blumenerde setzen,
dann gegebenenfalls auch
zurückschneiden.
Pflanzenschutz: Befall mit
Blattläusen, besonders bei
den blaublühenden Pflan-
zen auch mit Thripsen
möglich. Pilzbefall bei zu
feucht gehaltenen Pflanzen.
Vermehrung: verschiedene Verfahren möglich:
1. Größere Pflanzen können
geteilt werden.
2. Aussaat im Spätwinter in
Blumenerde-Sand-Gemisch.
3. Stecklinge im Frühjahr
in feuchtem Torf-Sand-Ge-
misch (1:1), an hellem Platz
bei 10 – 15 °C unter Folie
bewurzeln, später zu dritt
in Blumentöpfe setzen,
nicht zu warm weiter-
pflegen, dabei öfters stutzen.
Besonderheiten: verträgt
auch kräftigen Rückschnitt.

Zierpfeffer

Capsicum annuum

Allgemeines: auch spani-
scher Pfeffer genannt; Zierpflanze, die nicht, wie die
meisten anderen Zimmer-
pflanzen, der hübschen Blüten oder Blätter wegen gehalten wird, sondern der
attraktiven Pfefferschoten
wegen.
Standort: verlangt hellen,
auch sonnigen Standort, der
bevorzugt luftig, nicht zugig
und bei 15 – 20 °C nicht
allzu warm sein soll.
Gießen: regelmäßig gießen, mäßig feucht halten,
nicht zu naß.
Düngen: 14tägig mit Blütenpflanzendünger versor-
gen. Bei Weiterkultur bis in
das nächste Jahr im Winter
nur alle acht Wochen etwas
düngen.
Umtopfen: nur, wenn

man die Pflanze nach dem
Fruchten pflegen will, umtopfen, dann im Februar in
lehmige Blumenerde.
Pflanzenschutz: Blattlausbefall kann auftreten, an zu
trockenen Standorten auch
Spinnmilbenbefall. Wird
die Pflanze zu feucht gehalten, kann Grauschimmel
vorkommen.
Vermehrung: Aussaat im
März bei 21 °C, keimt nach
etwa 10 bis 14 Tagen. Nach
dem Pikieren in Blumener-
de bei etwas kühleren 15 –
18 °C weiterpflegen.
Besonderheiten: nach der
Überreife der Früchte reizt
die Weiterkultur nur noch
denjenigen, der eine Neu-
blüte versuchen will. Lohnt
kaum.

Mein Rat:
Zierpfeffer
gibt's mit
Früchten in vielen
Modefarben!

Campanula isophylla
'Alba'

*Capsicum
annuum,*
Zierpfeffer

Segge

Carex brunnea

Carex brunnea mit gestreiften Blättern

Allgemeines: ein elegantes Gras für den Blumentopf. Die Sorte 'Variegatum' hat lebhaft wirkende, grüngelbe Blätter.

Standort: verlangt einen halbschattigen und luftigen, allerdings nicht zugluftigen Standort mit Temperaturen von 15 – 25 °C (März bis September). Die übrige Zeit deutlich kühler bei maximal 10 °C, aber auch halbschattig stellen.

Gießen: gleichmäßig feucht halten, aber nicht naß. Im Winterhalbjahr weniger gießen, Wurzelballen allerdings nie ganz austrocknen lassen.

Düngen: von März bis Oktober im Abstand von 14 Tagen mit Blattpflanzendünger versorgen.

Umtopfen: alle zwei Jahre in frische Blumenerde setzen. Wichtig: nicht zu tief eintopfen, sondern so tief, wie die Pflanze im alten Topf gestanden hat.

Pflanzenschutz: an lufttrockenen Standorten besteht die Gefahr von Spinnmilbenbefall. Wird die Pflanze zu naß gehalten, tritt Fäulnis auf.

Vermehrung: erfolgt am einfachsten durch Teilung beim Umtopfen.

Immergrünchen

Catharanthus roseus

Allgemeines: Topf- und zugleich Beetpflanze mit zierenden Blüten in Weiß-, Rosa- und Violettönen. Verwandte des einheimischen Immergrüns (*Vinca*) unserer Gärten.

Standort: bevorzugt sonnig hellen bis halbschattigen Standort bei Temperaturen von nicht allzu warmen 15 – 20 °C. Nach den letzten Maifrösten auch im Freiland.

Gießen: regelmäßig gießen und gleichmäßig feucht halten, jedoch nicht staunaß.

Düngen: wöchentlich mit Blütenpflanzendünger versorgen; soll die Pflanze überwintert werden, Düngung von Oktober bis Februar aussetzen.

Umtopfen: nur bei Weiterkultur nötig, dann im Februar in Blütenpflanzenerde, etwa Geranienerde, setzen und danach stutzen.

Pflanzenschutz: praktisch kein Schädlingsbefall, gilt als robust.

Vermehrung: durch Aussaat im Februar bei 21 °C, keimt nach ca. 14 Tagen; Saat verdunkeln, also mit Sand leicht abdecken. Nach dem Keimen hell und luftig, nicht zugluftig, bei ca. 15 °C kühler weiterpflegen. Durch Stecklinge im Frühjahr zu vermehren. Ausgereifte Triebe in Torf-Sand-Gemisch (1:1) stecken, feucht und 21 °C warm unter Folie halten, nach dem Anwachsen und Topfen wie oben kühler weiterpflegen.

Besonderheiten: die Pflanzen sind giftig. Weiterkultur nach dem Abblühen lohnt sich nicht.

Carex brunnea, Segge

Catharanthus roseus, Catharante

Hahnenkamm

Celosia argentea

Allgemeines: in Gelb-, Orange- und Rottönen blühende Sommerblume für Fensterbank, Schale und Freiland, vielseitig verwendbar. Unterscheidung in zwei Sortengruppen: die *Plumosa*-Gruppe mit federbuschartigen und die *Cristata*-Gruppe mit hahnenkammartigen Blütenständen.

Standort: steht gerne hell, auch in der vollen Sonne, bei Temperaturen von 18 – 22 °C.

Gießen: regelmäßig gießen und feucht halten, aber Staunässe vermeiden.

Düngen: wöchentlich mit Blütenpflanzendünger versorgen.

Umtopfen: ist nicht nötig, weil die Pflanze nur bis zum Ende ihrer Blüte gepflegt wird.

Pflanzenschutz: auf Blattlausbefall achten, an lufttrockenen Standorten auch auf Spinnmilben.

Vermehrung: die Aussaat erfolgt im März bei 20 °C, nach dem Keimen in Töpfe pikieren und bis zur Blüte etwas kühler bei etwa 18 °C weiterpflegen, was ca. ein Vierteljahr dauert.

Besonderheiten: einjährige Pflanze, die nach der Blüte abstirbt. Blüht sichtlich länger, wenn sie hell und absonnig gehalten wird, z. B. am hellen Nordfenster.

Celosia argentea
der Plumosa-Gruppe,
Hahnenkamm

Leuchterblume

Ceropegia woodii

Allgemeines: interessante Blattpflanze mit lang herabhängendem Wuchs und lebhaft wirkenden Blättern. Die Blüten sind zwar ansehnlich, aber optisch nur von geringer Bedeutung.

Standort: verträgt vollsonnigen bis halbschattigen Platz bei Temperaturen ab 15 °C; von Oktober bis Februar kühler stellen, nicht unter 10 – 12 °C.

Gießen: mit Fingerspitzengefühl gießen! Im Wechsel mäßig feucht gießen und anschließend wieder leicht trockener werden lassen. Im Winterhalbjahr noch weniger gießen.

Düngen: von März bis September mäßig düngen, lediglich einmal im Monat mit Blattpflanzendünger.

Umtopfen: nur alle paar Jahre erforderlich, dann im Februar in sandige Blumenerde setzen. Die Beigabe von Blähtonkügelchen verbessert die Substratstruktur.

Pflanzenschutz: Blattlausbefall kann auftreten, seltener Wolläuse.

Vermehrung: gelingt leicht durch die sich bildenden Knöllchen, die einfach, am besten zu mehreren in einem Topf, in die sandige Blumenerde gedrückt werden.

Besonderheiten: gedeiht

Ceropegia woodii,
Leuchterblume

auch noch, wenn sie etwas abgerückt vom Fenster aufgestellt wird. Wirkt als Ampelpflanze oder am Kletterspalier, sogar als kleiner Raumteiler, außerdem dekorativ auf der Blumensäule.

Grünlilie

Chlorophytum comosum

Allgemeines: besonders robuste Grünpflanze, auch als weißgrün beblätterte 'Variegata'-Form verbreitet.
Standort: bevorzugt hellen, auch sonnigen Standort, verträgt jedoch auch absonnige Plätze, vor allem die Grünblättrige noch schattigere. Temperatur 10 – 25 °C.
Gießen: je nach Helligkeit des Standortes mäßig feucht bis feucht halten, jedoch keine Staunässe. Nie völlig austrocknen lassen. Kalkarmes Wasser zimmerwarm verwenden.
Düngen: von März bis Oktober wöchentlich mit Blattpflanzendünger versorgen.
Umtopfen: am besten jährlich im Februar in frische, lehmhaltige Blumenerde setzen.

Pflanzenschutz: auf Blattlausbefall achten. Braune Blattspitzen treten bei zu trockener Raumluft und bei Staunässe auf.
Vermehrung: Teilung der Pflanze beim Umtopfen ist die einfachste Methode. Die an langen, ausladenden Stielen sich bildenden Ableger können abgetrennt und im Wasserglas bewurzelt werden. Üblich ist es auch, die Ableger vor Ort einzutopfen und erst nach dem Bewurzeln von der Mutterpflanze abzutrennen.
Besonderheiten: die Schönheit der Sorte 'Variegata' ist an hellen Plätzen besser ausgeprägt.

Chlorophytum comosum, Grünlilie

Klimme

Cissus

Allgemeines: Blattpflanze mit hohem Zierwert. Zwei Pflegegruppen werden unterschieden: a) für relativ kühleren Stand *C. antarctica* und *C. rhombifolia* mit Sorten; b) nur für sehr warmfeuchte, luftfeuchte Standorte *C. discolor, C. striata, C. gongylodes, C. njegerre,* welche alle sehr selten erhältlich sind.
Standort: a) hell bis sehr absonnig, aber nicht tief schattig, Temperaturen von 10 – 20 °C. b) ausschließlich sehr gleichmäßig feuchtwarme Plätze, wie etwa Vitrinen. Temperaturen 18 – 25 °C und hohe Luftfeuchtigkeit.
Gießen: a) je nach Standorthelligkeit und Temperatur gießen, gleichmäßig (!) feucht, nicht naß halten.
b) mit zimmerwarmem Wasser gießen, gleichmäßig feucht, nicht zu naß halten, häufiger besprühen.
Düngen: von März bis Oktober wöchentlich mit Blattpflanzendünger.
Umtopfen: jährlich im Februar in frische Blumenerde.
Pflanzenschutz: Schildlaus- und Wollausbefall möglich.
Vermehrung: leicht durch Stecklinge im Wasserglas oder in feuchtem Torf-Sand-Gemisch (1:1) unter Folie bei 22 – 25 °C.
Besonderheiten: verträgt auch starken Rückschnitt.

Cissus rhombifolia, Königswein

Cissus rhombifolia 'Ellen Danica' in Ampel

Mein Rat: Für Ampeln und Blumensäulen geeignet, ebenso als aufrechte Säule am Rankstab sowie zum Bewachsen von Raumteilerspalieren.

Orangenbäumchen + Co.

Citrus

Allgemeines: dazu gehören z.B. Apfelsine, Kumquat, Mandarine, Zitrone. Zimmer- oder Kübelpflanzen, die zugleich mit Blättern, Blüten und Früchten zieren. Verlangen etwas „Grünen Daumen".

Standort: hell und sonnig bei 18 – 25 °C im Sommer, dabei luftig, nicht zugig stellen. Ab Mitte Mai auch im Freiland als Kübelpflanze geeignet. Von Oktober bis März sehr hell und bei 10 – 15 °C kühler überwintern, dann auch Lufttrockenheit vermeiden.

Gießen: im Sommerhalbjahr regelmäßig und reichlich mit warmem, abgestandenem Wasser, im Winterquartier deutlich weniger bis knapp gießen.

Düngen: von März bis Oktober wöchentlich mit Blütenpflanzendünger versorgen.

Umtopfen: alle zwei Jahre in sehr lehmhaltige Erde setzen, die durchlässig sein soll.

Pflanzenschutz: auf Wolllaus- und Schildlausbefall achten, ebenso auf Eisenmangel. Blattfall tritt bei Staunässe und großer Wärme im Winter auf.

Vermehrung: eher Gärtnersache, weil sehr schwierig; die Sorten werden veredelt. Ansonsten Stecklinge in feuchtem, sehr warmem Torf-Sand-Gemisch (1:2) und unter Folie bei (25 – 30 °C) an hellem Ort; Bewurzelungsmittel verwenden.

Besonderheiten: stark duftende Blüten, zugleich mit den Früchten. Verträgt kräftigen Rückschnitt.

Mein Rat: Aus *Citrus*-Samen selbst gezogene Pflanzen werden wegen der üppigen Größe besser als Kübelpflanze genutzt. Im Zimmer die kleinbleibende *Citrus sinensis* (Zwergapfelsine) halten.

Citrus,
Zwergapfelsine

Das Apfelsinenbäumchen liebt einen sonnigen Standort.

Losbaum

Clerodendrum

Allgemeines: *C. thomsoniae* mit weißroten, *C. speciosissimum* mit roten Blütenständen.

Standort: verlangt viel Licht, braucht hellen, warmen, luftfeuchten Standort bei 18 – 25 °C; von Oktober bis Februar ebenfalls hell, dann aber bei 10 – 15 °C kühler stellen und fast trocken halten. Winterruhe einhalten!

Gießen: regelmäßig mit zimmerwarmem Wasser gleichmäßig feucht halten, nicht zu naß. Öfters besprühen.

Düngen: von März bis Anfang Oktober 14tägig nicht zu stark, mit leicht verringerter Menge der Herstellerangabe des Blütenpflanzendüngers.

Umtopfen: jährlich im Februar in ton- oder lehmhaltige Blumenerde setzen, dabei zurückschneiden und wieder wärmer stellen.

Pflanzenschutz: vor allem Gießschäden (zuviel, zuwenig, unregelmäßig) vermeiden, ferner auf Befall mit Blattläusen achten. Spinnmilben treten seltener auf.

Vermehrung: Kopfstecklinge im Sommer in feuchtes Torf-Sand-Gemisch (1:1) unter Folie an hellem Platz bei ca. 25 °C stecken, Bewurzelungsmittel verwenden.

Besonderheiten: Pflanze verliert die Blätter in der Winterruhe.

Klivie, Riemenblatt

Clivia miniata

Allgemeines: in gepflegtem Zustand eine attraktive Blattpflanze mit herrlichen, orangefarbenen Blütenständen im Frühjahr.

Standort: sonnig bis halbschattig, bei ca. 20 °C im Sommerhalbjahr. Winterruhe von Oktober bis Januar einhalten: hell stellen bei ca. 10 °C.

Gießen: generell mäßig feucht halten, nicht zu naß. Ab deutlich sichtbarem Knospenstadium mit ca. 10 cm langem Blütenstiel wieder kräftiger gießen bis etwa Anfang August. Dann langsam weniger gießen, in der Winterruhe deutlich trockener halten.

Düngen: nach der Blüte bis Anfang August wöchentlich mit Blütenpflanzendünger.

Umtopfen: nach der Blüte in frische, sandige Blumenerde setzen, ist aber meist nur alle zwei Jahre erforderlich,

Pflanzenschutz: auf Woll- und Schildläuse achten.

Vermehrung: Nebentriebe beim Umtopfen abtrennen und direkt eintopfen.

Besonderheiten: Pflegetips beachten, um Blüten zu erzielen. Winterruhe zur Blütenbildung unabdingbar. Auch häufigeres Umstellen bewirkt Blühstopps. Gedeiht besser im Ton- als im Plastiktopf.

Clerodendrum thomsoniae,
Losbaum

Clivia miniata

Kroton, Wunderstrauch

Codiaeum variegatum

Allgemeines: je nach Sorte üppiges Farbenspiel in Gelb-, Orange- und Rottönen auf grünem Blattgrund. Ebenfalls sortenbedingt diverse Blattformen.

Standort: hell, sonnig, keine pralle Sonne, ab 20 °C. Im Winter nicht unter 15 °C und nicht über 20 °C. Verträgt keine ausgeprägten Temperaturschwankungen, verlangt hohe Luftfeuchtigkeit.

Gießen: von März bis September feucht halten, im Winterhalbjahr dagegen nur mäßig feucht. Oft mit kalkarmem Wasser besprühen.

Düngen: von März bis September wöchentlich mit Blattpflanzendünger; in der Winterruhe alle sechs bis acht Wochen mäßig düngen.

Umtopfen: jährlich im Februar in sandige Blumenerde, größere Pflanzen nur alle zwei bis drei Jahre.

Pflanzenschutz: Thripse, Schildläuse, bei hoher Lufttrockenheit auch Spinnmilben möglich.

Vermehrung: Stecklinge im späten Frühjahr von ausgereiften Trieben. In feuchtes Torf-Sand-Gemisch (1:1) unter Folie stecken, bei 25 – 30 °C an hellem Platz warm halten. Vor dem Stecken blutende Schnittwunden antrocknen lassen. Gelingt nicht leicht. Anfängern gelingt sicherer das Abmoosen.

Besonderheiten: im Sommer bewirkt nur viel Licht die möglichst bunt ausgeprägte Blattfärbung. Pflanze vergrünt stark an zu lichtarmen Standorten.

Codiaeum variegatum 'Excellent', Kroton

Codonanthus

x *Codonanthus* 'Aurora'

x *Codonanthus* 'Aurora'

Allgemeines: Beispiel einer der seltenen Gattungskreuzungen, hier von *Codonanthe* und *Nematanthus*. Zierende glänzende, kleine Belaubung, attraktive Röhrenblüten.

Standort: verlangt Licht und Wärme, aber keine pralle Sonne; von März bis Oktober bei Temperaturen von 20 – 25 °C halten, im Winterhalbjahr bei 18 – 20 °C. Nicht zu lufttrocken stellen.

Gießen: mäßig feucht, nicht zu naß halten, kalkarmes Wasser zimmerwarm verwenden und ganzjährig öfter einsprühen.

Düngen: von März bis Oktober mäßig mit Blütenpflanzendünger versorgen, die übrige Zeit lediglich im Abstand von sechs bis acht Wochen düngen.

Umtopfen: im Februar in frische, durchlässige Blumenerde setzen, meist nur alle zwei Jahre erforderlich.

Pflanzenschutz: auf Befall mit Blattläusen achten.

Vermehrung: Stecklinge im späten Frühjahr in feucht-warmes Torf-Sand-Gemisch (1:1) an hellem, gleichmäßig warmem Standort unter Folie bei ca. 25 °C bewurzeln.

Besonderheiten: Pflanze verträgt Rückschnitt. Bester Zeitpunkt dazu ist nach dem Umtopfen.

Codonanthe
Codonanthe crassifolia

Allgemeines: Hänge- und Ampelpflanze mit zierlicher Wirkung durch schmale, glänzende Blätter an feinen Trieben. Kleine, beigeweiße Blüten erhöhen diese optische Wirkung.

Standort: verlangt einen hellen, jedoch nicht prallsonnigen Standort bei Temperaturen von 20 – 25 °C. Auch im Winter nicht kühler temperieren.

Gießen: mäßig feucht halten, dabei mit zimmertemperiertem, kalkarmem Wasser regelmäßig gießen. Im Sommer wie im Winter ebenfalls regelmäßig, häufig mit kalkarmem Wasser besprühen.

Düngen: von März bis Oktober 14tägig mit Blütenpflanzendünger versorgen, im Winterhalbjahr nur mäßig, etwa alle sechs bis acht Wochen düngen.

Umtopfen: im Februar in sandige Blumenerde setzen, zur besseren Struktur des Substrates ca. 15% Blähtonkügelchen beimengen. In der Regel nur alle zwei Jahre umtopfen.

Pflanzenschutz: auf Befall mit Blattläusen achten.

Vermehrung: Stecklinge im späten Frühjahr in feuchtwarmes Torf-Sand-Gemisch (1:1); an gleichmäßig warmem und hellem Standort bei 25 – 30 °C halten.

Besonderheiten: besser im Tontopf als im Plastiktopf pflegen.

Kaffeestrauch
Coffea arabica

Allgemeines: nicht nur für kaffeetrinkende Pflanzenfreunde eine interessante Blattschmuckpflanze.

Standort: von April bis September hell, aber vor praller Sonne schützen. Dann gleichmäßig luftfeucht und um 25 °C warm halten. Im Winterhalbjahr ebenfalls sehr hell stellen. Temperatur auf 16 – 18 °C senken und häufig einsprühen.

Gießen: während des Sommers feucht halten, während des Winterhalbjahres mäßig feucht; ganzjährig einsprühen.

Düngen: von April bis September 14tägig mit Blütenpflanzendünger versorgen.

Umtopfen: alle zwei Jahre in frische, lehmhaltige, aber durchlässige Blumenerde topfen.

Pflanzenschutz: auf Woll- und Schildläuse achten.

Vermehrung: durch Stecklinge von aufrecht wachsenden Trieben im Sommer, sobald die Triebe ausreichend ausgereift sind. Stecklinge in Torf-Sand-Gemisch (1:1) stecken und unter Folie an hellem Platz bei 25 – 30 °C bewurzeln, Bewurzelungsmittel verwenden.

Besonderheiten: fruchtet nur bei optimaler Pflege und frühestens ab dem zweiten Lebensjahr.

Codonanthe crassifolia,
Codonanthe

Coffea arabica,
Kaffeestrauch

Buntnessel

Coleus-Blumei-Hybriden

Allgemeines: rasch wachsende Blattschmuckpflanze mit variantenreicher Blattfärbung aus Kombinationen von Gelb-, Grün- und Rottönen.

Standort: von März bis September vollsonnig und warm, viel Licht, bei sehr starker Mittagssonne etwas schattieren; bei 20 – 25 °C halten. Im Winterhalbjahr ebenfalls hell, dann aber bei 18 – 20 °C.

Gießen: mäßig feucht bis feucht halten, je nach Standort und Pflanzengröße, jedoch nicht staunaß. Im Winterhalbjahr nur mäßig feucht gießen, generell kalkarmes Wasser verwenden.

Düngen: von März bis Oktober wöchentlich mit Blattpflanzendünger versorgen.

Umtopfen: eigentlich nicht nötig, besser Jungpflanzen nachziehen. Wer umtopfen will, muß generell leicht saure Blumenerde verwenden oder kann eine Handvoll Torf beimengen. Pflanzen sinnvollerweise nach dem Umtopfen kräftig zurückschneiden.

Pflanzenschutz: auf Blattlausbefall achten, an lufttrockenen Standorten auch auf Spinnmilbenbefall.

Vermehrung: durch Aussaat ab Februar bis Juni bei 20 °C, nach dem Topfen bei ca. 15 °C weiterpflegen, mehrmals stutzen, um buschigere Pflanzen zu erzielen. Ebenso die im Wasserglas leicht bewurzelten, dann getopften Stecklinge stutzen.

Besonderheiten: Pflanze immer wieder stutzen und vermehren, ältere ungestutzte Pflanzen verkahlen unansehnlich. Nur der helle Standort gewährleistet optimale Blattausfärbung.

Mein Rat: Für Heranwachsende und andere Einsteiger bestens geeignete Pflanze. Ermöglicht das spielerische Erlernen des Umganges mit der Zimmerpflanzenpflege und -vermehrung.

Coleus-Blumei-Hybride, Buntnessel

Blattschmuckpflanze Buntnessel

Columnee

Columnea

Columnea-Hybride
mit weißbunten
Blättern

Umtopfen: im Februar/März in Substrat setzen. Geeignet ist Azaleenerde, der Blähtonkugeln beigemengt sind.
Pflanzenschutz: Befall mit Blattläusen möglich.
Vermehrung: Kopf- und Triebstecklinge nach der Blüte schneiden, mehrere Triebe in Torf-Sand-Gemisch (1:1) direkt in den Topf stecken. Unter Folie feucht und warm bei ca. 25 °C halten.
Besonderheiten: von November bis Anf. Febr. deutlich weniger gießen, mind. sechs bis achtwöchige Ruhepause bei 16 – 18 °C.

Mein Rat: Nach der Blüte zurückschneiden, Schnittgut als Stecklinge verwenden.

Allgemeines: reichblütige Ampelpflanze mit meist feuerroten herrlichen Röhrenblüten.
Standort: halbschattig und hell, feucht und warm bei 20 – 25 °C, gedeiht am besten in Pflanzenvitrinen.
Gießen: gleichmäßig gießen und feucht halten, aber ohne Staunässe, nicht auf die Blätter tropfen, kalkarmes, zimmerwarmes Gießwasser verwenden.
Düngen: von März bis Oktober wöchentlich mit Azaleendünger.

Blühende Steine

Conophytum

Conophytum, Blühende Steine

Allgemeines: auch Kegelpflanze genannt; Liebhaber- und Sammlerpflanze, die Erfahrung und Spezialkenntnis erfordert. Zwei Sortengruppen: a) kugelförmige, b) kegelförmige. Blüht je nach Sorte gelb, weiß, rot oder violett. Hauptwachstumszeit im Winterhalbjahr.
Standort: hell, sonnig, warm, nicht unter 15 °C halten, während der Wachstumszeit 18 – 20 °C.
Gießen: absolute Trockenheit in der Ruhezeit von Februar bis August. Während der Vegetationszeit mäßig gießen, immer wieder abtrocknen lassen.
Düngen: praktisch nicht nötig, maximal ein- bis zweimal während der Wachstumszeit mit Kakteendünger.
Umtopfen: nur alle paar Jahre erforderlich, dann in grobsandige Kakteenerde, Topf wenig größer wählen, als der Pflanzendurchmesser ist.
Pflanzenschutz: gilt als sehr robust.
Vermehrung: durch Samen, die im Fachhandel erhältlich sind. Teilung größerer Pflanzen möglich, ebenso auch Stecklinge, was aber Erfahrung verlangt.
Besonderheiten: Ruhezeit beginnt mit der Einschrumpfung der Pflanzenkörper. Es wächst pro Jahr nur ein Blattpaar, aus dem nach dem Einschrumpfen das neue und die Blüte erwachsen.

Blüte von *Conophytum*

Keulenlilie

Cordyline

Allgemeines: Blattschmuck-pflanze, im Aussehen der *Dracaena* ähnlich; grün- und buntblättrige Spielar-ten.

Standort: warm, halb-schattig, hell, bei hoher Luftfeuchtigkeit.

Gießen: mäßig, aber regel-mäßig gießen, mit kalkar-mem, zimmerwarmem Wasser.

Düngen: März bis Oktober wöchentlich mit Blattpflan-zendünger, sonst nur mo-natlich.

Umtopfen: meist nur zweijährig erforderlich, dann im Februar in frische Blumenerde.

Pflanzenschutz: Schild-läuse können auftreten, bei hoher Lufttrockenheit auch Spinnmilben.

Vermehrung: Stecklinge verlangen einen Anzuchtka-sten wegen erforderlicher hoher Luftfeuchte und Bo-dentemperaturen von 30 – 32 °C als Anwachsvoraus-setzung.

Besonderheiten: wird bu-schiger durch Rückschnitt. Verkahlende Pflanzen trei-ben nach Rückschnitt und Temperaturen um 30 °C meist willig aus. Geringere Blattausfärbung der bunten Sorten bei zu dunklem Standort oder zu starker Düngung.

Mein Rat: Grünlaubi-ge Arten und Sorten vertragen mehr Licht als die rotbunten.

Karakabaum

Corynocarpus laevigatus

Allgemeines: immergrü-ner, robuster Strauch mit sehr zierender, glänzender, dunkelgrüner Belaubung.

Standort: volle Sonne bis heller Halbschatten. Bevor-zugt Temperaturen um 20 °C. Während der Ruhe-phase von Oktober bis Fe-bruar bei 5 – 10 °C kühler stellen.

Gießen: regelmäßig gie-ßen, dabei nicht zu naß, zwischen den Wassergaben leicht abtrocknen lassen. Während der Wintermona-te von November bis Fe-bruar mäßig und mit Fin-gerspitzengefühl gießen.

Düngen: in der Zeit von März bis Anfang Oktober 14tägig, dabei Blattpflan-zendünger verwenden.

Umtopfen: meist nur alle zwei Jahre, dann in Erde mit hohem Tonanteil.

Pflanzenschutz: Schild-lausbefall, seltener Wolläuse möglich.

Vermehrung: aus Steck-lingen der ausgereiften Trie-be. In Torf-Sand-Gemisch (1:1) unter Folie stecken, luftfeucht und warm bei 20 – 25 °C halten. Nach dem Austrieb zwei- bis dreimal stutzen.

Besonderheiten: verträgt, wenn er hell steht, auch kühlere Räume, wie zum Beispiel Flure oder Trep-penhäuser.

Cordyline fruticosa, Keulenlilie

Corynocarpus laevigatus, Karakabaum

Dickblatt
Crassula

Allgemeines: formenreiche Gattung mit je nach Art und Sorte unterschiedlichem Erscheinungsbild in Wuchs-, Blatt- und Blütenform, aufrecht wachsende und hängende Arten: Pfennigbaum (*C. ovata*) wächst bäumchenartig aufrecht mit dickfleischigen Blättern. Dickblatt (*C. arborescens*), der o.g. ähnlich, Blätter rotgerandet. Schnürsenkel (*C. muscosa*), niederwüchsig, Triebe wie dichtbeschuppte Schnürsenkel. Felsendickblatt (*C. rupestris*), flachwüchsig mit stengelumfassenden, dickfleischigen Blättern. Auffallende Blüten bei *C. coccinea* und *C. perfoliata* var. *falcata*. Viele weitere Arten und Sorten.
Standort: hell und sonnig, verlangt das ganze Jahr über viel Licht, von November bis Februar bei ca. 15 °C kühler halten.
Gießen: generell sparsam gießen, wintertags fast trocken halten.
Düngen: von Februar bis September monatlich.
Umtopfen: im Frühjahr in Kakteenerde, Blähtonkugeln untermengen; meist nur alle zwei Jahre nötig.
Pflanzenschutz: Befall mit Blattläusen, Wolläusen, Spinnmilben.
Vermehrung: Stecklinge einige Tage antrocknen lassen, in Sand mit etwas Torf (2:1) stecken. Mäßig feucht halten. Gelingt leicht im Sommer, hell stellen.
Besonderheiten: sommertags fürs Freiland geeignet; baumartig wachsende sind interessante Kübelpflanzen.

Crossandra
Crossandra infundibuliformis

Allgemeines: Topfpflanze mit zierend dunkelgrünem Laub, das die orangegelben Blüten besonders zur Geltung bringt. Lange Dauer der Blütezeit.
Standort: möchte gleichmäßige Temperaturen von ca. 20 °C und keine direkte Sonne, bei gleichzeitig hoher Luftfeuchtigkeit. Für gelüftete Vitrinen sehr geeignet.
Gießen: gleichmäßig feucht, nicht zu naß halten, regelmäßig besprühen. Wintertags mit Fingerspitzengefühl etwas seltener gießen.
Düngen: in der Vegetationszeit von März bis Oktober regelmäßig wöchentlich mit Blütenpflanzendünger versorgen.
Umtopfen: jährlich im Frühjahr in Blütenpflanzenerde, etwa Geranienerde, umtopfen.
Pflanzenschutz: Blattlausbefall, seltener auch Befall mit Spinnmilben und Weißer Fliege.
Vermehrung: im Frühjahr Kopfstecklinge unter Folie in Torf-Sand-Gemisch (1:1) stecken, dabei Bewurzelungsmittel verwenden. Feucht und warm bei Temperaturen von 25 – 30 °C halten.
Besonderheiten: den Pflanzenballen nie ganz austrocknen lassen.

Crossandra infundibuliformis,
Crossandra

*Crassula
arborescens,*
Pfennigbaum

Ctenanthe

Ctenanthe

Allgemeines: auffällige Blattpflanzen, die etwa 60 – 80 cm groß werden. Hauptsächlich zwei unterschiedliche Arten als Zimmerpflanze: a) *C. lubbersiana* mit grüner oder gelbbunter Belaubung an verzweigten, aufrechten Blattstielen. b) *C. oppenheimiana* mit aufrechten, unverzweigten Blattstielen, daran große weißgrüne, unterseits rötliche Blätter.

Standort: stets hell und warm, Temperaturen über 20 °C von März bis September. Im Winterhalbjahr nicht unter 18 °C. Wichtig: hohe Luftfeuchtigkeit erforderlich.

Gießen: feucht halten, keine Staunässe, kalkarmes, zimmerwarmes Wasser nehmen, oft einsprühen.

Düngen: von März bis September 14tägig schwach mit Blattpflanzendünger.

Umtopfen: Rhododronerde verwenden. Blähtonkugeln beimengen.

Pflanzenschutz: Pflanze ist sehr robust.

Vermehrung: im Frühjahr durch Teilung, am besten während des Umtopfens.

Besonderheiten: buntblättrige Sorten färben bei zu dunklem Standort nicht attraktiv genug aus.

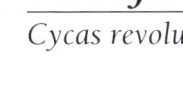 **Mein Rat:** Wirkt am schönsten bei Einzelstand.

Ctenanthe pilosa
'Golden Mosaic'

Palmfarn

Cycas revoluta

Allgemeines: Blattschmuckpflanze mit der äußeren Erscheinung einer Palme, ohne aber mit ihr verwandt zu sein. Sie wächst relativ langsam, wird mit zunehmendem Alter ein immer imposanteres Prachtstück. Pflanze aus dem Erdmittelalter.

Standort: heller, sonniger, luftiger Platz, keine Zugluft, bei Temperaturen von ca. 20 °C im Sommer, verträgt auch gut geschützten Freilandplatz; wintertags hell und bei ca. 15 °C halten.

Gießen: mäßig, aber gleichmäßig feucht halten. Besonders im Winter vorsichtig gießen, dann eher trockener halten. Mit beginnendem Austrieb wieder starker gießen, dann auch gelegentlich einsprühen.

Düngen: von April bis September 14tägig mäßig düngen, dabei salzfreien Dünger, z.B. Rhododrondünger, verwenden.

Umtopfen: selten, meist nur alle zwei bis drei Jahre nötig. Dann im Frühjahr in sandige Blumenerde setzen. Blähtonkugeln untermengen, nicht zu großen Topf verwenden.

Pflanzenschutz: Pflanze ist robust, aber auf Spinnmilben achten.

Vermehrung: ist schwierig, eher Gärtnersache.

Besonderheiten: kann sehr alt und groß werden.

Cycas revoluta,
Palmfarn

Cyclame, Alpenveilchen

Cyclamen persicum

Alpenveilchen gibt es in vielen Blütenfarben und -formen.

Allgemeines: Alpenveilchen gehören zu den am weitesten verbreiteten blühenden Topfpflanzen und sind beliebte Mitbringsel. Wirken die auftretenden, unterschiedlich gemaserten Blätter schon dekorativ, so interessiert an den Alpenveilchen vor allem ihre üppige Blütenfülle. Die große Sortenzahl spiegelt sich im Spektrum aller Nuancen der Blütenfarben von Weiß über Rosa- und Rottöne bis zu dunklem Pink wider. Zudem können die Blütenmitten durch einen Farbfleck in einem anderen Farbton geziert sein, die Blütenblattränder glatt oder gefranst sein. Neben dem Sortiment an großen Topfpflanzen ist ein weiteres von kleinbleibenden Mini-Cyclamen in gleicher Farbvielfalt erhältlich. Die Cyclamenblüte ist auch als Schnittblume geeignet und geläufig.

Standort: generell hell und kühl; das Gedeihen der Pflanze und die Haltbarkeit der Blüten sind davon besonders abhängig. Bis zum Ende der Blütezeit am besten an hellen Fenstern kühler Räume bei 10 – 15 °C, aber nicht in die pralle Sonne stellen. Nach der Blüte halbschattig und kühl in den Garten pflanzen. Nach dem Umtopfen wieder wie vorher genannt.

Gießen: mäßig feucht bis feucht. Nicht staunaß halten, nicht auf die Knolle gießen und nicht in die Pflanzenmitte. Am besten über den Untersetzer wässern. Nach dem Gießen die Erde leicht abtrocknen lassen, bevor wieder Wasser gegeben wird (Fingerprobe). Ab Anfang Juli weniger gießen, Pflanze welken lassen, trocken halten bis September, nach dem Umtopfen und mit beginnendem Austrieb entsprechend dem Blattzuwachs langsam wieder, wie vorher beschrieben, gießen.

Düngen: während der Blüte wöchentlich mit Blütenpflanzendünger versorgen, danach immer weniger geben. Vom Abwelken bis zum erneuten Topfen nicht düngen, danach bis zur Blüte 14tägig.

Umtopfen: im September die Knolle aus der Erde nehmen, von Erd- und Pflanzenresten reinigen und etwa bis zur Hälfte ihrer Höhe in Blütenpflanzenerde setzen. Tontopf ist geeigneter als Plastiktopf.

Pflanzenschutz: Cyclamen können von Blattläusen, Weichhautmilben, Thripsen, Trauermückenlarven, Dickmaulrüßlern, Bakterienfäule, Cyclamenwelke, Grauschimmelfäule und Mehltau befallen werden.

Vermehrung: eher Gärtnersache. Aussaat von Juli bis April, vornehmlich von Oktober bis Dezember in Aussaaterde. Dunkelkeimer, dessen Saat ca. 0,5 cm mit Erde bedeckt wird, Saatgefäß kann zudem noch dunkel abgedeckt werden. Keimt bei 18 °C nach drei bis sechs Wochen. Nach einem Vierteljahr in nicht zu große Töpfe pikieren, bei 18 – 20 °C halten. Nach weiteren zwei Monaten in größere Töpfe setzen und bei 12 – 16 °C weiterpflegen. Besonders auf Pilzbefall achten, kranke Pflanzen sofort entfernen.

Besonderheiten: für ungetrübte Blütenfreude schon beim Einkauf auf ausreichende Menge von Knospen achten (in der Pflanzenmitte unter den Blättern).

Cyclamen persicum, Alpenveilchen

Mein Rat: Blätter und Blüten nicht abschneiden, sondern mit Stielansatz von der Knolle abdrehen, das mindert Fäulniserkrankungen der Stielreste.

Zypergras, Papyrus

Cyperus

Allgemeines: *C. papyrus*, Papyruspflanze der Ägypter, als Zimmerpflanze seltener; *C. involucratus* (früher *C. alternifolius*) ist verbreiteter.

Standort: hell, auch pralle Sonne, verträgt auch Halbschatten. Hohe Luft- und Bodenfeuchtigkeit. Sommertags Temperaturen von 20 – 25 °C, im Winterhalbjahr kühler, aber nicht unter 10 °C.

Gießen: Achtung, Sumpfpflanze! Stets naß halten, dazu einen immer mit Wasser gefüllten Untersetzer verwenden. Öfter besprühen, besonders im Winter und an vollsonnigen Standorten. Nur zu absonnigen Tageszeiten sprühen, sonst Verbrennungen!

die Hälfte einkürzen und über Kopf ins Wasserglas stecken. Nach Bewurzelung topfen.

Besonderheiten: auf hohe Luftfeuchtigkeit achten, sonst braune Blattspitzen und Spinnmilbenbefall möglich.

Mein Rat Leicht zu vermehren, daher gleich fünf bis sieben Stecklinge zusammentopfen, um sofort üppigere Pflanzen zu erzielen.

Düngen: in der Hauptvegetationszeit 14tägig mit Blattpflanzendünger, im Winter nur monatlich wenig düngen.

Umtopfen: im Frühjahr in tonhaltige Blumenerde, besser in Ton- als in Plastiktopf.

Pflanzenschutz: Spinnmilbenbefall möglich.

Vermehrung: Teilung beim Umtopfen. Oder Blattrosetten am Stielansatz abschneiden, Rosette um

Cyperus involucratus,
Zypergras

Kobrapflanze

Darlingtonia californica

Allgemeines: fleischfressende, interessante Pflanze. Durch die Öffnung gelangen Insekten in das Blatt, gleiten an der Innenwand hinein in ein Sekret und werden als Nahrung zersetzt.

Standort: heller Halbschatten, keine pralle Sonne, wintertags frostfrei, Sommertemperaturen um 20 °C. Wegen besonderer Standortbedingungen günstig in einem zur Vitrine umgestalteten Aquarium zu halten.

Gießen: feucht bis staunaß

Darlingtonia californica,
Kobrapflanze

halten, wird die Pflanze in einem Topf gepflegt, dann wassergefüllten Untersetzer verwenden. Häufig übersprühen, generell kalkfreies, zimmerwarmes Wasser verwenden. In der winterlichen Ruhezeit von Oktober bis Februar lediglich feucht halten.

Düngen: nicht mit Handelsdünger versorgen. Füttern der Pflanze durch gelegentliches Einfüllen eines Insektes in den Schlauchtrichter.

Umtopfen: erst bei kompletter Topfdurchwurzelung, meist nur alle zwei bis drei Jahre erforderlich, dann in reinen Torf setzen.

Pflanzenschutz: eher Schäden durch Pflegefehler als durch Schädlingsbefall zu erwarten.

Vermehrung: Teilung älterer Pflanzen möglich.

Besonderheiten: sorgsam die Pflegetips beachten, dann interessante Zimmerpflanze.

Chrysantheme

Dendranthema-Grandiflorum-Hybriden

Allgemeines: auch unter *Chrysanthemum-Indicum*-Hybriden im Handel; saisonale Herbst-Blütenpflanze, heute ermöglicht die mittlerweile verfügbare Vielfalt der Sorten den ganzjährigen Erwerb dieser Topfpflanze. Die Blüte, je nach Sorte, in Weiß, Creme, Gelb über Orange, Rosa, Rot bis Braun. Neben Büschen in unterschiedlichen Größen werden auch Stämmchen angeboten. Blüten der Sorten gefüllt oder ungefüllt.

Standort: hell, aber keine pralle Sonne, um 18 °C nicht zu warm halten. Wird die Pflanze überwintert, wird sie bei 5 °C hell gestellt.

Gießen: leicht feucht halten, nicht zu naß. Falls sie überwintert wird, von November bis Februar deutlich weniger gießen.

Düngen: 14tägig mit Blütenpflanzendünger versorgen.

Umtopfen: lohnt nicht, da diese Saisonpflanze üblicherweise nach der Blüte nicht weitergepflegt wird. Wer sie dennoch überwintern will, topft im Februar in tonhaltige Blumenerde um.

Pflanzenschutz: Befall mit Mehltau, Grauschimmelfäu-

Dendranthema-Grandiflorum-Hybride, Chrysantheme

le, Blattläusen, Spinnmilben und auch Minierfliegen.

Vermehrung: im Frühjahr Stecklinge überwinterter, ausgetriebener Pflanzen zu mehreren in einen Topf mit Torf-Sand-Gemisch (1:1) stecken, feucht halten und bei ca. 18 °C bewurzeln, nach Austrieb einige Male stutzen.

Besonderheiten: selbstvermehrte Pflanzen blühen von sich aus erst im Herbst. Frühere Blüte erhält der Gärtner über gezielte Verdunklung der Pflanze.

Mein Rat: **Vor dem Überwintern um zwei Drittel zurückschneiden. Überwinterung lohnt eigentlich nicht.**

Chrysantheme in Rosa

Dieffenbachie

Dieffenbachia

Allgemeines: sehr dekorative, allerdings stark giftige Blattschmuckpflanze. Je nach Art unterschiedlich hoch wachsend. Teils buschig bleibend, teils dickfleischigen Stamm bildend. Zahlreiche weiß- und gelbbunte Sorten im Handel, die mehr oder weniger stark gefleckt sind.

Standort: hell bis halbschattig, keine pralle Sonne, keine Zugluft. Von März bis September Temperaturen um 20 – 25 °C, im Winter nicht unter 15 °C.

Gießen: im Sommerhalbjahr regelmäßig mit zimmerwarmem, möglichst kalkarmem Wasser mäßig feucht gießen. Keine Staunässe. Im Winter sparsamer gießen und etwas trockener halten.

Düngen: wöchentlich in der Zeit von März bis September mit Blattpflanzendünger versorgen.

Umtopfen: bei Bedarf, meist nur alle zwei Jahre nötig.

Pflanzenschutz: häufiger von Thripsen, seltener von Spinnmilben befallen.

Vermehrung: leicht durch Kopfstecklinge, die in eine wassergefüllte Vase gestellt werden. Nach der Bewurzelung eintopfen.

Besonderheiten: verkahlende Pflanzen im Frühjahr etwa handbreit über dem Topf zurückschneiden und hell stellen. Dann nur knapp gießen. Treibt so in der Regel willig aus. Bei den stammbildenden Arten mit zunehmender Wuchshöhe auf Standfestigkeit achten, gegebenenfalls gegen Kippen sichern.

Mein Rat: Von Kindern und Haustieren fernhalten. Bei Hautkontakt mit giftigem Pflanzensaft gründlich waschen.

Dieffenbachia seguine 'Tropic Snow'

Dieffenbachia mit hellen Blättern

Venusfliegenfalle

Dionaea muscipula

Dionaea muscipula, Venusfliegenfalle

Allgemeines: eine der bekanntesten, interessantesten fleischfressenden Pflanzen. Die zu Fangklappen ausgebildeten Blattenden sind auf der rötlich gefärbten Innenseite mit Tasthaaren bestückt. Landet ein Insekt auf der Innenfläche, klappen die Fangarme zusammen, das gefangene Tier wird verdaut.
Standort: sehr hell, höchstens halbschattig, keine pralle Sonne. Sommertemperaturen um 15 – 20 °C, nicht zu warm, wintertags 5 – 10 °C.
Gießen: gleichmäßig feucht halten, keine Staunässe. Kalkfreies, zimmerwarmes Wasser verwenden.
Düngen: gegebenenfalls mit Insekten füttern; falls Blumendünger verwendet wird, dann nur sehr schwach konzentriert und selten.
Umtopfen: im März in reinen Torf pflanzen, etwas groben Sand beimengen. Relativ kleine Töpfe verwenden.

Pflanzenschutz: selten können Blattläuse auftreten.
Vermehrung: Aussaat wie *Darlingtonia* (siehe Seite 129). Auch Teilung ist möglich sowie Blattstecklinge in feuchtem Torf unter Folie bei ca. 25 °C im späten Frühjahr.
Besonderheiten: Klappmechanismus nicht unnötig reizen. Blatt kann sonst nach einigen Malen geschlossen bleiben. Pflanze verliert oft ihr Laub im Winter, treibt im Frühjahr neu aus.

 **Mein Rat:** **Der benötigten hohen Luftfeuchtigkeit wegen besser samt Topf in einem oben offenen Glas halten, aber nicht einsprühen.**

Dipladenie

Dipladenia

Allgemeines: Schlingpflanze, blüht reich und lang anhaltend. Der weiße Milchsaft ist giftig, den Kontakt damit vermeiden.
Standort: sonnig bis halbschattig bei ca. 20 °C und hoher Luftfeuchtigkeit. Von Oktober bis Februar sehr hell stellen, aber kühler bei ca. 15 °C, weiterhin hohe Luftfeuchte.
Gießen: kräftig gießen, aber keine Staunässe, kalkarmes Wasser zimmerwarm verwenden. Häufiger besprühen. Im Winter trockener halten, mäßig gießen.
Düngen: März bis September 14tägig mit Blütenpflanzendünger versorgen.
Umtopfen: im Frühjahr in frische Blumenerde setzen. Blumentopf nur etwas größer als seinen Vorgänger wählen. Dem Substrat Blähtonkugeln als Drainage beimengen.
Pflanzenschutz: auf Blattlausbefall achten.
Vermehrung: Kopf- und Triebstecklinge ganzjährig möglich; drei bis fünf Stecklinge pro Topf in Torf-Sand-Gemisch (1:1) unter Folie feucht und bei ca. 25 °C halten, nach Austrieb zwei- bis dreimal stutzen. Bewurzelungsmittel erforderlich.
Besonderheiten: wird durch gelegentliches Stutzen buschiger, sonst wirkt die Pflanze leicht zu sparrig.

Dipladenia sanderi (Kranz)

Drachenbaum

Dracaena

Allgemeines: *Dracaena*, mit der Agave verwandt, bildet mit ihren Blattrosetten, je nach Art und Sorte, kleine Büsche oder auch Stämme. Die verbreitetsten Arten als Zierpflanze sind *D. fragrans, D. deremensis, D. marginata, D. reflexa* und *D. sanderiana* mit jeweils vielen Sorten, darunter auch viele buntblättrige.

Standort: generell hell bis halbschattig, keine pralle Sonne. Temperaturen um 20 °C im Sommer, wintertags auch kühler bei 15 – 18 °C. *D. fragrans* und *D. deremensis* sind eher für halbschattige Standorte geeignet.

Gießen: mäßig feucht halten, im Winter und an dunkleren Standorten noch weniger gießen.

Düngen: März bis Oktober wöchentlich mit Blattpflanzendünger versorgen.

Umtopfen: es reicht zumeist, alle zwei bis drei Jahre umzutopfen. Dann im Frühjahr in frische Blumenerde.

Pflanzenschutz: *Dracaena* wird von Spinnmilben, Schildläusen und Thripsen befallen.

Vermehrung: Stamm- und Kopfstecklinge bei 25 °C in Torf-Sand-Gemisch (1:1), am besten unter Folie im Frühjahr und Sommer an hellem Platz bewurzeln.

Besonderheiten: die bunte Blattmaserung als spezielles Sortenmerkmal wird an zu dunklen Standorten nicht immer voll ausgebildet.

Mein Rat: Die mit der Zeit verstaubenden Blätter gelegentlich mit feuchtem Tuch abwischen.

Dracaena
marginata

Dracaena fragrans
'Massangeana'

Sonnentau

Drosera

Allgemeines: fleischfressende Pflanze, welche Insekten mit den klebrigen Drüsenhaaren ihrer Fangblätter festhält und dort zur Nahrungsgewinnung verdaut. *Drosera* zeigt gelegentlich auch ihre hübschen Blüten. Mehrere Arten im Handel.

Standort: sonnig, hell, bei hoher Luftfeuchtigkeit, am besten samt Topf in höherem, offenem Glasgefäß pflegen. Sommertemperaturen ca. 20 °C, im Winter die immergrünen Arten bei ca. 15 °C halten, die nicht wintergrünen Arten bei 5 – 10 °C.

Gießen: zimmerwarmes, kalkfreies Gießwasser verwenden. Damit gleichmäßig feucht halten. Dazu Topf in mit Wasser gefüllten Untersetzer stellen.

Düngen: keinen Dünger verwenden, gegebenenfalls gelegentlich mit Insekten füttern.

Umtopfen: im Frühjahr in nicht zu großen Topf mit saurem Substrat, zum Beispiel Torf, setzen.

Pflanzenschutz: es können Blattläuse auftreten.

Vermehrung: werden die Blüten mittels eines Pinsels künstlich bestäubt, ergibt das meist reichlich Saatgut. Dieses auf staunassen Torf bei ca. 20 °C unter Glas oder Folie aussäen. Nicht wintergrüne Arten bilden zum Herbst hin meist Brutknospen aus, die abgetrennt und in Torf getopft werden können. Auch Blattstecklinge sind in nassem Torf unter Folie bei ca. 25 °C möglich.

Besonderheiten: wirkt interessant mit anderen fleischfressenden Pflanzen in einer gestalteten Vitrine.

Echeverie, Dickblatt

Echeveria

Allgemeines: recht robustes Dickblattgewächs, von dem mehrere Arten und Sorten erhältlich sind. Verbreitet sind *E. derenbergii*, die eine flache Blattrosette bildet, und *E. pulvinata*, deren Blattrosette sich um ein kleines Stämmchen bildet und deren Blätter weich behaart sind. Beide blühen leuchtend gelborange an hoch aufstrebenden Blütenstielen.

Standort: hell, auch vollsonnig, bei nicht allzu heißen Temperaturen von ca. 20 °C. Von Oktober bis Februar Ruhepause einhalten: hell und kühl bei ca. 5 – 10 °C stellen.

Gießen: sommertags mäßig feucht, im Winter fast trocken halten und nur gelegentlich etwas gießen.

Düngen: nur von März bis August monatlich etwas Kakteendünger geben.

Umtopfen: reicht alle zwei Jahre, dann im Frühjahr in Kakteenerde und nicht allzu große Töpfe setzen.

Pflanzenschutz: wird von Wolläusen und Wurzelläusen befallen.

Vermehrung: es bilden sich gelegentlich Tochterrosetten, die abgetrennt und getopft werden können. Blattstecklinge wachsen in reinem Sand, dabei warm und feucht halten.

Besonderheiten: damit die Pflanze zur Blütenbildung angeregt wird, muß die Winterruhe unbedingt eingehalten werden.

Drosera,
Sonnentau

Echeveria, Echeverie

Efeutute

Epipremnum pinnatum

Allgemeines: Kletterpflanze, rankend an Korkstäben oder Rankgerüsten. Wird häufig als hängende Ampelpflanze verwendet.

Standort: hell bis halbschattig, bei Sommertemperaturen um 20 °C; kann, muß aber im Winter nicht kühler stehen.

Gießen: da die Pflanze auch größere Flächen beranken kann, muß der Pflanzengröße entsprechend gewässert werden. Insgesamt mäßig feucht halten, im Winter etwas weniger gießen.

Düngen: wöchentlich von März bis Oktober mit Blattpflanzendünger versorgen. Im Winter nur einmal monatlich düngen.

Umtopfen: nicht oft nötig, langt zumeist alle zwei bis drei Jahre. Zum Topfen tonhaltige Erden vorziehen.

Pflanzenschutz: auf Befall mit Schildläusen achten.

Vermehrung: gelingt leicht durch Kopf- oder Triebstecklinge. Am besten gleich die mit kleinen Luftwurzeln verwenden. Wächst sowohl im Wasserglas als auch in feuchtes, warmes Torf-Sand-Gemisch gesteckt.

Besonderheiten: je dunkler die Pflanze steht, desto weniger ausgeprägt ist die buntgefleckte Blattmusterung.

Mein Rat: Mit etwas Geschick läßt sich aus *Epipremnum* ein aparter Raumteiler formen.

Epipremnum pinnatum als Säule

Jap. Spindelstrauch

Euonymus japonica

Allgemeines: pflegeleichte Zimmerpflanze, auch kleine Kübelpflanze; buntblättrige Sorten erhältlich.

Standort: sonnig bis halbschattig bei 20 – 25 °C; im Winter frostfrei, aber möglichst hell überwintern bei max. 10 °C.

Euonymus japonica, Japanischer Spindelstrauch

Gießen: während des Sommerhalbjahres relativ feucht halten, im Winter je nach Standort gießen, recht trocken halten.

Düngen: von März bis Oktober wöchentlich mit Blattpflanzendünger.

Umtopfen: kleine Pflanzen jährlich umtopfen, größere und Kübelpflanzen nur alle zwei bis drei Jahre. Im Frühjahr in frische tonhaltige Blumenerde.

Pflanzenschutz: Befall mit Thripsen und Wolläusen möglich, letztere besonders in der Übergangszeit im Frühjahr.

Vermehrung: Kopfstecklinge im Spätsommer, wenn die neuen Triebe ausgereift sind, in feuchtwarmes Torf-Sand-Gemisch (1:1) stecken, gleich zu dritt bis fünft in einen Topf, unter Folie luftfeucht und um 25 °C warm halten.

Besonderheiten: jährlich zu Beginn der Vegetationszeit in Form schneiden.

Wolfsmilch
Euphorbia

Allgemeines: diese Gattung zählt zu den artenreichsten in der Pflanzenwelt: annähernd 2000 (!) Arten gehören dazu. Die Gattung ist außerordentlich formenreich, sie beinhaltet krautige Arten und Stauden, Halbsträucher, Sträucher und Bäume. Zumeist werden Kakteen- und Sukkulentenformen als Zimmerpflanzen gehalten. Die Arten dieser Gattung sind in der Regel an wärmeren, trockeneren Naturstandorten beheimatet, was bereits auf die Pflegeansprüche als Zimmerpflanze verweist. Wegen der Dornen bzw. Blattdornen kann man sich leicht verletzen, daher ist beim Umgang mit bedornten Arten Vorsicht geboten. Allen Euphorbien zu eigen ist der bei Verletzungen der Pflanze austretende Milchsaft. Er ist giftig, mitunter sehr giftig. Hautkontakt ist unbedingt zu vermeiden, daher sollten Arbeitshandschuhe beim Hantieren mit den Arten angezogen werden. Den Pflanzensaft keinesfalls ins Auge geraten lassen oder in den Mund! Alle Euphorbien müssen von Kleinkindern ferngehalten werden, schon verständige Kinder können hingewiesen werden. Trotz der geforderten Obacht beim Umgang mit Euphorbien kann ihre Nutzung als Zimmerpflanze aber empfohlen werden.

Als Zimmerpflanze sind von Bedeutung *E. ingens*, *E. tirucalli* und *E. trigona*. Darüber hinaus gibt es gerade bei den sukkulenten Arten viele für den Sammler. *E. milii*, der Christusdorn, und *E. pulcherrima*, der Weihnachtsstern, beide in Sorten mit weißen bis cremefarbenen, rosa und roten „Blüten", zieren hierbei nicht mit echten Blütenblättern, sondern mit sogenannten „Hochblättern". Die eigentlichen Blüten sitzen klein und recht unscheinbar von den Hochblättern umgeben.

Standort: generell ganzjährig möglichst hell stellen, in aller Regel sonnig, auch pralle Sonne. Temperaturen möglichst warm bei 20 – 25 °C, vertragen von Oktober bis Februar auch etwas kühleren Platz, mindestens bei 15 °C halten.

Gießen: generell mäßig feucht halten, mit zimmerwarmem Wasser gießen, vor dem nächsten Wässern den Wurzelballen leicht abtrocknen lassen (Fingerprobe). Beblätterte Arten verlangen etwas mehr Feuchtigkeit als die Sukkulenten. Von Oktober bis Februar deutlich weniger gießen, mit Ausnahme des dann aufgestellten Weihnachtssternes, der jetzt mäßig und regelmäßig gegossen wird. Bei allen Arten stauende Nässe unbedingt vermeiden.

Düngen: nicht zu stark düngen. Bei den nicht wegen ihres „Blütenschmucks" (= „Hochblätter") gehaltenen Euphorbien reicht monatlich von Februar bis Oktober eine Düngung mit Blattpflanzendünger. Bei den übrigen Arten im selben Zeitraum 14tägig mit

Euphorbia pulcherrima in Rot, Weihnachtsstern

Euphorbia milii, Christusdorn

Blütenpflanzendünger versorgen.

Umtopfen: jährlich im März in tonhaltige Blumenerde setzen, der zur Strukturverbesserung 15 Prozent Blähton sowie grobkörniger Sand beigegeben werden kann. Weihnachtssterne, die weitergepflegt werden sollen, im Frühsommer auf etwa die Hälfte zurückschneiden. Bei größeren Sukkulenten reicht es, alle zwei Jahre umzutopfen. Besondere Vorsicht bei Kontakt mit den dornigen Arten und dem giftigen Milchsaft! Arbeitshandschuhe tragen!

Pflanzenschutz: je nach Art können Blattläuse, Schildläuse, Wolläuse sowie Spinnmilben auftreten. Gießschäden sind ebenfalls eine häufige Schadursache. Der Blattfall der Weihnachtssterne kann unterschiedliche Ursachen haben: zu große Feuchtigkeit,

Zugluft (dazu zählt auch der trockene, heiße Luftzug über einer Heizung) und Temperaturschwankungen. Der Weihnachtsstern kann zudem von Weißer Fliege, Trauermückenlarven, Wurzelfäule und Grauschimmelfäule befallen werden.

Vermehrung: erfolgt in den meisten Fällen durch Kopf- oder Teilstecklinge in nicht zu nassem Torf-Sand-Gemisch (1:2) an hellem, sonnigem Standort bei 25 – 30 °C. Die Schnittfläche der Stecklinge muß vor dem

Stecken abgetrocknet sein, darf nicht mehr bluten. Wegen der Dornen, des giftigen Milchsaftes und der nicht ganz einfachen Bewurzelung ist die Vermehrung der Euphorbien eher Gärtnersache.

Besonderheiten: die „blühenden" Euphorbien benötigen eine etwa dreimonatige Ruhephase vor der Hauptblütezeit. Dann mäßiger gießen und etwas kühler stellen. Großgewordene Sukkulenten auf ihre Kippsicherheit hin überprüfen.

Euphorbia pulcherrima in Rosa, Rot, Weiß

Mein Rat:
E. pulcherrima ist eine Saisonpflanze. Wer sie nach der Blüte weiterpflegen will und sie pünktlich zum Advent wieder in Blüte haben möchte, muß sie ab Ende September/Anfang Oktober ca. sechs Wochen lang mehr als zwölf Stunden des Tages völlig dunkel (ohne Restlicht, Lichtspalten o.ä.) stellen (siehe Seite 87).

Euphorbia tirucalli

Euphorbia ingens

Prärieenzian

Eustoma grandiflorum

Eustoma grandiflorum in Lila, Prärieenzian

Allgemeines: auch Glockenenzian genannt; früher *E. russelianum;* zunehmend häufigere Topfpflanze mit zart graugrüner Belaubung, zu der die kräftig violetten, großen Trichterblüten herrlich passen. Eine Schönheit, die nach der Blüte nicht weitergepflegt wird, weil sie in der Regel kein zweites Mal blüht.

Standort: hell, auch sonnig bei Temperaturen bis 20 °C.

Gießen: mäßig feucht halten, wer sie überwintern will, muß dann weniger gießen.

Düngen: kaum nötig, kann aber 14tägig mit Blütenpflanzendünger erfolgen.

Umtopfen: wer die Pflanze nach der Blüte weiter pflegen will, muß im Frühjahr in frische Blumenerde topfen.

Pflanzenschutz: auf Grauschimmel an den unteren Partien der Stengel und auf Thripse achten.

Vermehrung: durch Aussaat im Februar. Bis zur Keimung bei 20 – 25 °C unter Glas oder Folie halten. Im März in Töpfe pikieren und bei Temperaturen um 20 °C bis zur Blüte im Juli weiterpflegen. Nicht zu warme Anzucht läßt die Pflanzen kompakter bleiben.

Besonderheiten: die Weiterpflege über die Blüte hinaus lohnt eigentlich nicht.

Blaues Lieschen

Exacum affine

Das Blaue Lieschen in Weiß

Allgemeines: Blaues Lieschen, das ebenso fleißig blüht wie das Fleißige Lieschen (*Impatiens*), aber nicht allein in Blau, sondern auch in Violett und Weiß. Wird einzeln im schönen Übertopf als reichblühender Farbtupfer aufgestellt, mit mehreren zusammen in Schalen arrangiert oder auch flächig im Freiland gepflanzt.

Standort: hell, halbschattig bis sonnig, keine pralle Sonne. Gedeiht noch bei kühlen 15 °C bis hin zu warmen 25 °C.

Gießen: mäßig feucht halten, im Halbschatten weniger als in der Sonne gießen. Keine Staunässe.

Düngen: wöchentliche Versorgung mit Blütenpflanzendünger macht sich in der noch größeren Blühfreudigkeit bemerkbar.

Umtopfen: ist nicht erforderlich.

Pflanzenschutz: auf Blattlausbefall achten.

Vermehrung: durch Aussaat im Februar. Keimt in nicht zu feuchtem Torf-Sand-Gemisch (1:1) bei 15 – 20 °C nach zwei bis drei Wochen. Nach vier Wochen bei 14 °C und unter Glas oder Folie zu dritt in 12-cm-Töpfe pikieren und ebenso kühl weiterpflegen. Kulturdauer ca. fünf Monate.

Besonderheiten: nach dem Verblühen keine Weiterkultur der einjährigen Pflanze.

Eustoma grandiflorum in Rosa

Exacum affine, Blaues Lieschen

Efeuaralie

x Fatshedera

Allgemeines: Kreuzung von *Fatsia*, der Zimmeraralie, mit *Hedera*, dem Efeu. Auch buntlaubige Sorten im Handel, die heller stehen müssen.
Standort: halbschattig, nicht zu hell stellen, nie in die pralle Sonne. Sommertemperaturen bei 15 °C am besten. Ruhepause von November bis Februar bei ca. 10 °C, heller stellen.
Gießen: im Sommerhalbjahr leicht feucht halten, im Winterhalbjahr sehr mäßig.

Düngen: von März bis Anfang Oktober wöchentlich mit Blattpflanzendünger.
Umtopfen: im Frühjahr in frische Blumenerde setzen. Ein Tontopf ist geeigneter als ein Plastiktopf.
Pflanzenschutz: auf Schildläuse und Spinnmilben achten.
Vermehrung: Stecklinge in Torf-Sand-Gemisch (1:1) unter Folie feucht und bei 25 °C warm halten. Bewurzelungsmittel verwenden. Bewurzelte Stecklinge zu dritt topfen.
Besonderheiten: Winterruhe der Pflanze einhalten.

Zimmeraralie

Fatsia japonica

Allgemeines: anspruchslose, wüchsige Grünpflanze. Die Sorte 'Variegata' hat weiß- bzw. gelbbunt gefleckte Blätter, die lebhaft wirken.
Standort: halbschattiger Standort, aber auch an helleren, jedoch nicht vollsonnigen Plätzen, selbst – dann weniger wüchsig – an lichtärmeren Standorten. Verträgt keine Zugluft. Im Sommer, je nach Lichtmenge, bei 10 – 20 °C. Ab November Ruhepause. ca. 10 °C bis Februar, hell stellen.
Gießen: im Sommerhalbjahr und während des Austriebes mäßig feucht halten, nicht übergießen; wintertags weniger gießen, aber nicht zu trocken halten. Öfter einsprühen.

Düngen: von März bis Oktober wöchentlich mit Blattpflanzendünger versorgen.
Umtopfen: meist nur alle zwei Jahre erforderlich, dann im Frühjahr noch vor dem Austrieb in frische Erde setzen, Tontopf ist dabei von Vorteil.
Pflanzenschutz: Befall mit Spinnmilben und Thripsen möglich.
Vermehrung: Stecklinge in Torf-Sand-Gemisch (1:1) stecken, bei 25 °C unter Folie feucht und warm halten; Bewurzelungsmittel verwenden. Bewurzelte Stecklinge zu dritt topfen.
Besonderheiten: zur Vorbeugung gegen Spinnmilben häufiger einsprühen.

Mein Rat: Bei hoher Luftfeuchtigkeit, also durch Besprühen, werden die Blätter schöner ausgebildet.

x Fatshedera,
Efeuaralie

Fatsia japonica,
Zimmeraralie

Feigenbaum
Ficus

Allgemeines: Pflanzengattung, die nicht nur den bekannten Feigenbaum enthält, sondern auch mehrere als Zimmerpflanzen genutzte Arten. Sie unterscheiden sich in Wuchsform, Blattform und -farbe oft erheblich voneinander. Dieses unterschiedliche Erscheinungsbild ermöglicht vielfache Verwendung, sowohl als kleinere Fensterbrettpflanze als auch als raumdominierender Blickfang. Die Blüte dieser Pflanze ist unscheinbar und klein, weswegen Ficus als Blattschmuckpflanze genutzt wird. Bei Ficus deltoidea werden jedoch auffällige, zierende Früchte recht zuverlässig ausgebildet, was ihr zusätzlichen Zierwert verleiht. Mit ihren jeweiligen Sorten sind folgende Arten als Zimmerpflanzen wichtig.

Ficus benjamina: Birkenfeige, lebhaft wirkende Art, was durch die Vielzahl der Blattformen, je nach Sorte, unterstrichen wird. Weißbunte, gelbbunte, grüne, gewellte und gelockte Blätter sind vertreten. Verträgt keine Zugluft und kann empfindlich mit Blattabwurf reagieren, wenn er umgestellt wird.

Ficus binnendijkii: eine edle Erscheinung wegen seiner dunklen, langen, schmalen Blätter, verdient mehr Beachtung und Verbreitung.

Ficus cyathistipula: seltener vertreten, aber ebenfalls edel wirkende Art. Kann etwas trockener gehalten werden.

Ficus deltoidea: Mistelfeigenbaum, mit sparrigem Wuchs und rundlichen Blättern eine interessante Art für den freien Stand. Bildet zahlreiche zierende Früchte, was durch etwas trockener gehaltene Pflege noch gefördert werden kann.

Ficus elastica: der weitbekannte Gummibaum. Neben den grünen sind auch weißbunte Formen erhältlich. Durch Rückschnitt, besonders der älteren Pflanzen und der sich mitunter bildenden Verzweigung, nach Bedarf in Form halten.

Ficus lyrata: Geigenfeige, der geigenkastenförmigen Blätter wegen. Diese Art kann auch dunkler stehen. Mäßig gießen.

Ficus microcarpa: zierende Art, die ausreichend hell und warm stehen will und es, bei vorsichtigem Gießen, etwas feuchter, aber nicht naß mag. Fingerspitzengefühl gefragt.

Ficus pumila: kleinbeblätterte Bodendecker- oder Kletterpflanze, grünblättrig und auch weiß gerandet zu erhalten. Leicht zu vermehren. Einfühlsam pflegen, dann kräftiger Wachser für Ampeln, auf Blumensäulen, an Korkstäben hochgeleitet, als Trennwand eines Raum-

Ficus benjamina,
Birkenfeige

Ficus binnendijkii

teilers o.ä. Kann auch dunkler stehen. Zur Unterpflanzung und zur Schalendekoration geeignet.

Ficus sagittata: flacher wachsende Art, zum Unterstellen der größeren Arten geeignet, kann etwas dunkler stehen, mag ausreichende Wärme und Einsprühen.

Standort: die meisten Arten hell stellen, keine pralle Mittagssonne, sonst Gefahr von Sonnenbrandflecken. Verträgt Temperaturen von 15 – 25 °C, mit zunehmender Raumlufttemperatur verlangen die Pflanzen zugleich höhere Luftfeuchte. Können von Oktober bis Februar bei 15 °C kühler stehen, verlangen dann aber sehr viel Licht.

Gießen: generell mäßig feucht halten, keine Staunässe. Wasserbedarf ist stark abhängig von der Standorthelligkeit, der Pflanzengröße und der herrschenden Luftfeuchtigkeit. Vor dem Gießen 'Fingerprobe' machen. In der Zeit von Oktober bis Februar das Wässern einschränken, mit Einfühlungsvermögen gießen. Die Pflanzen sind für häufiges Besprühen dankbar.

Düngen: von März bis Oktober wöchentlich mit Blattpflanzendünger versorgen. Von Oktober bis März nur alle sechs Wochen düngen.

Umtopfen: kleine Pflanzen jährlich im Februar in tonhaltige, frische Blumenerde topfen. Große Pflanzen können auch nur alle zwei Jahre umgetopft werden. Der Zeitpunkt des Umtopfens ist zugleich für den eventuell nötigen Rückschnitt geeignet. Dann aber abschließend hell stellen.

Pflanzenschutz: Thripse trten auf, besonders an lufttrockenen Standorten auch Spinnmilben. Gießschäden vermeiden.

Vermehrung: gelingt am leichtesten im Sommerhalbjahr aus Stecklingen von jüngeren, ausgereiften Trieben. Kopf- und Triebstecklinge sind üblich, doch auch das Abmoosen der schwerer wurzelnden Arten ist erfolgreich. Die Stecklinge an der Schnittstelle antrocknen lassen, in Torf-Sand-Gemisch (1:1) unter Folie feucht und bei 25 – 30 °C warm an hellem Ort halten. Hinweis: die Blätter der Stecklinge um ein Drittel einkürzen, außer bei F. pumila, dessen Blätter nicht eingekürzt werden, ebenso nicht bei F. elastica und F. lyrata, hier werden sie zusammengerollt und mit einem breiten Gummiband umstülpt.

Besonderheiten: die Arten vertragen den Rückschnitt, danach hell genug stellen, um den Austrieb anzuregen. F. elastica und F. lyrata vertragen den Rückschnitt bis in das alte Holz, etwa 30 bis 40 cm Stammlänge sollen aber erhalten bleiben. Nach dem Schnitt fließt aus vielen Arten ein weißlicher Milchsaft, der klebrige Flecken erzeugt. Vorsicht bei Teppichböden und anderen empfindlichen Oberflächen. Saftfluß durch aufgedrücktes Papiertuch stoppen. Des Blutens wegen ist bei großen Pflanzen ein Rückschnitt in Etappen sinnvoll.

Ficus lyrata, Geigenfeige

Mein Rat: Blätter der großblättrigen Arten monatlich mit feuchtem, weichem Tuch ohne Reinigungsmittel vom Staub befreien.

Ficus elastica, Gummibaum

Ficus pumila

Fittonie

Fittonia verschaffeltii

Allgemeines: auch Mosaikpflanze genannt; wüchsige, relativ niedrig bleibende Blattschmuckpflanze. Die hellgrünen Blätter sind mit interessant wirkenden, je nach Sorte weißlichen und rötlichen Blattadern durchzogen.

Standort: halbschattiger Standort, keine Zugluft, bei sommertags 20 – 25 °C und möglichst hoher Luftfeuchtigkeit halten. Wintertags nicht deutlich unter 18 °C, aber hell stellen, zu dieser Zeit auch lufttrockener.

Gießen: zimmerwarmes, kalkfreies Wasser verwenden, regelmäßig gießen, feucht halten, aber keine Staunässe. Im Sommer häufig einsprühen.

Düngen: während der Wachstumsphase von März bis September regelmäßig wöchentlich mit Blattpflanzendünger.

Umtopfen: jährlich im Frühjahr in nicht zu hohe Töpfe und frische Blumenerde setzen. Mehrere unterschiedliche Sorten sehen zusammengepflanzt sehr schön aus.

Pflanzenschutz: *Fittonia* ist recht robust.

Vermehrung: Kopfstecklinge vom späten Frühjahr bis in den Sommer. Wachsen leicht an. Die Stecklinge in feuchtwarmem Torf-Sand-Gemisch (1:1) bei ca. 22 °C unter Folie bewurzeln. Dann zu dritt in Topf setzen.

Besonderheiten: wird buschiger, wenn sie während des Wachstums gelegentlich entspitzt wird. Im Winter manchmal abgeworfene Blätter wachsen zum Frühjahr leicht nach.

Fittonia verschaffeltii,
Fittonie

Knopflochblume

Gardenia jasminoides

Allgemeines: auffällig duftende Blüten. Ansteckblume.

Standort: hell, viel Licht, keine pralle Sonne; feucht und gleichmäßig warm halten bei 18 – 25 °C im Sommer. Von Oktober bis Februar nicht unter 12 – 15 °C; dann auch Ruhepause einhalten: kühl aber hell stellen.

Gießen: mit zimmerwarmem, kalkfreiem Wasser im Sommerhalbjahr feucht, aber ohne Staunässe halten und häufig einsprühen. Zur Feuchtigkeit ist auch die Wärme wichtig! Im Winter nur mäßig gießen, aber nie trocken werden lassen.

Düngen: 14tägig mit Azaleendünger, davon nur die halbe vom Hersteller angegebene Menge verwenden.

Umtopfen: jährlich im Februar in Azaleenerde setzen, der ca. 15 Prozent Blähton beigemengt wird. Dann auch zurückschneiden.

Pflanzenschutz: auf Blattlausbefall achten.

Vermehrung: Stecklinge im Sommer in feuchtes Torf-Sand-Gemisch (1:1) stecken, unter Folie feucht und bei 25 – 30 °C warm halten. Bewurzelungsmittel sinnvoll.

Besonderheiten: Styroporplatte o.ä. zwischen Topf und Fensterbank wirkt gegen kühlen Topf. Wirft Knospen bei Trockenheit oder Umstellen leicht ab.

Mein Rat: Jüngere Pflanzen blühen besser als ältere, darum rechtzeitig ersetzen.

Gardenia jasminoides,
Knopflochblume

Gasterie
Gasteria

Allgemeines: Lilienverwandte, deren Blüten aber eine untergeordnete Rolle spielen, da sie als Blattschmuckpflanze gehalten wird. Mehrere Arten mit unterschiedlicher Belaubung sind erhältlich, *G. verrucosa* ist am weitesten verbreitet.

Standort: hell, auch pralle Sonne, bei Temperaturen von 15 – 30 °C im Sommer; im Winter ebenso hell stellen, aber kühler bei ca. 10 °C, nicht unter 5 °C. Verträgt auch trockene Zimmerluft.

Gießen: im Sommer sehr mäßig, nie zu feucht oder gar staunaß, wintertags gerade vor dem Austrocknen bewahren.

Düngen: von April bis Oktober monatlich mit Kakteendünger versorgen.

Umtopfen: meist nur alle zwei Jahre erforderlich, dann in Kakteenerde und nicht zu große Töpfe setzen.

Pflanzenschutz: Schäden durch Wolläuse, Schildläuse, meist durch übermäßiges Gießen.

Vermehrung: gelingt leicht durch sich bildende Seitentriebe, die abgetrennt und getopft werden. Blattstecklinge: Schnittfläche eine Woche lang antrocknen lassen, dann in feuchten Sand stecken, hell und warm halten.

Besonderheiten: Blattfärbung leidet durch zu warmen Standort im Winterquartier.

Gasteria, Gasterie

Gerbera
Gerbera

Allgemeines: bekannte Schnittblume mit Blüten in vielerlei Farben, von der mittlerweile auch als blühende Topfpflanze gedeihende, kleiner bleibende Sorten vorliegen. Wie die Schnittblume hat die Topfgerbera haltbare Blüten.

Standort: hell und warm, verlangt sehr viel Licht, warm halten bei konstanten 20 °C im Sommer, im Winter bei 15 – 18 °C etwas kühler, dennoch möglichst hell stellen. Styroporplatte o.ä. zwischen Topf und Fensterbank im Winter.

Gießen: mit Fingerspitzengefühl mäßig gießen, nicht austrocknen lassen.

Düngen: von März bis Oktober wöchentlich mit Blütenpflanzendünger versorgen.

Umtopfen: im Februar in frische, möglichst sandige Blütenpflanzenerde setzen.

Pflanzenschutz: Mehltau,

Weiße Fliege und Blattläuse können auftreten.

Vermehrung: Teilung ist möglich. Ansonsten Aussaat, die ist aber eher Gärtnersache. Säen in Aussaaterde, mit einem Blatt Zeitungspapier luftig abdecken, keimt nach 14 bis 20 Tagen bei 21 – 24 °C Keimtemperatur. Jungpflanzen in Töpfe pikieren und bei 20 °C weiterpflegen.

Besonderheiten: vor der Überwinterung wird das Laub ausgelichtet, das bringt mehr Licht in die Pflanze.

Gerbera, auch als Schnittblume bekannt

Gundelrebe

Glechoma hederacea

Allgemeines: auch Gundermann genannt, kriechend hängende Blattschmuckpflanze. Am weitesten verbreitet ist die weißbunt beblätterte Sorte 'Variegata'.

Standort: halbschattig bis schattig, Temperaturen bei 18 – 20 °C. Wintertags kann sie kühler stehen, selbst noch bei 5 °C, dann aber nicht zu dunkel.

Gießen: feucht, aber nicht zu naß halten, im Winter, je nach Standortwärme und -helligkeit, deutlich weniger gießen und trockener halten.

Düngen: 14tägig mit Blattpflanzendünger; von Oktober bis Februar nur alle sechs bis acht Wochen mit der Hälfte der vom Hersteller genannten Menge.

Umtopfen: je nach Durchwurzelung jährlich oder alle zwei Jahre in frische Blumenerde setzen, der Erde ca. 15 Prozent Blähton beimengen. Pflanze dann auch stutzen.

Pflanzenschutz: gilt als robust, Schäden eher durch Gießfehler als durch Schädlinge.

Vermehrung: Teilung ist möglich, am leichtesten beim Umtopfen. Sonst im späten Frühjahr bis Sommer Stecklinge in Torf-Sand-Gemisch (1:1) unter Folie feucht halten und bei 20 – 25 °C bewurzeln.

Besonderheiten: die buntblättrige Sorte färbt an weniger dunklem Platz besser aus. Verwendung auch als Ampelpflanze, zur Unterpflanzung großer Zimmerpflanzen und als Balkonpflanze.

Glechoma hederacea 'Variegata', Gundelrebe

Ruhmeskrone, Gloriose

Gloriosa superba

Allgemeines: Kletterpflanze; überwintert als Knolle.

Standort: hell, keine pralle Sonne, bei 20 – 25 °C, warm und luftfeucht. Verträgt ab Ende Mai auch warmen, geschützten Platz im Freiland.

Gießen: bis die Knospen durchtreiben nur leicht feucht halten, dann, je nach Pflanzengröße, langsam kräftiger gießen, häufig einsprühen. Wenn die Blätter langsam welken, das Gießen nach und nach zurückfahren, Knollen im Topf abtrocknen lassen.

Düngen: wöchentlich mit Blütenpflanzendünger, solange die Pflanze grün ist.

Umtopfen: im Februar Knollen in Töpfe legen, Triebknospen nach oben, 2 – 3 cm dick mit Blumenerde bedecken. Die Triebe nach dem Austrieb hochranken lassen.

Pflanzenschutz: Blattlausbefall ist möglich.

Vermehrung: aus sich bildenden Tochterknollen.

Besonderheiten: Knollen nach dem Abtrocknen im Topf lassen, das Gefäß dunkel abdecken und bis zum erneuten Umtopfen im Februar bei 15 – 20 °C lagern. Knolle ist sehr giftig, enthält Colchicin!

Mein Rat: Vorsicht! Beim Hantieren mit der Knolle die Triebknospen nicht abbrechen, sie brechen leicht.

Gloriosa superba, Ruhmeskrone

Kugelamarant

Gomphrena

Allgemeines: einjährige Topf- und Beetpflanze, blüht von Juni bis September in Rottönen oder Weiß. Als Blütenschmuck im Haus, zum Bepflanzen von dekorativen Schalen und zur Gestaltung von Freilandbeeten und Balkonkästen geeignet.

Standort: hell, auch direkte Sonne, bei Temperaturen um 20 °C.

Gießen: mäßig feucht halten, keine Staunässe, nicht austrocknen lassen.

Düngen: wöchentlich mit Blütenpflanzendünger versorgen.

Umtopfen: ist nicht erforderlich, da keine Weiterpflege erfolgt.

Pflanzenschutz: gilt als robust.

Vermehrung: Aussaat ab März in Aussaaterde, Keimtemperaturen von 16 – 18 °C, keimt nach ca. 14 Tagen. Danach in Töpfe pikieren und bis zur Blüte etwas wärmer weiterpflegen.

Besonderheiten: wird nach dem Verblühen nicht weitergepflegt, stirbt dann bald ab.

Australische Silbereiche

Grevillea robusta

Allgemeines: ihr Name kommt von ihrer australischen Herkunft und dem silbrig seidigen Glanz ihrer jungen Blätter.

Standort: für kühlere und wärmere Orte geeignet – Hauptsache hell, keine pralle Sonne. Bevorzugte Sommertemperaturen um 20 °C, im Winterhalbjahr um 10 °C. Gedeiht auch gut in luftigen, nicht zugigen Wintergärten. Falls sommertags im Freien, dann in den Halbschatten.

Gießen: vor allem im Sommer regelmäßig und der Pflanzengröße entsprechend reichlich gießen. Verträgt keine Staunässe. Im Winter sehr mäßig gießen, ohne sie ganz austrocknen zu lassen.

Düngen: von März bis Oktober regelmäßig wöchentlich mit Blattpflanzendünger entsprechend seiner Gebrauchsanweisung.

Umtopfen: junge Pflanzen jährlich, ältere alle zwei Jahre im Frühjahr in frische Blumenerde setzen. Der Blumenerde eine Handvoll Blähton beimengen.

Pflanzenschutz: robust, in warmen, lufttrockenen Räumen jedoch Spinnmilbenbefall möglich.

Vermehrung: Aussaat von handelsüblichem Saatgut im Februar. Stecklinge unter Folie in Torf-Sand-Gemisch (2:1) im August.

Besonderheiten: wächst am besten über 15 °C. Rückschnitt nur, falls wirklich nötig, sie wird dann breitbuschig. Benetzen der Blätter mit Wasser kann Laubabwurf bewirken.

Gomphrena,
Kugelamarant

Grevillea robusta,
Australische
Silbereiche

Samtpflanze

Gynura aurantiaca

Allgemeines: Samtpflanze heißt die *Gynura* zu Recht, da sie am richtigen Standort ein prächtig violett gefärbtes Haarkleid auf ihren Blättern trägt. Da die Blüten optisch eine untergeordnete Rolle spielen, zählt sie zu den Blattschmuckpflanzen. *Gynura procumbens* und *G. scandens* eignen sich auch als Ampelpflanzen, letztere sogar am Kletterspalier.

Standort: heller Platz, keine pralle Sonne, mag Wärme; im Winter Temperaturen von 15 – 18 °C halten. Verträgt Freiland in der frostfreien Zeit.

Gießen: im Sommerhalbjahr von März bis Oktober feucht halten, im Winterhalbjahr verhaltener gießen.

Düngen: im Sommerhalbjahr wöchentlich mit Blattpflanzendünger.

Umtopfen: wird die *Gynura* regelmäßig vermehrt, so muß die Mutterpflanze nicht umgetopft werden.

Pflanzenschutz: Befall mit Blattläusen, an lufttrockenen, warmen Standorten auch mit Spinnmilben möglich.

Vermehrung: leicht durch die beim Stutzen anfallenden Triebspitzen, gelingt im Wasserglas. Gleich drei bewurzelte Stecklinge zusammentopfen.

Besonderheiten: Stutzen der Pflanzen bewirkt dichtere Verzweigung. Die Blütenstände besser frühzeitig entfernen, da sie aufgeblüht unangenehm riechen. Die Haarfärbung verliert *Gynura* an zu warmen und zu dunklen Standorten.

Haworthie

Haworthia

Allgemeines: kleinbleibende, rosettenförmig wachsende Gattung der Liliengewächse, Heimat Südwestafrika. Blattschmuckpflanze, die allerdings auch hübsch blüht. Mehrere Arten im Handel mit jeweils unterschiedlichen Rosetten- und Blattstrukturen.

Standort: März bis Anfang Oktober hell, keine pralle Sonne, 18 – 30 °C, Freiland möglich; Oktober bis März hell, aber kühler bei 10 ° – 18 °C.

Gießen: im Sommer mäßig, jedoch nie ganz trocken werden lassen. Im Winter sehr knapp wässern. Nicht direkt auf die Pflanze gießen.

Düngen: selten düngen, nur im Sommerhalbjahr, max. einmal im Monat mit Kakteendünger.

Umtopfen: alle zwei Jahre in flache Töpfe, besser in Schalen setzen, dazu kiesige, sandige Erden oder Kakteenerde verwenden.

Pflanzenschutz: Blattläuse und Wolläuse möglich.

Vermehrung: die sich bildenden Seitensprosse (Kindel) abtrennen und in o.g. Umtopferde pflanzen. Schnittwunde zuvor antrocknen lassen. Auch Blattstecklinge wachsen an.

Besonderheiten: wird gerne in Kakteensammlungen einbezogen, wirkt besonders, wenn unterschiedliche Arten in Schalen mit Steinen arrangiert werden. Rötliche Blattfärbung deutet auf zuviel Sonne hin.

Gynura, Samtpflanze

Haworthia,
Haworthie

Efeu
Hedera

Allgemeines: eine der bekanntesten Blattschmuck- und Rankpflanzen mit Hunderten von Sorten, die sich in Wuchsform und -stärke, Blattform und -färbung unterscheiden. Sie gehen zumeist auf *H. helix*, *H. colchica* und *H. helix canariensis* sowie deren Kreuzungen zurück.

Standort: halbschattig bis schattig für die grünen Sorten; hell bis halbschattig, keine pralle Sonne bei den buntblättrigen. Bei 18 – 20 °C, von Oktober bis Februar bei ca. 10 °C kühler halten.

Gießen: mäßig feucht, öfter besprühen. Je dunkler der Standort, desto mäßiger gießen, ebenso von Oktober bis Februar.

Düngen: wöchentlich von März bis Oktober mit Blattpflanzendünger.

Umtopfen: jährlich im Februar in frische Blumenerde, große Pflanzen auch nur alle zwei Jahre.

Pflanzenschutz: vor allem Fäule bei zuviel Nässe und Spinnmilben bei zu hoher Lufttrockenheit. Auch Befall mit Thripsen möglich.

Vermehrung: Ranken vor Ort in einem Blumentopf mit Erde befestigen und sie nach dem Anwachsen von der Mutterpflanze trennen.

Besonderheiten: verwendbar als Ampelpflanze, auf der Blumensäule, als Unterpflanzung größerer Zimmerpflanzen, als Raumteiler am Rankgitter, zur Gestaltung von Pflanzschalen.

Hedera helix canariensis 'Gloire de Marengo'

Halbgriffel
Hemigraphis

Allgemeines: flachbuschig-kriechend wachsende Grünpflanze mit zierlicher Belaubung. Zumeist ist *H. alternata* verbreitet, Blätter unterseits rötlich. Blüten zierlich, weiß, von untergeordneter Bedeutung.

Standort: hell, keine pralle Sonne, verlangt hohe Luftfeuchtigkeit. Insgesamt besser für gelüftete Pflanzenvitrinen oder vergleichbare Blumenfenster geeignet. Bei Temperaturen von 20 – 25 °C, nie unter 10 °C halten.

Gießen: kalkfreies, raumtemperiertes Gießwasser verwenden, mäßig gießen, nie zu naß halten.

Düngen: 14tägig mit der halben Menge der Herstellerangabe mit Blattpflanzendünger versorgen.

Umtopfen: jährlich im Februar in frische Blumenerde setzen. Beigabe einer Handvoll Torf und 15 Prozent Blähton ist vorteilhaft.

Pflanzenschutz: auf Gießschäden und Blattlausbefall achten.

Vermehrung: Stecklinge in Torf-Sand-Gemisch (1:1) stecken, unter Folie feucht und bei 20 – 25 °C warm halten. Stecklinge nach dem Austrieb einige Male stutzen.

Besonderheiten: nicht zu dunkel halten, zur optimalen Blattausfärbung ist ausreichende Helligkeit nötig.

Mein Rat: Als Unterpflanzung größerer Zimmerpflanzen empfehlenswert.

Hemigraphis, Halbgriffel

Hibiskus

Hibiscus rosa-sinensis

Allgemeines: zahlreiche Sorten. Größere Pflanzen werden auch als Kübelpflanzen verwendet.

Standort: halbschattig hell, keine pralle Sonne, Temperaturen ab 20 °C, feucht und warm. Von Oktober bis Februar hell, aber nur um 15 °C etwas kühler stellen.

Gießen: mäßig feucht, nicht zu naß, öfters einsprühen. Knospenfall bei zu großer Trockenheit möglich. Von Oktober bis Februar etwas weniger gießen, aber nicht austrocknen lassen.

Düngen: von März bis Oktober wöchentlich mit Blütenpflanzendünger versorgen.

Umtopfen: kleine Pflanzen jährlich im Februar in frische Blumenerde setzen, größere nur alle zwei Jahre.

Pflanzenschutz: auf Befall mit Blattläusen und Spinnmilben achten.

Vermehrung: ab etwa Mai von jungen, ausgereiften Triebstücken Stecklinge schneiden, bei Temperaturen um 25 °C in Torf-Sand-Gemisch (1:1) stecken und unter Folie feucht halten. Bewurzelungsmittel verwenden. Hell stellen.

Besonderheiten: Umstellen während der Blüte kann zu Knospen- und Blütenabwurf führen. Vor dem Überwintern zurückschneiden.

Hibiscus rosa-sinensis,
Hibiskus

Ritterstern

Hippeastrum-Vittatum-Hybriden

Allgemeines: fälschlich Amaryllis genannt; blühende Zwiebelpflanze, viele Sorten, blühen von Januar bis April.

Standort: mit Beginn der Vegetationszeit hell bei 20 – 22 °C, mit fortgeschrittenem Wachstum auch etwas kühler bei 18 – 20 °C. Nach der Blüte hell bis sonnig und um 20 °C halten, bis die Blätter im September/Oktober einziehen. Ab Oktober bis zum Neuaustrieb bei 15 °C überwintern.

Gießen: nach dem Austrieb sparsam gießen, bis der Blütenstiel etwa 30 cm Höhe erreicht hat, dann mäßig feucht halten bis September, wenn durch langsames Einstellen des Gießens nach dem Welken der Blätter die Winterruhe eingeleitet wird.

Düngen: nach der Blüte bis August wöchentlich mit Blütenpflanzendünger.

Umtopfen: gegen Ende der Ruhezeit, etwa zum Jahresende, die Zwiebel in Topf, etwas größer als der Zwiebeldurchmesser, in frische Blumenerde setzen. Zwiebel nur bis zu $2/_3$ ihrer Höhe eintopfen.

Pflanzenschutz: auf Befall mit Thripsen und Wolläusen achten.

Vermehrung: Brutzwiebeln nach deren Wurzelbildung abtrennen und topfen.

Besonderheiten: Blütenstiel nach der Blüte abschneiden.

Mein Rat: Verlangt etwas einfühlsame Pflege. Nur der eingehaltene Rhythmus von Wachstums- und Ruhezeit garantiert die üppige Blüte.

*Hippeastrum-Vittatum-*Hybride, Ritterstern

Wachsblume

Hoya

Allgemeines: Schlingpflanze mit vielen Arten und Sorten, aparte Blüten. *H. carnosa* wächst kräftig, hat weiße oder rosa Blüten. Von ihr gibt es auch buntblättrige und kompaktwüchsige Sorten. *H. bella* wächst zierlicher und buschiger. *H. multiflora* ist gelbblütig.

Standort: sehr hell, keine pralle Sonne. *H. bella* und *H. multiflora* ziehen Halbschatten vor. Temperaturen um 20 °C im Sommer, um 10 °C im Winter. Die beiden letztgenannten sollten stets etwas wärmer und von Oktober bis Februar nicht unter 18 °C stehen.

Gießen: im Sommer feucht halten, keine Staunässe. Von Oktober bis Februar deutlich weniger gießen, ganzjährig einsprühen, besonders *H. bella* und *H. multiflora*.

Düngen: von März bis Oktober 14tägig mit Blütenpflanzendünger.

Umtopfen: reicht alle zwei Jahre, dann in leicht saure Blumenerde, dazu eine Handvoll Torf mit untermengen. 15 Prozent Blähton zur Strukturverbesserung beimengen.

Pflanzenschutz: Schildläuse und Wolläuse, bei *H. bella* und *H. multiflora* seltener auch Blattläuse.

Vermehrung: Ranken vor Ort in Blumentopf mit Blumenerde absenken, nach dem Anwachsen von der Mutterpflanze trennen.

Besonderheiten: nach Knospenansatz nicht mehr umstellen, Blütenstiele nach dem Verblühen nicht entfernen, aus ihnen erwachsen neue Blüten.

Hyazinthe

Hyacinthus orientalis

Allgemeines: frühjahrsblühende Freilandpflanze, Zwiebelpflanze mit großem Spektrum an Blütenfarben und sehr starkem Duft. Üblich ist das Antreiben über einem Wasserglas, wozu spezielle 'Hyazinthengläser' im Fachhandel erhältlich sind. Zur Blütezeit wird sie auch als Zimmerpflanze genutzt.

Standort: beim Antreiben über dem Wasserglas kühl bei 10 – 15 °C und ganz dunkel halten, bis zur starken Durchwurzelung. Dann heller und bei ca. 15 °C wärmer stellen. Trieb dabei stets durch eine Papphaube abdecken. Mit dem Aufblühen wieder etwas kühler stellen.

Gießen: beim Antreiben über dem Wasserglas den Füllstand bis knapp unter der Zwiebel halten (kein Kontakt mit der Zwiebel). Bei der Erdkultur mäßig feucht halten.

Düngen: ist nicht erforderlich.

Umtopfen: nicht nötig, nach dem Abblühen in den Garten pflanzen.

Pflanzenschutz: Pilzinfektionen der Zwiebel.

Vermehrung: durch sich bildende Brutzwiebeln, eher Gärtnersache.

Besonderheiten: kommt nicht richtig zur Blüte, wenn sie zu warm oder zu hell angetrieben wird. Vor dem Antreiben ist eine ca. zweimonatige Kühlphase der Zwiebel erforderlich. Leichter ist es, entsprechend präparierte Zwiebeln im Fachhandel zu erwerben.

Mein Rat: Werden mehrere Pflanzen in einer Schale angetrieben, dann nur eine Sorte verwenden, um gleichzeitiges Aufblühen zu gewährleisten.

Hoya bella,
Wachsblume

Hyacinthus orientalis,
Hyazinthe

Hortensie

Hydrangea macrophylla

Allgemeines: eigentlich Freilandpflanzen sind die als Zimmerpflanze von April bis Juni angebotenen Hortensien vorgetriebene Sorten.
Standort: hell bis halbschattig, keine pralle Sonne, bei Temperaturen von 15 – 18 °C.
Gießen: stets feucht, nicht staunaß halten. Der Kalkgehalt des Gießwassers kann auf die Blütenausfärbung wirken.
Düngen: wöchentlich mit Blütenpflanzendünger düngen.
Umtopfen: nach der Blüte in den Garten setzen, dabei über zeitweiliges Hinausstellen langsam abhärten und im Freiland dann im ersten Winter Winterschutz geben. Im Herbst ins Haus geholte Pflanzen ebenfalls langsam umgewöhnen, bis Februar kühl und hell stellen, um sie dann in frische Erde zu setzen und bei 15 – 20 °C bis zur Blüte anzutreiben. Gelingt in der Wohnung nur mäßig.
Pflanzenschutz: Blattläuse, seltener Spinnmilben.
Vermehrung: nach dem Ausreifen der jungen Triebe können davon Stecklinge geschnitten werden, die in Torf-Sand-Gemisch (1:1) unter Folie feucht gehalten und bei 20 – 25 °C bewurzelt werden.
Besonderheiten: rot-, rosa-, weiß- und blaublühende Sorten. Hortensien tendieren zu roter Blüte in alkalischem, also kalkhaltigem Substrat, in saurem Substrat, etwa Azaleenerde, hingegen zu blauen Blüten. Blütenfarbe sortenbedingt, aber in der Ausprägung über die Bodenreaktion (pH-Wert) steuerbar.

Hydrangea macrophylla in Altrosa, Hortensie

Kußmäulchen

Hypocyrta glabra

Hypocyrta glabra, Kußmäulchen

Allgemeines: flachbuschig wachsende, immergrüne Zimmerpflanze mit leuchtendorangefarbenen Blüten vom Sommer bis in den Herbst hinein.
Standort: möglichst hell, mindestens aber halbschattig, keine pralle Sonne. Verträgt Lufttrockenheit. Temperaturen bei 20 °C halten, in der Zeit von Oktober bis Februar um 10 – 15 °C.
Gießen: möglichst kalkarmes, raumtemperiertes Gießwasser verwenden. Mäßig feucht halten. In der Ruhephase von Oktober bis Februar trockener halten, aber nicht austrocknen lassen.
Düngen: von März bis Oktober wöchentlich mit Blütenpflanzendünger versorgen.
Umtopfen: im Februar in frische Erde setzen; Azaleenerde verwenden, der 15 Prozent Blähton beigemengt wird.
Pflanzenschutz: ist robust, Schäden durch zu kalkhaltiges Gießwasser vermeiden, wodurch Nährstoffmangel auftreten kann (siehe Seite 64 f.).
Vermehrung: Stecklinge zu mehreren in Torf-Sand-Gemisch (1:1) stecken, unter Folie feucht und bei 20 – 25 °C warm halten. Buschige, ältere Pflanzen aus mehreren Stecklingen kann man später teilen.
Besonderheiten: Ruheperiode von Oktober bis Januar, dann hell, kühler und trockener halten. Ist zur Blütenbildung erforderlich.

Punktblume

Hypoestes phyllostachya

Allgemeines: durch ihr rosa-grün gesprenkeltes Blattwerk und den niedrigen Wuchs eine attraktive Blattschmuckpflanze, die als Farbtupfer zwischen Grünpflanzen und als Unterpflanzung größerer Zimmerpflanzen verwendet wird.

Standort: hell, keine pralle Sonne, hohe Luftfeuchtigkeit. Temperaturen von 20 – 25 °C von März bis Oktober, kaum unter 20 °C in der danach lichtärmeren Zeit bis Februar.

Gießen: mäßig feucht halten, öfter einsprühen, von Oktober bis Februar etwas trockener halten, aber nicht eintrocknen lassen.

Düngen: von März bis Oktober 14tägig mit der Hälfte der Konzentration der Herstellerangabe mit Blattpflanzendünger versorgen.

Umtopfen: im Februar in frische Blumenerde setzen.

Pflanzenschutz: ist robust; gewellte Blätter bei zu großer Nässe.

Vermehrung: im Sommer von jüngeren, ausgereiften Trieben Stecklinge schneiden und in Torf-Sand-Gemisch (1:1) stecken, feucht und unter Folie bei 20 – 25 °C warm halten, nach dem Austrieb gelegentlich stutzen, um buschigere Pflanzen zu bekommen.

Besonderheiten: heller Standort gewährleistet optimale Blattausfärbung.

Mein Rat: Regelmäßiger Rückschnitt ergibt kompakteren Wuchs.

Fleißiges Lieschen

Impatiens

Allgemeines: ca. 600 Arten, Heimat Gebirgswälder des tropischen Ostafrika. Blüten in verschiedenen Farben. *I. balsamina* als Zimmerpflanze geeignet. *I. walleriana* und *I.-Neu-Guinea*-Hybriden wachsen am besten im Balkonkasten oder im Garten.

Standort: *I. balsamina* im Sommer halbschattig ohne direkte Sonne, im Winter mäßig kühl stellen (15 – 20 °C). *I. walleriana* und *I.-Neu-Guinea*-Hybriden an luftigen, nicht zu warmen Standort setzen.

Gießen: stets feucht halten, aber Staunässe vermeiden. Am besten mit entkalktem Wasser gießen.

Düngen: von März bis September einmal pro Woche mit handelsüblichem Blumendünger, sonst nicht düngen.

Umtopfen: entfällt, da die Pflanzen nur ein- bzw.

Fleißiges Lieschen in Pink

zweijährig sind. Neue Pflanzen aus Samen ziehen.

Pflanzenschutz: Spinnmilben, Blattläuse, Weiße Fliege bei zu sonnigem, zu trockenem Stand und/oder Nährstoffmangel.

Vermehrung: durch Aussaat im Februar/März. In Schalen aussäen, die mit TKS oder Einheitserde gefüllt sind; bei 15 – 20 °C und schattig aufstellen, gleichmäßig feucht halten.

Besonderheiten: Blattfall, Blütenarmut bei zu kühlem oder zu nassem Stand.

Hypoestes phyllostachya
in Weißbunt und Rotbunt,
Punktblume

Impatiens-Neu-
Guinea-Hybriden,
Fleißiges Lieschen

Trichterwinde

Ipomoea

Allgemeines: ca. 400 Arten. In Kultur vor allem *I. purpurea* (jetzt *Pharbitis purpurea*) und *I. tricolor*. Heimat tropisches Amerika. Stark wachsende, einjährige Schlingpflanze. Blüht in Weiß, Rosa, Blau und Violett mit großen, leuchtenden Blüten von Juli bis Oktober. Bis 3 m hoch. Geeignet für Sichtschutzwände, zum Begrünen von Wänden, Pfosten oder Pergolen auf dem Balkon oder im Garten. Stabiles Rankgerüst zum Hochwachsen geben.

Standort: vollsonnig und warm. Auf warmen Boden achten. Im Sommer ins Freie stellen.

Mein Rat: Erst nach den Eisheiligen (15. Mai) ins Freie stellen. Direktaussaat ins Freie ab Mai mit 10 cm Abstand möglich, dann aber etwas spätere Blüte als bei Anzucht im Zimmer.

Gießen: feucht halten, nicht austrocknen lassen.

Düngen: während des Sommers einmal pro Woche mit handelsüblichem Blumendünger.

Umtopfen: entfällt, da die Pflanze nur einjährig ist. Nach der Blüte wegwerfen.

Pflanzenschutz: wenig Schädlinge oder Krankheiten.

Vermehrung: durch Aussaat. Im Februar/März drei Körner in 5- bis 6-cm-Topf. Luft- und Bodentemperatur 20 – 25 °C (auf die Fensterbank stellen). Gleichmäßig feucht halten. Nach der Keimung vereinzeln und bei etwa 16 °C aufstellen. Den Pflanzen Stäbe als Rankhilfe geben.

Besonderheiten: die Blüten öffnen sich an sonnigen Tagen sehr früh am Morgen (gegen 4 Uhr) und schließen sich bereits am Ende des Vormittags wieder; es kommen aber ständig neue Blüten nach.

Ipomoea, Trichterwinde

Iresine

Iresine

Iresine

Allgemeines: einjähriges oder mehrjähriges Kraut mit weinrot gefärbten Blättern. *I. lindenii* mit länglich zugespitzten Blättern. Die Blätter von *I. herbstii* sind eiförmig bis rund und haben eine unregelmäßig gewölbte Oberfläche. Heimat Mexiko. Zimmerpflanze und beliebte Beetpflanze in Rabatten. Die hübsche Farbe macht sie als Einfassung von Beeten interessant.

Standort: hell, sonnig, luftig, etwas luftfeucht. Im Sommer Zimmertemperatur, im Winter kühl aufstellen (bei 15 – 20 °C).

Gießen: stets feucht halten. Extreme wie Ballentrockenheit oder Staunässe meiden. Wasser sollte zimmerwarm sein. Ab und zu sprühen.

Düngen: von Frühjahr bis Herbst alle zwei Wochen, im Winter etwa alle drei Wochen mit handelsüblichem Blumendünger.

Umtopfen: lohnt sich nicht (Pflanzen werden nur einjährig gezogen). Im Sommer Stecklinge ziehen und diese überwintern.

Pflanzenschutz: Verblassen der Blätter bei zu schattigem Stand.

Vermehrung: im Frühjahr oder Sommer Triebstecklinge schneiden, in feuchtem Torf-Sand-Gemisch bewurzeln lassen, nach dem Anwachsen öfter entspitzen, dann werden die Pflanzen buschiger.

Besonderheiten: auch als Ampelpflanze geeignet. Nach einer Saison wegwerfen, im zweiten Jahr nur noch unschöner Wuchs.

Ixore

Ixora coccinea

Palisanderbaum

Jacaranda

Allgemeines: Gattung *Ixora* mit ca. 400 Arten, Heimat Indien. Immergrüner Strauch mit länglich ovalen, ledrigen Blättern und orangeroten Blütendolden. Blüte im Zimmer im Sommer, im Tropenfenster das ganze Jahr über.

Standort: hell, luftfeucht. Keine direkte Sonne. Im Sommer bei Zimmertemperatur und wärmer, nicht unter 18 °C. Während der Winterruhe 14 – 16 °C.

Gießen: mäßig feucht halten, im Winter nur sporadisch gießen, aber nicht austrocknen lassen. Im Frühjahr und Sommer öfter sprühen. Enthärtetes Wasser benutzen.

Düngen: von März bis August einmal in der Woche, im Winter alle drei bis vier Wochen mit handelsüblichem Blumendünger.

Umtopfen: nach Bedarf im Frühjahr oder Sommer.

Erde: Einheitserde mit Sand und Lehm vermischt.

Pflanzenschutz: Blütenfall bei Standortwechsel. Schildläuse bei zu kühlem oder zu trockenem Stand. Einrollen der Blätter bei praller Sonne; die Pflanze dann absonnig stellen.

Vermehrung: durch Kopf- oder Triebstecklinge das ganze Jahr über möglich. Einzeln in Töpfe stecken, Bodentemperaturen um 25 – 30 °C; drei bis vier Wochen nach Wurzelbildung umtopfen, öfter stutzen.

Mein Rat: Beim Umsetzen nicht zu große Töpfe nehmen. Neigt zum Verkahlen, deshalb ab und zu etwas zurückschneiden.

Allgemeines: ca. 50 Arten. Als Zimmerpflanzen werden nur junge Exemplare von *J. mimosifolia* verkauft. Heimat Argentinien.

Standort: Sonne bis Halbschatten, warm, luftfeucht, keine direkte Sonne (Tropenfenster). Bei Temperaturen über 25 °C ausreichend lüften. Im Winter nicht unter 16 °C.

Gießen: mäßig feucht halten. Einmal täglich sprühen Entkalktes Wasser benutzen.

Düngen: von Frühjahr bis Herbst alle 14 Tage mit handelsüblichem Blumendünger, dann Düngepause.

Jacaranda, Palisanderbaum

Umtopfen: einmal im Jahr, im Frühjahr.

Pflanzenschutz: Abwurf der Blätter bei zu geringer Lichtintensität im Winter, die Pflanzen treiben aber im Frühjahr wieder aus (evtl. Zusatzlicht geben). Abwurf der Blätter auch in zu schattigen Räumen, bei Luft- und/oder Bodentrockenheit.

Vermehrung: durch Aussaat im Februar/März aus importierten Samen. Vor der Aussaat die Samen einige Stunden in Wasser quellen lassen, dann auslegen. Mit Glasscheibe und darüber Papier abdecken (Dunkelkeimer). Bodentemperatur 25 °C, Keimung nach ca. vier bis fünf Wochen. Später zwei bis drei Jungpflanzen in 7-cm-Topf setzen, ein- bis zweimal stutzen.

Ixora coccinea

Mein Rat: Ältere Pflanzen machen eine Winterruhe durch und brauchen dann etwas niedrigere Temperaturen (um 12 °C).

Jakobinie

Jacobinia

Allgemeines: ca. 50 Arten, Heimat Brasilien. *J. pauciflora* 30 – 60 cm hoch, vom Grunde auf mehrfach verästelt; Blätter klein, elliptisch; Blüten röhrenförmig, rotorange gefärbt. *J. carnea* 50 – 150 cm hoch, aufrecht wachsend, fünf bis sechs Triebe, an deren Ende die Blütenköpfe stehen; Blätter oval, weichhaarig.

Standort: sonnig, hell, *J. pauciflora* im Sommer auf den Balkon, überwintern im Zimmer bei 5 – 10 °C. *J. carnea* nicht in die pralle Sonne stellen, im Zimmer lassen (Temperaturen bis 25 °C), hell, im Winter 16 – 18 °C.

Gießen: stets gleichmäßig feucht halten, der Ballen darf nicht austrocknen. *J. pauciflora* im Winter, *J. carnea* im Sommer öfter sprühen.

Düngen: von April bis August einmal pro Woche, sonst einmal pro Monat mit handelsüblichem Blumendünger.

Umtopfen: *J. carnea* im Frühjahr, *J. pauciflora* im Januar/Februar in Blumenerde.

Pflanzenschutz: Blattläuse, Spinnmilben bei zu trockener Luft. Abfallen der Blätter und Blüten bei Ballentrockenheit oder zu hohen Temperaturen.

Vermehrung: Februar/März. Stecklinge von unverholzten Trieben schneiden. Bodentemperatur von 22 °C. *J. carnea* nach Bewurzeln ein- bis zweimal stutzen, um buschigeren Wuchs zu erzielen.

Mein Rat: **Rückschnitt bei Verkahlen der Pflanzen.** *J. carnea* **nach der Blüte regelmäßig zurückschneiden.**

Jasmin

Jasminum

Allgemeines: ca. 300 Arten. Der Kletterjasmin (*J. officinale*) kommt aus dem Vorderen Orient und China. Blüht von Frühsommer bis Herbst mit weißen, duftenden Blüten. Bis zu 3 m hoch. Rankende Pflanze, die auf jeden Fall eine Kletterhilfe braucht. Kann sowohl im Topf als Zimmerpflanze als auch als Kübelpflanze im Freien gehalten werden.

Standort: hell und luftig, verträgt keine direkte Sonne. Im Sommer an geschützten Platz im Garten stellen; im Winter kühl halten (bei 5 – 10 °C); am besten im Kalthaus den Topf in den Boden einsenken.

Gießen: stets mäßig feucht halten, bei kühler Überwinterung nur sporadisch gießen, sonst mehr. Bei warmem Stand öfter sprühen. Staunässe vermeiden.

Düngen: von Frühjahr bis Herbst alle ein bis zwei Wochen mit handelsüblichem Blumendünger.

Umtopfen: alle ein bis zwei Jahre im Frühjahr.

Pflanzenschutz: Blattläuse bei zu warmer Überwinterung. Trockene Blätter und Knospenfall bei Wassermangel.

Vermehrung: im Frühjahr oder Sommer durch nicht zu harte Kopfstecklinge. In feuchtes Torf-Sand-Gemisch stecken. Bei 20 °C Bodentemperatur und hoher Luftfeuchte (Folie überstülpen) bewurzeln lassen.

Besonderheiten: Blattfall im Herbst ist bei *J. officinale* normal (Ruhezeit vom Winter bis zum Frühjahr).

Jacobinia, Jakobinie

Jasminum, Jasmin

Flaschenpflanze

Jatropha

Allgemeines: ca. 130 Arten, Heimat Mittelamerika. Seit Mitte des letzten Jahrhunderts in gärtnerischer Kultur. 30 – 60 cm hoher Strauch mit verdicktem, sukkulentem Stamm. Schildförmige, mehrmals eingeschnittene, große Blätter. Rote Blütendolden an langem Stiel, die im Mai/Juni erscheinen.

Standort: hell und warm. Keine direkte Sonne. Von März bis September bei 20 – 25 °C, im Winter bei 10 – 15 °C aufstellen.

Gießen: mäßig, nur wenn der Ballen oberflächlich abgetrocknet ist. Im Winter nach Abwerfen der Blätter bis zum Neuaustrieb nicht gießen.

Düngen: von Frühjahr bis Herbst alle drei Wochen mit Kakteendünger. Sonst nicht düngen.

Umtopfen: alle ein bis zwei Jahre im Frühjahr oder Sommer.

Pflanzenschutz: wenig Schädlinge oder Krankheiten.

Vermehrung: durch Aussaat (blühende Pflanzen setzen meist einige Samen an) in Schalen in Einheitserde; warm und hell stellen. Nach der Keimung in Einzeltöpfe setzen (dann Gemisch aus Einheitserde und Lehm verwenden).

Besonderheiten: Blattfall im Herbst ist normal. Die Pflanzen beginnen ihre Ruhezeit.

Zimmerhopfen

Justicia brandegeana

Allgemeines: lang blühende Zimmerpflanze, fällt durch ihren ährigen Blütenstand mit an der Spitze gelben und der Basis roten Hochblättern und kleinen weißen Blüten auf. Im Handel auch unter *Beloperone guttata* geführt.

Standort: verlangt warmen, sonnigen – nicht prall sonnigen – Platz bei Temperaturen von 15 – 25 °C. Luftig, jedoch keine Zugluft. Im Sommer kann die Pflanze im Freiland stehen. Wintertags bei 12 – 15 °C halten.

Gießen: von März bis September kräftig gießen und feucht halten, aber ohne Staunässe; von Oktober bis Februar ziemlich trocken halten, ansonsten Laubabwurf möglich.

Düngen: von März bis Oktober wöchentlich mit handelsüblichem Blumendünger versorgen.

Umtopfen: jeweils im Februar in frische Blumenerde setzen. Dann zugleich um ein Drittel zurückschneiden und wärmer stellen.

Pflanzenschutz: auf Befall mit Blattläusen achten.

Vermehrung: Kopfstecklinge im Frühjahr in feuchtem Torf-Sand-Gemisch (1:1) unter Folie an hellem Platz bei 20 °C bewurzeln. Jungpflanzen danach zwei- bis dreimal umtopfen und dabei entspitzen, um buschige Pflanzen zu erzielen.

Besonderheiten: sonniger, luftiger Standort und lehmhaltige Blumenerde sind für die ausgeprägte Ausfärbung der Hochblätter besonders wichtig.

Mein Rat: Eine Durstperiode vor der Blüte fördert die Färbung.

Jatropha podagrica,
Flaschenpflanze

Justicia brandegeana
(syn. *Beloperone guttata*),
Zimmerhopfen

Flammendes Käthchen

Kalanchoë

Kalanchoë tessa in Ampel

Allgemeines: ca. 200 Arten. *K. blossfeldiana* kommt aus Madagaskar. Am meisten verbreitet und seit 1928 als Topfpflanze bekannt. Blütendolden blühen in Weiß, Gelb, Orange, Rot oder Violett. Blätter kahl, schwach sukkulent, dunkelgrün mit rotem Rand, dicht zusammen stehend, bis 7 cm lang und 4 cm breit, rundlich bis schaufelförmig.

Standort: warm und sehr hell, verträgt aber keine pralle Mittagssonne. Um neue Blütenbildung einzuleiten, nach dem Abblühen vier bis fünf Wochen lang im Kurztag halten (von 17 – 8 Uhr einen umgedrehten Karton überstülpen, siehe Seite 86 ff.), und kühl stellen (bei ca. 16 °C).

Gießen: ganzjährig mäßig feucht halten. Erst dann gießen, wenn der Ballen oberflächlich trocken ist.

Düngen: von Mai bis August alle zwei Wochen.

Umtopfen: von Frühjahr bis Sommer. Nur wenig größere Töpfe verwenden.

Pflanzenschutz: Abfaulen von Wurzeln und Trieben bei Staunässe.

Vermehrung: im Sommer, Kopfstecklinge mit zwei bis drei Blattpaaren schneiden. Einzeln in 7- bis 8-cm-Topf stecken. Temperatur von Luft und Boden bei 20 – 22 °C.

Kalanchoë, Flammendes Käthchen

Südseemyrte

Leptospermum scoparium

Leptospermum scoparium, Südseemyrte

Allgemeines: gehört zur Familie der Myrtengewächse. Ca. 50 Arten, Heimat Australien, Neuseeland. In ihrer Heimat im Wuchs sehr variabel: kommt sowohl als Strauch von ca. 30 cm als auch als Baum mit ca. 10 m Höhe vor. Die Zimmerpflanze ist ein sparrig verzweigter Strauch, bedornt, Blätter klein und spitz. Die weißen Blüten sitzen in den Blattachseln. Blüte von März bis Juni. Langsam wachsend.

Standort: hell, ohne direkte Sonne. Im Sommer ins Freie stellen, überwintern in sehr kühlem Raum (3 – 8 °C genügen).

Gießen: im Sommer reichlich, im Winter weniger. Entkalktes Wasser verwenden.

Düngen: von Frühjahr bis Herbst einmal pro Woche mit Blumendünger in halber Konzentration. Sonst nicht düngen.

Umtopfen: alle ein bis zwei Jahre im Frühjahr.

Erde: TKS oder Einheitserde mit Lehm vermischt.

Pflanzenschutz: wenig Schädlinge und Krankheiten.

Vermehrung: von März bis Mai durch krautige Stecklinge. Stecken in Schale mit Sand (unter der Sandschicht noch eine Sand-Torf-Schicht). Mit Haube abdecken, vor Sonne schützen. Temperatur um 18 – 20 °C, feucht halten. Nach dem Bewurzeln mehrmals stutzen, um buschigeren Wuchs zu erzielen.

Mein Rat: Vor dem Hereinholen ins Haus im Herbst auf halbe Höhe zurückschneiden.

Lilie

Lilium

Allgemeines: ca. 100 Arten; eigentlich nur für das Freiland geeignet. Auch die Topflilien sollten nach der Blüte ins Freie gesetzt werden. Topflilien sind kleinwüchsiger als Gartenlilien und blühen in Weiß, Gelb, Orange oder Rot, viele Sorten und Züchtungen, Höhe 50 – 90 cm. Als Topflilien u.a. die Arten *L. auratum* und *L. longiflorum*.

Standort: hell bis halbschattig, luftig, kühl (12 – 16 °C). Nach der Blüte die Zwiebeln in den Garten setzen.

Gießen: während der Blüte reichlich, in der Zeit vom Legen der Zwiebeln bis zur Blüte immer dann, wenn der Boden oberflächlich abgetrocknet ist.

Düngen: vom Austrieb bis zur Blüte alle zwei Wochen mit handelsüblichem Blumendünger. Sonst nicht düngen.

Umtopfen: siehe Vermehrung.

Erde: Mischung aus $\frac{1}{3}$ Lehm, $\frac{1}{3}$ Sand, $\frac{1}{3}$ TKS oder Einheitserde; Langzeitdünger mit einstreuen.

Pflanzenschutz: wenig Schädlinge und Krankheiten. Absterben der Pflanze bei zu viel Staunässe.

Vermehrung: durch Brutzwiebeln. Im Herbst Zwiebeln in Topf mit guter Drainage (Tonscherben; mehrere Abzugslöcher) legen, bis über die Spitze mit Erde zudecken. Kühl aufstellen (5 – 10 °C) und gerade feucht halten; ab Februar/März wärmer (10 – 12 °C), sobald die Zwiebeln austreiben, hellen Platz bei 12 – 16 °C geben und mehr gießen.

Mein Rat: Nach der Blüte das Laub erst vollständig verwelken lassen, bevor man die Zwiebeln im Herbst in den Garten setzt.

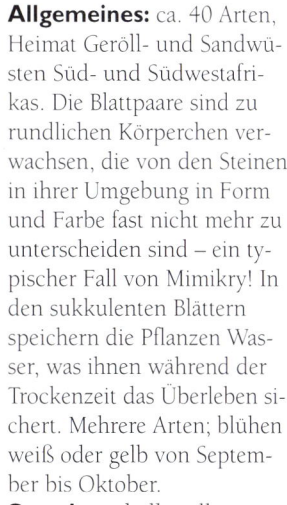

Lilium, Topflilie

Lebende Steine

Lithops

Allgemeines: ca. 40 Arten, Heimat Geröll- und Sandwüsten Süd- und Südwestafrikas. Die Blattpaare sind zu rundlichen Körperchen verwachsen, die von den Steinen in ihrer Umgebung in Form und Farbe fast nicht mehr zu unterscheiden sind – ein typischer Fall von Mimikry! In den sukkulenten Blättern speichern die Pflanzen Wasser, was ihnen während der Trockenzeit das Überleben sichert. Mehrere Arten; blühen weiß oder gelb von September bis Oktober.

Standort: hell, vollsonnig. Temperaturen um 20 °C, in der Ruhezeit von November bis April bei 5 – 8 °C.

Gießen: nur während des Sommers. Alle paar Wochen einmal gründlich wässern; niemals zwischen die Blätter gießen – nur von unten. Ab November die Wassergabe stufenweise einstellen.

Düngen: nicht nötig.

Umtopfen: alle zwei bis drei Jahre im Februar/März.

Lebende Steine stehen gerne vollsonnig.

Erde: Kakteenerde oder Einheitserde, die mit Sand und etwas Lehm vermischt ist.

Pflanzenschutz: die Pflanzen faulen, wenn sie zu viel gegossen werden.

Vermehrung: aus Samen, in Sand legen, gleichmäßig feucht und warm halten.

Besonderheiten: während der winterlichen Ruhezeit nicht gießen, sonst können die neuen Blattpaare nicht austreiben.

Lithops,
Lebende Steine

Pfeilwurz

Maranta

Allgemeines: ca. 20 Arten, Heimat Tropenwälder Brasiliens. Wachsen dort am Boden von kleinen Lichtungen. Kriechend wachsende Stauden mit schön gezeichneten, großen Blättern. In Kultur sind *M. bicolor* und *M. leuconeura*.

Standort: Halbschatten, warm, luftfeucht. Tagsüber 20 – 22 °C, nachts nicht unter 16 – 18 °C. Tropenfenster.

Gießen: Ballen feucht halten; in der Ruhezeit von September bis Februar etwas weniger gießen. Täglich sprühen. Entkalktes Wasser verwenden.

Düngen: von März bis August alle zwei Wochen mit handelsüblichem Blumendünger.

Umtopfen: einmal im Jahr im Frühjahr; auf gute Drainage achten (Abzugsloch mit Tonscherben bedecken).

Pflanzenschutz: Blattflecken und einrollende Blätter bei zu trockener und zu kalter Luft. Nachlassen der Färbung bei zu sonnigem Stand. Spinnmilben bei zu trockener Luft.

Vermehrung: durch Teilung älterer Pflanzen (Wurzelballen in mehrere Teile trennen – Wurzeln dabei so wenig wie möglich verletzen).

Besonderheiten: in der Nacht falten sich die Blätter der Marante zu einer Tüte zusammen; am Tage stellen sie ihre Blätter wieder waagerecht.

Mein Rat: Die Pflanze nicht auf kalte, zugige Fensterbänke stellen, die Wurzeln sind sehr empfindlich.

Maranta leuconeura,
Pfeilwurz

Medinille

Medinilla

Allgemeines: ca. 150 Arten, Heimat Philippinen. *M. magnifica* ist eine prächtige Topfpflanze mit großen Blättern und rosafarbenen, überhängenden Blütenrispen. Blüht von Februar bis August.

Standort: hell, ohne direkte Sonne, warm, luftfeucht (auf Dauer ist nur ein Kleingewächshaus oder Tropenfenster geeignet). Im Sommer warm (20 – 30 °C), von November bis Anfang Februar bei 15 – 17 °C halten (Ruhezeit).

Gießen: im Sommer stets feucht halten; Staunässe meiden. In der Ruhezeit nur mäßig gießen, mit Triebbeginn wieder häufiger. Täglich die Blätter sprühen. Zimmerwarmes, entkalktes Wasser verwenden.

Düngen: von Frühjahr bis Herbst einmal pro Woche mit handelsüblichem Blumendünger. Sonst nicht düngen.

Umtopfen: im Frühjahr. Jüngere Pflanzen einmal pro Jahr, ältere alle zwei Jahre. Nach dem Umtopfen zurückschneiden.

Erde: Einheitserde mit $^1/_4$ Styromull vermischen.

Pflanzenschutz: Schädlingsbefall bei zu trockener Luft.

Vermehrung: im Sommer Kopfstecklinge von nicht verholzten Trieben schneiden; mit Bewurzelungsmittel behandeln. In feuchtes Torf-Sand-Gemisch stecken, bei 25 – 30 °C unter Folie oder Glas bewurzeln lassen. Schwierig.

Besonderheiten: die Pflanzen sind sehr teuer. Kein Wunder, denn die Vermehrung ist auch in Gärtnereien schwierig und braucht sehr viel Zeit. *M. magnifica* nur für kurze Zeit ins Zimmer stellen. Braucht ausreichend Platz, deshalb in Ampeln oder hohe Kübel setzen.

Medinilla magnifica,
Medinille

Sinnpflanze

Mimosa

Mimosa, Sinnpflanze

Allgemeines: 400 bis 500 Arten, Heimat Südamerika. *M. pudica* graziles Kraut mit handförmig gefiederten Blättern. Rosafarbene Blüten in kugeligen Köpfchen, die von Mai bis September erscheinen.

Standort: hell bis halbschattig, gleichmäßig warm (über 18 – 20 °C), luftfeucht.

Gießen: gleichmäßig feucht halten, Ballen nicht austrocknen lassen. Bei trockener Luft sprühen.

Düngen: einmal pro Woche mit handelsüblichem Blumendünger.

Umtopfen: erübrigt sich, da die Pflanze nur einjährig ist. Neue Pflanzen aus Samen ziehen.

Pflanzenschutz: selten Schädlinge oder Krankheiten.

Vermehrung: durch Aussaat. Im Februar/März, sechs bis acht Körner in einen Topf mit Einheitserde. Konstant bei ca. 20 °C halten. Die kräftigsten Keimlinge weiterpflegen, Folie überstülpen; zweimal pikieren. Drei oder mehr Jungpflanzen in 12-cm-Topf setzen.

Besonderheiten: *M. pudica* macht etwas Erstaunliches für die sonst so bewegungslosen Pflanzen: Sie kann auf Reize reagieren und die Reaktion sogar weiterleiten. Probieren Sie es aus – eine leichte Berührung oder ein Windhauch, und schon klappt die Pflanze ihre Blätter zusammen; nach ca. 15 Minuten ist sie nicht mehr „beleidigt" und steht wieder so da wie zuvor.

Fensterblatt

Monstera

Blühende *Monstera*

Mein Rat: Luftwurzeln an den Stamm binden und in die Erde wachsen lassen. In Hydrokultur halten, dann erübrigt sich das Umtopfen bei den älteren, unhandlichen Pflanzen.

Allgemeines: ca. 50 Arten, Heimat Mittelamerika. *M. deliciosa* wächst dort in den tropischen Wäldern als Lianengewächs an Bäumen und bildet mächtig entwickelte Luftwurzeln. Robust und pflegeleicht.

Standort: hell, aber keine direkte Sonne. Im Sommer über 21 °C optimal, im Winter während der Ruhephase von Oktober bis Februar kühler stellen (16 – 21 °C, nicht unter 15 °C).

Gießen: stets feucht, aber nicht naß halten, öfter sprühen. Wenn möglich, in warmen Sommerregen stellen. Entkalktes Wasser benutzen.

Düngen: von April bis August alle ein bis zwei Wochen mit handelsüblichem Blumendünger, sonst nicht düngen.

Umtopfen: alle ein bis zwei Jahre im Frühjahr oder Sommer. Die Luftwurzeln dabei möglichst nicht verletzen.

Pflanzenschutz: schwarze Blattränder bei zu nassem Stand; verblassende Blätter bei zu viel Sonne. Ungeteilte Blätter oder Verkahlen der Pflanze bei zu dunklem Stand und mangelnder Nährstoffversorgung.

Vermehrung: im Sommer Kopfsteckling mit mehreren Luftwurzeln in Wasserglas bewurzeln lassen, Temperatur um 22 °C.

Monstera deliciosa, Fensterblatt

Zwergbanane

Musa

Allgemeines: ca. 35 Arten, Heimat Indien, Philippinen, Australien. Stauden mit großen, dekorativen Blättern, werden mehrere Meter hoch. Die Art *M. acuminata* bleibt kleiner (Wuchshöhe 1,5 – 2 m) und ist eine attraktive Kübelpflanze. Die Bananen, die es zu kaufen gibt, stammen u.a. von *M. sumatrana* und *M. sanguinea*.

Standort: als Tropenpflanze am besten im Gewächshaus; kann aber im Sommer als Kübelpflanze an sonnigem, warmen Platz im Garten stehen. Im Winter bei 18 – 20 °C halten.

Gießen: während des Wachstums reichlich, im Winter mäßig feucht halten.

Düngen: von März bis September einmal pro Woche, von Oktober bis Februar einmal im Monat mit handelsüblichem Blumendünger.

Umtopfen: im Frühjahr in reichlich größeren Topf mit guter Drainage (Abzugsloch mit Tonscherben bedecken).

Erde: mit Lehm angereicherte Einheitserde; Langzeitdünger zugeben.

Pflanzenschutz: braune Blätter bei Licht- oder Nahrungsmangel. Schildläuse, Thripse, Spinnmilben bei zu lufttrockenem, zugigen Platz im Winter.

Vermehrung: durch Seitensprosse, die an der Basis älterer Pflanzen erscheinen. Aussaat ebenfalls möglich; in Schalen, mit Glas abdecken und bei 20 – 25 °C keimen lassen.

Besonderheiten: die größeren Arten der Gattung *Musa* kann man in den Gewächshäusern Botanischer Gärten bewundern.

Myrte

Myrtus

Allgemeines: ca. 100 Arten, Heimat Mittelmeerraum. *M. communis* ist ein duftender, immergrüner Strauch. Weiße Blüten von Juni bis September.

Standort: hell und luftig. Im Sommer Kübelpflanze (Topf in Beet einsenken, windgeschützter Platz ohne pralle Sonne). Im Winter bei 4 – 6 °C, nicht über 10 °C, aufstellen.

Gießen: im Sommer reichlich; auch öfter sprühen. Im Winter nur sparsam gießen. Staunässe und trockenen Ballen vermeiden. Zimmerwarmes, entkalktes Wasser verwenden.

Düngen: von Frühjahr bis Herbst alle ein bis zwei Wochen.

Umtopfen: etwa alle drei Jahre im Frühjahr in nicht zu großen Topf.

Erde: Einheitserde oder TKS zu $1/3$ mit Sand vermischt.

Pflanzenschutz: Schildläuse oder Weiße Fliege bei zu dunklem und zu luftigem Stand. Geilwuchs bei zu warmem, dunklem Stand.

Vermehrung: ab Mai; nicht verholzte Kopfstecklinge von gut blühenden Pflanzen nehmen, Blüten entfernen und in feuchtes Torf-Sand-Gemisch stecken; Temperatur 12 – 18 °C. Nach dem Bewurzeln mehrmals stutzen, um buschigeren Wuchs zu erzielen.

 **Mein Rat:** **Nach der Blüte zurückschneiden.**

Musa, Zwergbanane

Myrtus communis, Myrte

Kannenpflanze
Nepenthes

Nepenthes x coccinea, Kannenpflanze

Allgemeines: ca. 80 Arten, Heimat Sumatra, Borneo. Staudenartiges Gewächs, dessen Blätter wie eine Kanne mit Deckel geformt sind. Ampelpflanze.
Standort: hell, warm, hohe Luftfeuchte (80 Prozent). Keine direkte Sonne. Zimmertemperatur oder wärmer, im Winter tagsüber 20 – 25 °C, nachts nicht unter 18 °C. Für Kleingewächshaus und Vitrinen.
Gießen: stets feucht halten. Oft sprühen. Zimmerwarmes, entkalktes Wasser benutzen.
Düngen: von Frühjahr bis Herbst alle 14 Tage mit Blumendünger in halber Konzentration.
Umtopfen: April, Mai. In Orchideenkörbchen setzen.
Erde: ähnlich Orchideensubstrat – Gemisch aus Farnwurzeln, Sphagnum und grober Lauberde.
Pflanzenschutz: wenig Schädlinge oder Krankheiten.
Vermehrung: ab Januar 15 – 20 cm lange Kopfstecklinge mit zwei bis drei Augen schneiden, mit Bewurzelungsmittel behandeln. Abzugsloch eines 4- bis 5-cm-Tontopfes vergrößern, Topf mit Sphagnum füllen. Steckling in frisches Sphagnum stecken (in das vergrößerte Abzugsloch des umgedrehten Topfes). Luft- und Bodentemperatur 25 – 30 °C, hohe Luftfeuchtigkeit (Folie überstülpen).
Besonderheiten: die Kannen dienen als Fallgruben für den Insektenfang. Ältere Pflanzen im Januar/Februar kräftig zurückschneiden.

Korallenmoos
Nertera

Allgemeines: ca. acht Arten, Heimat Gebirgsregionen Südamerikas. Kriechend wachsende Staude mit zahlreichen kleinen, rundlichen Blättchen. Zierde sind vor allem die orangeroten Früchte, die von August bis November erscheinen. Die weißen, sternförmigen Blütchen sind eher unscheinbar. *N. granadensis* macht von Oktober bis Februar eine Ruhezeit durch.
Standort: hell bis halbschattig, keine Sonne. Luftig und kühl, im Winter bei 8 – 10 °C.
Gießen: im Sommer gleichmäßig feucht halten, der Ballen darf nicht austrocknen! Im Winter sparsam gießen. Nicht blühende Pflanzen ab und zu sprühen.
Düngen: von März bis Juni alle 14 Tage mit handelsüblichem Blumendünger, dann nicht mehr düngen.
Umtopfen: im August, dabei die Pflanzen teilen.
Erde: Einheitserde oder TKS, mit etwas Sand vermischt.
Pflanzenschutz: Blattläuse bei Zugluft.
Vermehrung: durch Teilung der Mutterpflanzen beim Umtopfen.
Besonderheiten: im Sommer kann man das Korallenmoos auch an einen luftigen Platz im Garten setzen. Die Triebe mit den kleinen, rundlichen Blättern überziehen dann rasch die Erde mit einem dichten Polster.

Mein Rat: Die Teilstücke der Mutterpflanze am besten in relativ kleine Töpfe setzen, dann wachsen sie buschiger. Die umgetopften Pflanzen in den ersten vier Wochen etwas weniger, danach immer regelmäßiger gießen.

Nertera granadensis, Korallenmoos

Elefantenfuß

Nolina recurvata (syn. *Beaucarnea recurvata*)

Allgemeines: auch Flaschenbaum oder Affenbaum genannt.

Standort: für sonnigen oder leicht absonnigen Platz, will hell stehen und bei Temperaturen im Sommer um 18 °C, im Winter 10 °C. Kann ab Mitte Mai ins Freiland gestellt werden; verträgt nach langsamer Eingewöhnung dann auch volle Sonne.

Gießen: gleichmäßig feucht halten; verträgt keine Staunässe. Im Winter fast trocken halten.

Düngen: monatlich von März bis Oktober, Blattpflanzendünger verwenden.

Umtopfen: nur alle zwei bis drei Jahre erforderlich, dann im Februar in frische Blumenerde setzen. Als Gefäß einen eher flachen Blumentopf oder eine Schale verwenden. Der Topf soll dabei nur wenig größer sein als die Stammknolle.

Pflanzenschutz: an lufttrockenen Standorten Spinnmilben.

Vermehrung: erfolgt beim Gärtner durch Aussaat. Mitunter können sich bildende Seitentriebe abgetrennt und in feuchtem Torf-Sand-Gemisch (1:1) unter Folie an hellem Platz bei ca. 25 °C bewurzelt werden.

Besonderheiten: verträgt, falls nötig, Rückschnitt bis in die Stammknolle, am besten im Frühjahr.

Nolina recurvata,
Elefantenfuß

Glücksklee

Oxalis

Allgemeines: ca. 850 Arten, Heimat Brasilien, Südafrika, Europa. *O. deppei* wird bei uns als Glücksbringer zwischen Weihnachten und Silvester verkauft. Kleine, kleeartige Pflanze. Die Blätter sind hellgrün und haben im Zentrum einen dunklen Fleck; falten sich im Dunkeln zusammen. Mit gelben oder rosafarbenen Blüten, die im Sommer erscheinen. *O. adenophylla* ist etwas robuster und deshalb auch für den Garten geeignet.

Standort: hell und kühl (10 – 15 °C, nicht darüber). *O. deppei* im Frühjahr (Mai) auspflanzen; *O. adenophylla* steht am besten an hellem bis halbschattigem Platz im Garten; auch für den Steingarten geeignet.

Gießen: mäßig, nicht austrocknen lassen.

Düngen: von Frühjahr bis Herbst alle zwei bis drei Wochen mit handelsüblichem Blumendünger.

Umtopfen: kommt jedes Jahr wieder; man topft um, wenn die Anzahl der Brutzwiebeln den Topf zu sprengen droht. Kühl überwintern.

Erde: Gemisch aus Komposterde, Torf und Sand.

Pflanzenschutz: Geilwuchs bei zu warmem und zu dunklem Stand.

Vermehrung: durch Brutknöllchen, die es zu kaufen gibt. Knollen im Herbst in 6- bis 8-cm-Töpfe legen (fünf bis zehn Knollen pro Topf), gut mit Erde abdecken (ca. 5 cm dick). Bis zum Austrieb bei 6 – 8 °C pflegen, danach bei 12 – 14 °C. Stets mäßig feucht halten.

Oxalis, Glücksklee

Pachira
Pachira

Allgemeines: Gattung mit zwei Arten. Als Zimmerpflanze in Kultur v.a. *Pachira aquatica*. Heimat Mexiko, Peru, Brasilien. Schöne Blattpflanze mit handförmig geteilten Blättern. Die einzelnen Fiederblätter lanzettlich und am Ende spitz zulaufend. Im Aussehen der *Schefflera* ähnlich.

Standort: hell, aber möglichst keine direkte Sonne. Im Sommer 18 – 20 °C, im Winter nicht zu kühl (nicht unter 12 °C). Kann im Sommer auch auf wind- und regengeschütztem Platz im Garten stehen.

Gießen: stets mäßig feucht halten; braucht hohe Luftfeuchte, deshalb öfter sprühen.

Düngen: von Mai bis August alle zwei Wochen mit handelsüblichem Blumendünger, sonst nicht düngen.

Umtopfen: alle ein bis zwei Jahre im Frühjahr.

Pflanzenschutz: bei zu trockener Luft Blattfall.

Vermehrung: im Sommer, durch Aussaat oder Kopfstecklinge möglich. Einzelaussaat in Topf mit Einheitserde, gleichmäßig feucht halten, Bodenwärme 25 – 30 °C. Stecklinge in feuchtes Torf-Sand-Gemisch stecken, Folie überstülpen, bei gleicher Bodentemperatur wie bei Aussaat anwurzeln lassen.

Mein Rat: **Zu groß gewordene Pflanzen nach dem Umtopfen im Frühjahr kräftig zurückschneiden.**

Madagaskarpalme
Pachypodium

Allgemeines: bizarre Pflanze aus Madagaskar; der Stamm säulenförmig, bedornt, darauf ein Schopf langer, lanzettlicher Blätter, ca. 1 m hoch. *P. lamieri* mit breiten, hellgrünen Blättern, *P. geayi* mit schmaleren, silbergrauen Blättern. Gute Alternative zu Kakteen, denn sie brauchen zum Überwintern keinen kühlen Raum, sondern können im Zimmer stehenbleiben.

Standort: sonnig und warm (vertragen Temperaturen bis über 30 °C). Im Winter nicht unter 15 °C Raumtemperatur halten. Vertragen auch trockene Heizungsluft.

Gießen: mäßig; während der Ruhezeit (ab Gelbwerden der Blätter bis zum Frühjahr) Gießen einstellen.

Düngen: etwa einmal im Monat mit Kakteendünger; in der Ruhezeit Düngepause.

Umtopfen: etwa alle zwei Jahre; Abzugsloch des Topfes mit Tonscherben bedecken (gute Drainage ist wichtig).

Erde: Einheitserde oder TKS, mit Sand und Lehm vermischt.

Pflanzenschutz: schwarze Verfärbung und Absterben der Blätter, wenn der Wurzelballen zu naß und/oder zu kalt ist.

Vermehrung: schwierig – dem Gärtner überlassen.

Besonderheiten: *Pachypodium* kann sowohl im Stamm als auch in den Wurzelknollen Wasser speichern. Von diesem Wasservorrat kann die Pflanze während der Trockenzeiten in ihrer Heimat zehren. Außerdem schützt der „Wassertank" die Pflanze vor Überhitzung.

Pachira aquatica

Pachypodium lamieri,
Madagaskarpalme

Goldähre

Pachystachys

Allgemeines: ca. sechs Arten, Heimat tropisches Amerika. Strauch mit gelb-weißem Blütenstand, der dem von Zimmerhopfen (*Beloperone guttata*) ähnlich sieht. Die eigentlichen Blüten ragen aus den gelben Ähren heraus, sind röhrenförmig und weiß. Die Blüten fallen bald ab, aber der „Blütenstand" bleibt noch längere Zeit erhalten.

Standort: hell bis halbschattig, feucht, warm (am besten in Vitrine stellen). Ausreichend Platz geben. Bodentemperaturen nicht unter 18 °C.

Gießen: gleichmäßig feucht halten, Wurzelballen nicht austrocknen lassen. Öfter sprühen.

Düngen: von Frühjahr bis Herbst alle zwei Wochen, im Winter etwa einmal pro Monat mit handelsüblichem Blumendünger.

Umtopfen: von Frühjahr bis Herbst; nur Pflanzen umtopfen, die nicht mehr blühen.

Pflanzenschutz: nach innen gerollte Blätter bei zu kühlem Stand. Helle Blätter oder Blattverkrüppelungen bei Nährstoffmangel. Blatt- und Blütenfall bei zu trockenem Wurzelballen.

Vermehrung: Kopfstecklinge von jungen, nicht blühenden Pflanzen nehmen (drei Blattpaare pro Steckling). Drei Stück in 7-cm-Topf stecken. Folie darüber stülpen. Temperaturen von 22 – 24 °C. Die Jungpflanzen ab und zu stutzen, um buschigeren Wuchs zu erzielen.

Besonderheiten: normalerweise sparrig verzweigter Strauch; der gedrungene, kompakte Wuchs entsteht nach Behandlung mit Wuchshemmstoffen oder durch häufiges Stutzen.

Pachystachys coccinea,
blüht rot.

Schraubenbaum

Pandanus

Allgemeines: ca. 650 Arten, Heimat Madagaskar, Java. Pflanze mit kurzem Stamm und lanzettlichen Blättern, die schraubig angeordnet sind und 1 – 2 m lang werden können. *P. utilis* hat harte, dunkelgrüne Blätter mit rötlichen Stacheln, die Blätter von *P. sanderi* sind weißgrün und gestreift, bei *P. veitchii* sind die Blätter mit gelben Längsstreifen versehen.

Standort: hell, aber keine direkte Sonne, warm. Im Sommer 20 – 25 °C, im Winter nicht unter 18 – 22 °C.

Gießen: im Sommer reichlich, im Winter sparsamer, aber nicht austrocknen lassen. Nach Austrieb der Blätter noch über einige Wochen hinweg sprühen. Zimmerwarmes, entkalktes Wasser verwenden.

Düngen: von März bis Juli alle 14 Tage mit handelsüblichem Blumendünger, sonst nicht düngen.

Umtopfen: junge Pflanzen einmal pro Jahr; ältere Pflanzen nur bei Bedarf in ein reichlich größeres Gefäß.

Pflanzenschutz: absterbende Blätter bei zu kühlem Stand, Nässe oder zu trockenem Wurzelballen.

Vermehrung: durch ca. 20 cm lange Seitensprosse. Vorsichtig abtrennen, in kleinen Topf setzen und bei 20 – 22 °C bewurzeln lassen.

Besonderheiten: ca. einen halben Meter über dem Boden entspringen aus dem Stamm Luft- oder Stelzwurzeln. Diese werden mit zunehmendem Alter so kräftig, daß sie sogar die Pflanze aus dem Topf heben können.

Mein Rat: Beim Umtopfen größerer Pflanzen die Blätter hochbinden oder mit einem Sacktuch einwickeln. Stelzwurzeln nicht entfernen, sondern in den Topf wachsen lassen.

Pandanus veitchii, Schraubenbaum

Jungfernrebe

Parthenocissus

Passionsblume

Passiflora

Parthenocissus inserta, Jungfernrebe

Allgemeines: ca. 400 Arten, Heimat tropisches Amerika. Blühen von Frühjahr bis Herbst. Die schönen, auffallenden Blüten gelten als Symbol des Leidensweges Christi.
Standort: hell, sonnig. Kübelpflanze (ausreichend Platz geben); Topf im Sommer in Erde einsenken. In hellem, kühlem Raum bei 6 – 12 °C überwintern.
Gießen: im Sommer reichlich; im Winter sparsam, ohne den Ballen austrocknen zu lassen.
Düngen: von Frühjahr bis Herbst einmal pro Woche. Im Winter muß nicht gedüngt werden.
Umtopfen: Ende Februar zurückschneiden (auf sechs bis acht Augen). Drei Wochen später umtopfen. Danach ca. eine Woche kühl und schattig stellen. Ältere Pflanzen alle zwei Jahre, jüngere einmal im Jahr umsetzen.
Pflanzenschutz: Woll- und Schmierläuse, Spinnmilben bei zu warmer Überwinterung und mangelnder Frischluft.
Vermehrung: im Frühjahr Teilstecklinge (mit zwei bis drei Blättern) von kräftigen Seitentrieben schneiden. In feuchtes Torf-Sand-Gemisch stecken. Bei Bodentemperaturen von 25 – 30 °C und gleichmäßiger Feuchte bewurzeln lassen.
Besonderheiten: gelbe und abfallende Blätter sind im Winter normal (Ruhezeit), die Pflanze treibt im Frühjahr nach dem Umtopfen wieder kräftig aus.

Allgemeines: ca. 15 Arten, Heimat Zentralchina. *P. henryana* hat fünfzählige, weiß geaderte, spitz zulaufende Blätter; die Triebe verholzen im Alter zu festen, sparrigen Ranken. Die Blätter von *P. inserta* sind einfarbig grün. Wachsen kräftig und schnell. Machen im Winter eine Ruhezeit durch, in der sie das Laub abwerfen. Geeignet als Bodendecker oder Ampelpflanze.
Standort: hell und kühl (Treppenaufgänge, Vorräume). Im Sommer auch an geschütztem Platz im Garten. *P. henryana* bei ca. 5 °C überwintern, *P. inserta* nicht unter 15 °C. Vertragen im Sommer bis 30 °C.
Gießen: während des Wachstums feucht halten. Im Winter weniger gießen.
Düngen: im Frühjahr und Sommer einmal pro Woche mit handelsüblichem Blumendünger, sonst nicht düngen.
Umtopfen: einmal pro Jahr. Im Frühjahr.
Pflanzenschutz: braune Flecken auf den Blättern und Blattfall bei Staunässe.
Vermehrung: im Mai, durch Teilstecklinge, da die Triebspitzen für Kopfstecklinge oft zu wenig kräftiges Gewebe enthalten. Drei bis vier Stück in 10- bis 12-cm-Topf mit feuchtem Torfsubstrat stecken.
Besonderheiten: Verwandte des „Wilden Weins", der bei uns häufig als Hauswandbepflanzung zu sehen ist.

Mein Rat: *P. henryana* vor dem Triebbeginn im Frühjahr zurückschneiden.

Passiflora,
Passionsblume

Pelargonie
Pelargonium

Allgemeines: volkstümlich auch Geranie genannt; Heimat Südafrika. Zwei Arten als Zimmerpflanzen geeignet: die Edelpelargonie (*P. grandiflorum*) und die Duftpelargonie, diese kann auch über mehrere Jahre gehalten werden. Die Edelpelargonie wird vor allem zum Muttertag verkauft; sie blüht von Mai bis September; die Blüten sind groß, weiß, rosa oder violett gefärbt und oft dunkel gefleckt. Die Blätter der Duftpelargonien können, je nach Art, nach Zitrone, Minze, Mandel, Kokosnuß, Apfel oder Eukalyptus riechen; Wuchsform filigraner, die Blüten sind kleiner. Blühen in Weiß, Rosa oder Purpurfarben.

Für Garten und Balkon geeignet und sehr beliebt: die „typische Geranie" *P. zonale*.

Aufrecht wachsend mit samtigen Blättern, Blüten in kugeligen Dolden zusammenstehend. Blühen in Rosa, Rot und Weiß. Die Efeupelargonie, *P. peltatum*, wächst überhängend und hat feste, glänzende Blätter. Die Blütenstände sind etwas zarter. Blüht in Rot, Rosa und Violett; gut geeignet als Ampelpflanze. Die Kreuzung aus *P. zonale* und *P. peltatum* bezeichnen die Gärtner als „Halbhänger", die sich als Bepflanzung für den Balkonkasten sehr gut eignen, da sie stabiler als die Efeupelargonien sind und auch die volle Sonne vertragen können; blühen in Rosa oder Rot.

Standort: alle Pelargonienarten sollten luftig stehen. <u>Edelpelargonien:</u> hell bis sonnig im Zimmer, im Balkonkasten eher halbschattig

Edelpelargonien gibt es in vielen Blütenfarben.

stellen und vor Regen schützen, warme Temperaturen günstig. Im Winter hell und kühl halten. <u>Duftpelargonien:</u> hell bis sonnig, im Sommer ins Freie stellen. In hellem und kühlem Raum (10 °C) überwintern.

<u>*P. zonale*:</u> an vollsonnigem Platz von Mai bis Oktober aufstellen; hell und kühl überwintern.

<u>Efeupelargonien</u> brauchen einen halbschattigen Platz auf dem Balkon, die Halbhänger können sowohl in der Sonne als auch im Halbschatten stehen. Beide Arten auch in hellem und kühlem Raum überwintern.

Gießen: von März bis August reichlich, im Winter nur sparsam gießen. Staunässe meiden.

Düngen: im Sommer einmal pro Woche, im Winter alle drei bis vier Wochen mit handelsüblichem Blumendünger.

Umtopfen: Ende Februar in TKS oder Einheitserde.

Pflanzenschutz: <u>Edelpelargonie</u> – Spinnmilben (steht zu warm und zu trocken), Weiße Fliege (zu enger Stand, zu hohe Luftfeuchtigkeit). <u>Duftpelargonie</u> – Weiße Fliege, kommt besonders bei Überwinterung im Zimmer vor. <u>Balkongeranien</u> (*P. zonale, P. peltatum,* Halbhänger) Blattläuse, Weiße Fliege bei warmem, zu trockenem Stand, Grauschimmel durch zu engen Stand und zuviel Feuchtigkeit.

Vermehrung: von August bis Oktober. Kopfstecklinge von Trieben schneiden, die noch nicht geblüht haben. Der Steckling sollte noch etwas weich sein und nicht zu viel Blattmasse haben, zudem 5 – 10 cm lang und mit drei bis vier Blättern bewachsen sein. Die Schnittflächen mit Bewurzelungsmittel behandeln. Als Substrat Torf, mit etwas Sand vermischt, verwenden. Besser: Torfquelltöpfe (Jiffy 7–9); jeden Steckling einzeln in einen Topf stecken. Die ersten Tage gleichmäßig feucht halten, öfter sprühen. Folie überstülpen und schattig aufstellen. Lufttemperatur 18 –

Pelargonium grandiflorum, Edelpelargonie

20 °C, Bodentemperatur 20 – 22 °C. Sobald die ersten Wurzeln da sind, weniger befeuchten, außerdem trockener und luftiger halten (sonst Gefahr von Grauschimmel). Nach vier bis sieben Wochen in 10- bis 12-cm-Topf umsetzen. Jungpflanzen bei einer Höhe von 12 – 15 cm stutzen, um buschigeren Wuchs zu erzielen.

Besonderheiten: die Vermehrung von Geranien aus Stecklingen ist in größeren Gärtnereien schwierig; dort können sich sehr schnell Blatt- und Stengelbakteriosen in den großen Geranienbeständen ausbreiten. Deshalb haben sich einige Betriebe auf die sogenannte „in Vitro-Vermehrung" spezialisiert, die eine keimfreie Aufzucht von Geranien garantiert. Das Verfahren ist

folgendes: Von gesunden Pflanzen wird ein 1 mm großes Stück Wachstumsgewebe aus der Triebspitze entnommen und mit der Schnittfläche nach unten auf ein Nährmedium gelegt. An diesem Gewebe prüft man zunächst nach, ob es wirklich frei von Bakteriosen ist. Man wartet drei Tage und sieht dann an den typischen Bakterienrasen sehr schnell, ob ein Gewebestück von Bakteriosen befallen ist oder nicht. Ist dies nicht der Fall, bettet man das Explantat zur Weiterkultur auf ein anderes Medium. Als Kulturgefäß dient ein Reagenzröhrchen (deshalb „in Vitro"), das mit einem Wattebausch verschlossen wird. Durch den Zucker und die Wachstumshormone im Nährmedium wächst das Gewebe

Edelpelargonien eignen sich als Zimmerpflanzen.

rasch. Nach ca. einem Monat wird auf ein anderes Medium umgesetzt. Nun beginnt die eigentliche „Differenzierung" des Zellhau-

fens, es bilden sich kleine Blätter und Wurzeln aus. Nach weiteren zwei Monaten können die kleinen Pflänzchen schon in „normale" Erde gesetzt werden. Die Jungpflanzen werden etwa ab Januar/Februar an Gärtnereien verschickt, die diese gesunden Pflanzen dann bis zum Beginn der Balkonzeit im Mai in ihren Gewächshäusern weiterkultivieren.

Auch verschiedene Blattformen sind von *P. grandiflorum* erhältlich.

Mein Rat: Die Pflanzen während der Blüte regelmäßig „ausputzen", d.h. alle braunen und verblühten Pflanzenteile entfernen. Nach der Blüte im Herbst und vor dem Umtopfen im Frühjahr zurückschneiden. Geranien nicht länger als drei Jahre halten, danach läßt die Blühwilligkeit stark nach; besser ist es, jedes Jahr neue Pflanzen aus Stecklingen nachzuziehen.

Pentas

Pentas lanceolata

Allgemeines: ca. 50 Arten, davon nur eine Art in Kultur: *Pentas lanceolata* aus Südafrika. Kann als Schnitt- und als Topfpflanze genutzt werden. Die Topfpflanzen werden mit Wuchshemmstoffen behandelt, um einen kompakteren Wuchs zu erzielen, die Schnittblumen läßt man zu normaler Größe heranwachsen. Blüten stehen in kugeligen Dolden zusammen, die Einzelblüten sind weiß, rosa oder violett. Blühen je nach Kultur vom Sommer bis in den Winter hinein.

Standort: warm, sonnig. Im Winter nicht unter 10 – 15 °C. Kann im Sommer auch an geschütztem Platz im Freien stehen.

Gießen: mäßig feucht halten. Staunässe auf jeden Fall vermeiden. Im Sommer hoher Wasserbedarf, im Winter etwas sparsamer gießen.

Düngen: von Frühjahr bis Herbst einmal pro Woche mit handelsüblichem Blumendünger. Sonst nicht düngen.

Umtopfen: zwei- bis dreimal von Mai bis August.

Pflanzenschutz: Geilwuchs und weiche Triebe bei zu schattigem Stand.

Vermehrung: im März durch Kopfstecklinge; in feuchtes Torf-Sand-Gemisch stecken. Bei hoher Luftfeuchte (Folie oder Glas überstülpen) und warmer Bodentemperatur (22 °C) bewurzeln lassen. Buschiges Wachstum erhält man durch mehrmaliges Stutzen und häufiges Umsetzen der jungen Pflanzen.

Besonderheiten: die Stecklingspflanzen blühen etwa ab September. Mit dem Düngen erst bei Erscheinen der ersten Blüten beginnen.

Machen im Winter eine Ruhezeit durch, dann nur gießen, wenn der Ballen oberflächlich trocken ist.

Mein Rat: **Nach dem Kauf ab und zu stutzen (bis zum Erscheinen der Blütenknospen), dann bleiben die Pflanzen buschiger.**

Pentas
lanceolata

Pentas in Rot

Zwergpfeffer

Peperomia

Allgemeines: ca. 600 Arten, Heimat Mittel- und Südamerika. Gattung aus der Familie der *Piperaceae* (Pfeffergewächse). Blütenstände sehen einem Mäuseschwanz ähnlich. Einige Arten mit sukkulenten Blättern. Mehrere Arten in Kultur. *P. caperata:* dunkelgrüne, oberseits glänzende, stark gewellte Blätter; Vermehrung durch Blattstecklinge wie beim Usambaraveilchen. *P. glabella:* reichverzweigt; Blätter weißgrün panaschiert, Blüten unscheinbar; Vermehrung durch Kopfstecklinge. *P. obtusifolia:* feste, gelbgrün panaschierte Blätter; am meisten im Handel verbreitet; verträgt auch trockene Zimmerluft; geeignet für Hydrokultur. Beliebt sind besonders die panaschierten Sorten wie 'Variegata', 'Alba' oder 'Gold Tip'. Mit schöner Blüte: *P. fraseri*; weiße Blütenköpfchen, die angenehm riechen.

Wuchsform der *Peperomia*-Arten unterschiedlich – sie wachsen niedrig mit rosettig angeordneten Blättern oder aufrecht mit deutlichem Stämmchen. Es gibt auch Arten, deren Blätter quirlförmig an einem langen Sproß angeordnet sind.

Standort: bunte Arten hell, ohne direkte Sonne; panaschierte Arten halbschattig. Ganzjährig warm (Zimmertemperatur), nicht unter 18 °C. Von Frühjahr bis Herbst hohe Luftfeuchte.

Gießen: mäßig feucht halten. Staunässe meiden. Öfter sprühen.

Düngen: von Frühjahr bis Herbst alle 14 Tage, im Winter einmal pro Monat mit handelsüblichem Blumendünger.

Umtopfen: einmal pro Jahr im Frühjahr oder Sommer.

Pflanzenschutz: faulende Stengel, Blätter oder Wurzeln bei zu nassem und/ oder zu kaltem Wurzelballen.

Vermehrung: im Sommer; durch Blattstecklinge mit Stiel (dieser sollte nicht länger als 1 cm sein) oder Kopf- und Triebstecklinge. Drei Stecklinge in 8- bis 10-cm-Topf stecken. Torf-

Sand-Gemisch oder Torf-Styromull-Gemisch verwenden. Bodentemperatur über 20 °C.

Besonderheiten: Peperomien-Arten mit fleischigen Blättern kann man gut in trockenen, geheizten Räumen halten; sie ertragen auch schlechte Lichtverhältnisse und starke Temperaturschwankungen. Weichblättrige Peperomien brauchen etwas höhere Luftfeuchte, deshalb im Blumenfenster, Vitrinen oder Flaschengärten setzen. Kriechende und hängende Peperomien sehen gut aus in Ampeln oder als Epiphyten an Rinden- und Aststückchen.

Es gibt viele verschiedene *Peperomia*-Arten und -Sorten.

Baumfreund

Philodendron

Allgemeines: Gattung aus der Familie der Aronstabgewächse mit ca. 300 Arten. Heimat tropische Wälder Mittel- und Südamerikas. Wachsen dort als Lianen an Bäumen. Viele mit Luftwurzeln ausgestattet. Blühen in Zimmerkultur selten. Geeignet als Kletter- und Ampelpflanzen; die nicht kletternden Arten brauchen ausreichend Platz. Verschiedene Formen im Angebot, man unterscheidet:

a) kletternde Arten mit ganzrandigen Blättern: P. scandens (Kletterphilodendron) – schnell wachsend, Blätter dunkelgrün, herzförmig, eignet sich auch für dunklere Räume. Häufig verkaufte Art, die leicht mit der Efeutute verwechselt wird. P. erubescens – ebenfalls schnell wachsend, mit großen Blättern;

mit eingeschnittenen Blättern: P. bipennifolium – Blätter olivgrün gefärbt, geigenförmig, sehr robuste Zimmerpflanze.

b) nicht kletternde Arten mit ganzrandigen Blättern: P. cannifolium – Epiphyt mit aufgeblasenen Stielen und fleischig-ledrigen Blättern.

mit eingeschnittenen Blättern: P. bipinnatifidum – große, geschlitzte, glänzend grüne Blätter mit kräftigen Stielen, bildet im Alter Luftwurzeln, die man am besten in die Erde wachsen läßt.

Standort: hell, keine direkte Sonne. P. scandens verträgt auch Halbschatten. Warm, Zimmertemperatur und darüber. Im Winter nicht unter 16 °C. Die Bodentemperatur sollte nicht niedriger sein als die Lufttemperatur.

Gießen: feucht halten, aber Vorsicht vor Staunässe!

Düngen: von Frühjahr bis Herbst alle ein bis zwei Wochen, im Winter einmal pro Monat mit handelsüblichem Blumendünger.

Umtopfen: alle ein bis zwei Jahre von Frühjahr bis Herbst möglich.

Pflanzenschutz: Wurzelfäule bei zu nassem oder zu kaltem Wurzelballen.

Vermehrung: durch Teilstecklinge, Abmoosen oder Aussaat. Stecklinge: im Sommer unterhalb von bewurzeltem Sproßknoten Teilsteckling abschneiden (5 – 10 cm lange Stücke, nur junge Triebstücke nehmen). Drei bis sieben Stück in 6- bis 8-cm-Topf in feuchtes Torf-Sand-Gemisch stecken. Folie oder Glas darüber stülpen. Bodentemperatur 25 – 30 °C. Die Stecklinge bewurzeln innerhalb von sechs bis acht Wochen. Nicht kletternde Arten werden durch Aussaat vermehrt (schwierig und sehr langwierig).

Besonderheiten: im Alter verändern sich Blattform und -farbe. Verkauft werden ausschließlich die Jugendformen.

P. scandens, Kletterphilodendron

Mein Rat: Pflanzen ab und zu zurückschneiden. Brauchen auf jeden Fall eine Kletterhilfe zum Hochwachsen. Gut geeignet für Hydrokultur. Stecklinge bewurzeln auch im Wasserglas.

Philodendron bipennifolium

Philodendron, Baumfreund

Kanonierblume
Pilea

Allgemeines: ca. 200 Arten. Hat ihren Namen wegen der eigenartigen Pollenverbreitung: Wenn die kleinen Blüten sich öffnen, entstehen starke Spannungen. Die Staubbeutel platzen dann explosionsartig auf und schleudern die Pollen dabei heraus. Zierde sind aber hauptsächlich die Blätter. Die *Pilea*-Arten beanspruchen wenig Platz und sind deshalb gut für Pflanzschalen und Flaschengärten geeignet. Mehrere Arten: *P. cadierei* hat grünweiß gestreifte, eiförmige Blätter, wächst krautig, Wuchshöhe von 20 – 25 cm; *P. spruceana* besitzt dunkelgrüne bis kupferrote Blätter mit interessanten blasenartigen Ausstülpungen, Wuchshöhe ca. 10 cm, hellgrüne Nesselblüten. *P. crassifolia* mit behaarten, eirunden Blättern, hellgrüner Grundton mit rotbraunem Zentrum. *P. microphylla* hat kleine, etwas fleischige Blätter, Bodendecker, im Garten und in Flaschengärten verwendbar.

Standort: hell, aber keine direkte Sonne. Luftig. Eher kühl halten (15 – 18 °C), vertragen aber auch ganzjährig Zimmertemperatur. Im Winter nicht unter 10 °C.

Gießen: im Sommer mäßig feucht halten, aber nicht austrocknen lassen. Im Winter etwas weniger gießen.

Düngen: im Sommer alle zwei Wochen, im Winter etwa einmal pro Monat mit handelsüblichem Blumendünger.

Umtopfen: einmal pro Jahr im Frühjahr. Besser ist es, jährlich neue Pflanzen aus Stecklingen zu ziehen.

Pflanzenschutz: wenig Schädlinge oder Krankheiten. Manchmal Schneckenfraß.

Vermehrung: ganzjährig möglich. Durch Kopfstecklinge; mit zwei bis drei Blattpaaren schneiden, zwei bis fünf Stecklinge zusammen in einen 6- bis 8-cm-Topf mit Torf-Sand-Gemisch stecken. Unter Folie bei Bodentemperaturen von 22 – 25 °C und Lufttemperatur von 18 – 22 °C bewurzeln lassen (geht auch im Wasserglas – Folie trotzdem überstülpen). Sollen die Pflanzen größer und buschiger werden, nach dem Bewurzeln ein- bis zweimal stutzen. Ungestutzt bleiben sie kleiner. Jungpflanzen gleichmäßig feucht halten und öfter sprühen.

Besonderheiten: Pflanze aus der Familie der *Urticaceae* (Brennesselgewächse); leben als Schattenpflanzen am Boden tropischer und subtropischer Wälder. Die Blätter sind gegeneinander versetzt angeordnet, so können sie die geringe Lichtintensität am Boden optimal ausnutzen. Das Verbreitungsgebiet der Gattung *Pilea* erstreckt sich über die gesamten Tropen- und Subtropengebiete der Erde, nur in Australien kommt diese Gattung nicht vor.

Pilea crassifolia 'Moon Valley'

Pilea spruceana

Pilea,
Kanonierblume

Pilea crassifolia

Harfenstrauch

Plectranthus

Plectranthus, Harfenstrauch

Allgemeines: ca. 200 Arten, Heimat Tropen und Subtropen Afrikas. Zwei Arten in Kultur: *P. fruticosus* ist der Buntnessel ähnlich, die Blätter sind aber einfarbig, blüht mit hellblauer Rispenblüte. *P. oertendahlii* mit am Boden kriechenden Zweigen, die dicht mit ovalen Blättchen bewachsen sind. Blättchen dunkelgrün, mit silberweißem Adernetz überzogen. Blüht mit weißen Blütentrauben im Spätsommer. Als Ampelpflanze verwendbar.

Standort: hell, luftig. *P. fruticosus* kann im Sommer auch an halbschattigem Platz auf dem Balkon stehen; im Winter in kühlen, hellen Raum (5 – 10 °C) stellen. *P. oertendahlii* ganzjährig kühl (12 – 18 °C) halten.

Gießen: stets feucht halten. Im Winter Staunässe meiden.

Düngen: von Frühjahr bis Herbst einmal pro Woche, im Winter einmal im Monat mit handelsüblichem Blumendünger.

Umtopfen: einmal pro Jahr im Frühjahr oder Sommer.

Pflanzenschutz: Blattfall bei zu warmem, zu dunklem Stand.

Vermehrung: durch Kopfstecklinge, die im Frühjahr oder Sommer geschnitten werden. In feuchtes Torfkultursubstrat (TKS) stecken. Bei Bodentemperatur um 20 °C aufstellen, Folie oder Glas überstülpen.

Mein Rat: Die Pflanze wächst kompakter und ist gesünder, wenn sie immer hell und luftig steht.

Zimmerbambus

Pogonatherum

Allgemeines: Gattung aus der Familie der Süßgräser (*Graminae*). Heimat Ostasien. Buschiger Strauch aus Halmen, die mit länglichen Blättern besetzt sind. Halme hängen leicht über.

Standort: hell, sonnig, warm und luftfeucht. Im Winter nicht unter 18 °C.

Gießen: stets reichlich feucht halten, den Ballen auf keinen Fall austrocknen lassen. Öfter sprühen.

Düngen: von Frühjahr bis Herbst alle zwei bis drei Wochen mit handelsüblichem Blumendünger, sonst nicht düngen.

Umtopfen: einmal pro Jahr im Frühjahr.

Pflanzenschutz: braune Blätter bei zu trockenem Wurzelballen.

Vermehrung: durch Abtrennen von Wurzelausläufern oder durch Teilung der Mutterpflanzen im Frühjahr.

Besonderheiten: nah verwandt und auch im Wuchs ähnlich dem Zuckerrohr (*Saccharum officinarum*).

Pogonatherum, Zimmerbambus

Fiederaralie

Polyscias

Allgemeines: aufrecht wachsende Blattpflanze aus der Familie der Araliengewächse, wird 25 – 50 cm hoch. Heimat Ostasien. Mehrere Arten mit den unterschiedlichsten Blattformen und -farben werden angeboten. *P. scutelliana* mit rundlichen, weißgrün panaschierten Blättern; *P. fruticosa* mit gekräuselten Blättern. Bei *P. cumingiana* sind die Blätter fiederförmig eingeschnitten.

Standort: hell und warm, aber keine direkte Sonne; Zugluft wird überhaupt nicht vertragen. Sollte im Winter nicht zu kalt stehen; Temperaturen um 16 °C am günstigsten. Am besten in Vitrine oder geschlossenes Blumenfenster stellen.

Gießen: nur mäßig, je nach Bedarf (wenn der Ballen oberflächlich trocken ist); zimmerwarmes Regenwasser oder entkalktes Wasser verwenden, regelmäßig sprühen.

Düngen: von März bis September alle zwei Wochen mit handelsüblichem Blumendünger, in der übrigen Zeit alle vier Wochen.

Umtopfen: einmal im Jahr im Frühjahr.

Pflanzenschutz: Spinnmilben bei zu trockenem Stand.

Vermehrung: im Frühjahr durch Kopfstecklinge. In feuchtes Torf-Sand-Gemisch stecken. Folie darüber stülpen. Bei Bodentemperaturen von 25 – 30 °C bewurzeln lassen.

Besonderheiten: die Pflanzen reagieren empfindlich auf „kalte Füße", deshalb sollte die Bodentemperatur nicht unter 18 °C sinken.

Mein Rat: Um sich das regelmäßige Sprühen zu sparen, kann man einen mit Kies und Wasser gefüllten Untersetzer neben die Pflanze stellen, der für die nötige Luftfeuchte sorgt.

Polyscias scutelliana,
Fiederaralie

Die Fiederaralie will hell und warm stehen.

Primel

Primula

Allgemeines: drei Arten werden angeboten. *P. malacoides*, die Flieder-oder Brautprimel, *P. obconica*, die Becherprimel und *P. vulgaris*, die Kissenprimel. Nur während der Blüte im Zimmer lassen, danach an halbschattigen bis schattigen Platz in den Garten setzen.

Standort: Etagenprimel hell und kühl (10 – 15 °C), etwas luftfeucht. Becherprimel im Sommer nach draußen in den Halbschatten stellen, im Winter einräumen, an hellen Platz ohne direkte Sonne; verträgt im Sommer Wärme, aber im Winter nicht, dann kühl stellen (um 15 °). Kissenprimel kühl, schattig und luftfeucht in Zimmer und Garten halten.

Gießen: bei allen Arten den Ballen stets mäßig feucht halten, aber Staunässe meiden. Kissenprimeln während der Blüte im Zimmer etwas mehr gießen als draußen im Garten.

Düngen: die „Zimmerprimeln" von Frühjahr bis Herbst alle zwei Wochen, im Winter alle drei bis vier Wochen mit Blumendünger. Bei der Kissenprimel vor dem Hinaussetzen ins Beet und dann noch einmal im Herbst Hornspäne in den Boden einarbeiten.

Umtopfen: Becherprimel im März in Einheitserde. Kissenprimel braucht lehmigen Boden, mit etwas Komposterde vermischt.

Pflanzenschutz: gelbe Blätter kommen vor, wenn der Boden zu naß, zu kalt oder das Gießwasser zu kalkhaltig ist.

Vermehrung: bei Becher- und Etagenprimeln dem Gärtner überlassen. Bei Kissenprimeln säen sich die reinen Arten selbst aus.

Besonderheiten: Etagenprimel nicht mehr umtopfen. Die Weiterkultur lohnt sich nicht, denn sie blüht kein zweites Mal.

Primula obconica,
Becherprimel

Zimmeresche

Radermachera sinica

Allgemeines: ca. 40 Arten, Gattung aus der Familie der *Bignoniaceae*. Heimat Südwestchina und Taiwan. Nur *R. sinica* in Kultur. Raschwachsender, immergrüner Strauch mit gefiederten, farnartigen Blättern und gelben Blüten.

Standort: im Sommer an warmen und hellen Platz ohne Prallsonne im Freien stellen. Im Winter in hellen und kühlen Raum stellen (16 – 18 °C).

Gießen: im Sommer stets gleichmäßig feucht halten, Staunässe meiden, im Winter etwas weniger gießen.

Düngen: im Sommer alle 14 Tage mit handelsüblichem Blumendünger, im Winter nur ab und zu düngen.

Umtopfen: alle ein bis zwei Jahre vor dem Hinausstellen ins Freie.

Pflanzenschutz: Blätter können bei zu trockenem Wurzelballen abfallen.

Vermehrung: durch Aussaat von frisch importierten Samen – dem Gärtner überlassen.

Besonderheiten: wird in letzter Zeit immer häufiger, sogar in Supermärkten, angeboten.

Radermachera sinica,
Zimmeresche

Zimmerazalee

Rhododendron

Rhododendron in Vollblüte

Allgemeines: ca. 1300 Arten; *R. simsii* mit 2000 Sorten. Heimat China, Japan. Kommen dort an Ufern von Gebirgsbächen vor. Blühen in Rosa, Rot und Purpurfarben, je nach Sorte von Oktober bis Mai. Sorten entstanden durch „normale Züchtung" (Kreuzung) oder durch spontane Mutationen. *R. simsii* kann als Kübelpflanze gehalten werden; *R. x obtusum* (Japan-Azalee) kann nur für eine Saison im Zimmer stehen und sollte auf Dauer ins Freie gestellt oder eingepflanzt werden.

Standort: hell, luftfeucht und kühl. Von Mai bis September an luftigen, schattigen Platz im Garten stellen (Topf in Erde einsenken). Mehrere Rhododendron-Pflanzen zusammen in ein Beet stellen. Überwintern bei 5 – 10 °C. Nach Anschwellen der Blütenknospen bei 18 – 20 °C halten. Nur bei Vollblüte vorübergehend ins warme Zimmer stellen. Die Zimmerazalee von Mai bis September in den Garten an halbschattigen bis schattigen Platz. Überwintern bei 5 – 12 °C, bis Blütenknospen erscheinen, dann Temperatur auf max. 18 °C erhöhen.

Gießen: von Frühjahr bis Herbst stets feucht halten. Im Winter weniger gießen. Kalkfreies Wasser verwenden. Gelegentlich sprühen (auch wenn die Pflanze draußen steht). Kaltes Wasser vermeiden. Wasserhärte bis 10° dH geeignet, härteres Wasser nicht!

Düngen: während Wachstum und Blüte einmal in der Woche (bis Juli/August). Im Winter alle zwei bis drei Wochen mit handelsüblichem Blumendünger.

Umtopfen: einmal im Jahr nach der Blüte.

Erde: Einheitserde oder TKS; Rhododendron-Erde. Wichtig: pH-Werte der Erde zwischen 3,5 und 4,5, nicht darüber.

Pflanzenschutz: Spinnmilben, Blattläuse und Weiße Fliege bei falscher Pflege. Stengel- und Wurzelfäule bei Staunässe. Blatt- und Blütenfall bei Ballentrockenheit oder zu viel Wärme.

Vermehrung: dem Gärtner überlassen.

Mein Rat: **Nach dem Kauf nicht direkt ins warme Zimmer stellen, sondern zur Umgewöhnung an kühlen (10 – 12 °C), halbschattigen Platz. Verwelkte Blüten mit Stiel regelmäßig ausknipsen. Vor dem Überwintern zurückschneiden, damit die Pflanzen buschig bleiben.**

Rhododendron
'Mevr. Gerald Kint'

Rhododendron,
Topfazalee

Kapwein
Rhoicissus

Die Blätter des Kapweines glänzen fast etwas metallisch.

Allgemeines: zehn Arten, Heimat Südafrika. Schnell wüchsiger, kompakter Kletterstrauch mit großen, dunkelgrünen, leicht gekerbten Blättern, der im Sommer auch auf dem Balkon stehen kann.

Standort: hell bis halbschattig, keine direkte Sonne und kühl, deshalb für Vorräume und Treppenaufgänge gut geeignet. Auch im Winter nicht über 15 °C. Erträgt bis 5 °C. Den Kapwein nicht zu eng neben andere Pflanzen stellen.

Gießen: mäßig feucht halten; nicht austrocknen lassen.

Düngen: im Frühjahr und Sommer alle ein bis zwei Wochen, im Winter alle vier Wochen mit handelsüblichem Blumendünger.

Umtopfen: jährlich im Frühjahr oder Sommer.

Pflanzenschutz: Blattflecken und Blattfall bei zu kaltem Gießwasser. Blattläuse und Spinnmilben bei trockenem, zugigem Standort.

Vermehrung: durch Kopfstecklinge (mit zwei Blättern). Zwei bis drei Stecklinge in 6-cm-Topf. In feuchtes Torf-Sand-Gemisch. Bei 18 – 20 °C Bodentemperatur und gleichmäßiger Feuchte bewurzeln lassen.

Besonderheiten: bildet im Alter eine dicke Wurzelknolle aus, die die Pflanze aus dem Topf heben kann.

Mein Rat: In Hydrokultur halten, dann entfällt bei den älteren Pflanzen das umständliche Umtopfen. Als Kletterhilfe ein stabiles Gerüst verwenden.

Rhoicissus, Kapwein

Topfrose
Rosa

Hier fühlen sich die jungen Pflanzen wohl.

zeigenden Blütenknospen nehmen. Steckling mit einem Fiederblatt schneiden, 5 Minuten antrocknen lassen, mit Bewurzelungsmittel behandeln und in feuchtes Torf-Sand-Gemisch stecken. Luftfeucht und schattig aufstellen. Zwei bis drei bewurzelte Stecklinge in 11-cm-Topf setzen. Nach zwei bis drei Wochen stutzen, um buschigeres Wachstum zu erzielen.

Besonderheiten: Verblühtes regelmäßig abknipsen, dann wächst die Pflanze kräftiger und die neuen Blüten gehen früher auf. Vor dem Hinausstellen in die Sonne die Pflanze zunächst für einige Tage in den Halbschatten stellen.

Allgemeines: Zwergrose, ca. 20 – 25 cm hoch, kann nur für einige Monate im Zimmer stehen; braucht auf Dauer einen Platz im Garten. Blüht in Weiß, Gelb, Rosa oder Rot von März bis Oktober. Mit Ruhezeit im Winter, in der die Blätter abgeworfen werden.

Standort: hell, sonnig (keine pralle Sonne), luftig. Im Sommer am besten auf Balkon oder Terrasse stellen, überwintern in hellem, kühlem Raum (5 °C).

Gießen: stets mäßig feucht halten, in der Ruhezeit nur ab und zu gießen.

Düngen: von März bis August einmal pro Woche mit handelsüblichem Blumendünger. Sonst nicht düngen.

Umtopfen: alle zwei Jahre vor Triebbeginn im Frühjahr.

Erde: $^1/_3$ TKS oder Einheitserde mischen mit $^1/_3$ Gartenerde und $^1/_3$ Sand.

Pflanzenschutz: Spinnmilben, Blattläuse bei zu wenig Frischluft oder zu engem Stand. Bei Befall mit Echtem Mehltau kranke Blätter entfernen und die Pflanzen sonniger und luftiger stellen; hohe Luftfeuchtigkeit meiden.

Vermehrung: März bis Mai. Kopfstecklinge von Trieben mit gerade Farbe

Topfrose in Rot

Usambaraveilchen

Saintpaulia

Allgemeines: ca. 20 Arten, Heimat Ostafrika. Von der Art *S. ionantha* gibt es über 100 Sorten; blühen in Weiß, Rosa, Violett. Es gibt einfache, gefüllte, ein- oder mehrfarbige Blüten, der Blütenrand kann glatt oder eingeschnitten sein.

Standort: hell, aber keine direkte Sonne. Warm, ganzjährig um 22 °C, nicht unter 16 °C.

Gießen: während der Blüte gleichmäßig feucht halten, während der Blühpause weniger gießen. Kalkfreies, zimmerwarmes Wasser verwenden.

Düngen: in der Blühphase alle zwei Wochen mit handelsüblichem Blumendünger, sonst nicht düngen.

Umtopfen: einmal im Jahr im Frühjahr oder Sommer.

Pflanzenschutz: fahle Blätter mit braunen Flecken bei zu sonnigem Stand. Faulende Blätter und Blüten bei zu nassem Wurzelballen.

Vermehrung: im Sommer. Gerade ausgewachsene Blätter mit Durchmesser von ca. 4 cm und mit Blattstiellänge von 1 – 2 cm in feuchtes Torf-Sand-Gemisch dachförmig zueinander oder alle in eine Richtung hintereinander stecken. Folie darüber stülpen. Ab und zu sprühen. Luft- und Bodentemperaturen um 20 – 25 °C. Nach dem Anwurzeln einzeln in einen Topf setzen.

Besonderheiten: stehen die Pflanzen zu dunkel, wachsen nur die Blätter und keine Blüten.

Rotes Usambaraveilchen

Saintpaulia-Ionantha-Hybride, Usambaraveilchen

Mini-Usambaraveilchen

Bogenhanf

Sansevieria

Allgemeines: ca. 60 Arten, Heimat tropisches Westafrika. Unempfindliche Zimmerpflanze. Zwei Formen: groß mit länglichen Blättern und klein mit rosettenartigen Blättern.

Standort: Sonne; 15 – 22 °C, ertragen bis 30 °C. Bei längerer Zeit mit viel Sonne und hohen Temperaturen etwas schattiger stellen.

Gießen: nach Bedarf, wenn Ballen oberflächlich trocken ist.

Düngen: von März bis Oktober alle zwei Wochen mit Kakteendünger.

Umtopfen: einmal im Jahr im Frühjahr oder Sommer.

Als Drainage reichlich Tonscherben übers Abzugsloch legen.

Pflanzenschutz: Schmier- oder Schildläuse bei zu trockenem Stand; Blattflecken bei zu starken Schwankungen von Lichtintensität, Temperatur oder Feuchtigkeit. Umfallen der Blätter, wenn der Wurzelballen zu naß und/oder zu kalt ist.

Vermehrung: durch Teilung der Mutterpflanzen oder durch Blattstecklinge; dann 5 – 6 cm lange Blattstücke quer zur Längsachse des Blattes schneiden; mit einer Schnittkante nach unten in feuchtes Torf-Sand-Gemisch stecken; in den Halbschatten und bei Temperaturen von 22 – 26 °C aufstellen; mäßig gießen, viel sprühen. Bei Sorten mit gelbem Rand Vermehrung durch 1 – 3 cm große Ableger, die bereits ein ausgereiftes Blatt gebildet haben.

Mein Rat: *Sansevieria* beim Umtopfen in einen möglichst flachen Topf mit großem Durchmesser setzen.

Sansevieria trifasciata, Bogenhanf

Hängender Steinbrech

Saxifraga stolonifera

Allgemeines: ca. 350 Arten, davon nur *S. stolonifera* (Hängender Steinbrech) als Topfpflanze bekannt. Ursprünglich Felsenbesiedler, Heimat China, Japan. Niedrig wachsende Staude mit schildförmigen, am Rande gekerbten Blättern. Die Sorte 'Tricolor' hat Blätter mit weißem Rand; entwickelt fadenförmige Ausläufer, an denen die Tochterpflanzen hängen. Geeignet sowohl für kalte als auch für warme Räume; Ampelpflanze oder Bodendecker.

Standort: hell bis halbschattig, luftig, keine direkte Sonne. Wachsen am besten im Kalthaus bei 1 – 10 °C, vertragen aber auch höhere Temperaturen. Winterhart (bei Frost die Pflanzen mit Laub oder Reisig abdecken).

Gießen: mäßig feucht halten.

Düngen: im Sommer alle zwei Wochen, im Winter alle vier bis sechs Wochen mit handelsüblichem Blumendünger.

Umtopfen: nicht nötig, besser ist es, aus den Ausläufern.neue Pflanzen heranzuziehen.

Erde: TKS oder Einheitserde mit etwas Sand.

Pflanzenschutz: Blattläuse bei zu trockenem Stand.

Vermehrung: im Sommer, herabhängende Ausläufer abtrennen und einzeln in 8-cm-Topf setzen.

Besonderheiten: der Steinbrech verträgt zwar einen schattigen Standort, blüht dann aber nicht.

Saxifraga stolonifera, Steinbrech

Mein Tip: Schneidet man die Ausläufer ab, blüht der Steinbrech mit schöner, rötlich gefärbter Blütenrispe, an der die weißen Einzelblüten sitzen.

Strahlenaralie

Schefflera

Allgemeines: etwa 200 Arten, Heimat Australien, Neuseeland. *S. actinophylla* hat bis 30 cm lange, 4- bis 16fach geteilte Blätter, die am Ende spitz zulaufen. *S. arboricola* ist kleiner und wächst kompakter, die Blätter sind filigraner, mehrfach geteilt und am Ende abgerundet. Heute wird auch *Dizygotheca elegantissima* hier eingeordnet, die, entgegen der folgenden Anweisung, nicht ins Freie darf und hell und warm, im Winter nicht unter 18 °C stehen will.

Standort: im Sommer halbschattiger, zugfreier Platz im Freien (verträgt keinen Frost – rechtzeitig einräumen!). Im Winter hell bis halbschattig und kühl, 16 – 18 °C, nicht wärmer (sonst Schädlingsbefall und Geilwuchs), nicht unter 12 °C (sonst Blattfall).

Gießen: stets mäßig feucht halten, Staunässe meiden. Öfter sprühen.

Düngen: im Sommer alle ein bis zwei Wochen, im Winter alle vier Wochen mit handelsüblichem Blumendünger.

Umtopfen: einmal im Jahr; ältere Pflanzen nach Bedarf.

Pflanzenschutz: Blattverlust bei zu niedrigen Temperaturen; Geilwuchs, Befall mit Schildläusen und Thripsen bei zu warmem Stand.

Vermehrung: schwierig, besser dem Gärtner überlassen.

Besonderheiten: zur Überwinterung in helles (keine direkte Sonne!), kühles Treppenhaus stellen.

Schefflera actinophylla

Gefleckte Efeutute

Scindapsus pictus

Allgemeines: ca. 40 Arten, nur *S. pictus* ist in Kultur. Oft verwechselt mit *Epipremnum aureum* (Efeutute), die aber im Laub heller und wesentlich anspruchsloser an den Standort ist als die Gefleckte Efeutute. Heimat Indonesien. Zierde sind die Blätter: Grundfarbe Smaragdgrün, gesprenkelt mit bläulichweißen Punkten, ledrig, herzförmig. Anspruchsvoll, geeignet für Tropenfenster oder Vitrine. An Rankgerüst hochwachsen lassen; wird bis 10 m hoch.

Standort: hell bis halbschattig, keine direkte Sonne, warm (18 – 22 °C, das ganze Jahr über), luftfeucht.

Gießen: immer mäßig feucht halten – Ballen nicht austrocknen lassen. Regelmäßig mit kalkfreiem, zimmerwarmem Wasser sprühen.

Düngen: von Frühjahr bis Herbst alle ein bis zwei Wochen, im Winter alle drei Wochen mit handelsüblichem Blumendünger.

Umtopfen: im Frühjahr oder Sommer, jüngere Pflanzen einmal pro Jahr, ältere alle zwei Jahre umsetzen.

Pflanzenschutz: wenig Schädlinge und Krankheiten.

Vermehrung: ganzjährig durch Stecklinge möglich, Kopf- oder Teilstecklinge mit ca. ein bis zwei Blättern schneiden. Drei bis fünf Stecklinge in 8-cm-Topf stecken. Unter Folie halten, Bodentemperatur bei 25 °C. Nach dem Anwurzeln stutzen, um kräftigeren Wuchs zu erzielen.

Mein Rat: In Hydrokultur bei gleichmäßig warmer Nährlösung gut zu halten. Auch für den Wintergarten geeignet.

Scindapsus pictus, Gefleckte Efeutute

Simse

Scirpus

Scirpus, Simse

Allgemeines: 250 Arten, Heimat sumpfige, ständig feuchte Regionen der Tropen und Subtropen. Grasähnliche Pflanze mit dünnen, fadenförmigen Blättern, die zunächst ca. 20 cm aufrecht hoch wachsen und sich dann nach unten neigen. Deshalb als Ampelpflanze geeignet. Stellt ähnliche Ansprüche wie Zypergras.
Standort: Halbschatten, keine direkte Sonne, hohe Luftfeuchtigkeit (täglich sprühen oder in Vitrine stellen). Warm (Zimmertemperatur und höher), im Winter nicht unter 10 °C.
Gießen: braucht ständig einen wassergefüllten Untersatz (Ballen sollte zu etwa $^1/_4$ in Wasser stehen).
Enthärtetes Wasser benutzen. Hohe Luftfeuchte wichtig.
Düngen: von Frühjahr bis Herbst alle zwei bis drei Wochen, im Winter alle fünf bis sechs Wochen mit handelsüblichem Blumendünger.
Umtopfen: alle ein bis zwei Jahre im Frühjahr oder Sommer, dabei die Horste teilen.
Pflanzenschutz: Blattläuse und braune Blattspitzen bei zu wenig Feuchtigkeit. Horste werden im Alter gelb, dann ist es besser, die Pflanze zu teilen.
Vermehrung: durch Teilung der Mutterpflanze.
Besonderheiten: nicht ins Freie stellen. Gut geeignet für Hydrokultur.

Fetthenne

Sedum

Allgemeines: ca. 600 Arten. Kleine Pflanzen mit sukkulenten Blättchen und oft auffallenden Blüten. Kommen vor allem in trockenheißen Gebieten der Erde vor. Gut geeignet für Balkonkästen und Schalen, die in der prallen Sonne stehen, auch beliebte Pflanzen für Steingärten. Aufrecht wachsend sind z.B. *S. rubrotinctum, S. nussbaumerianum* und *S. adolphi.* Überhängende Pflanzen sind *S. sieboldii, S. morganianum, S. stahlii* und *S. pachyphyllum.* Heimat Mexiko, Japan.
Standort: ganzjährig hell, vollsonnig, luftig. Im Sommer ins Freie stellen, im Winter vor dem ersten Frost einräumen oder an geschützten Platz im Garten stellen (z.B. an eine Mauer). Überwintern im Zimmer bei 8 – 10 °C.
Gießen: mäßig feucht halten; bei längeren Regenperioden vor Nässe schützen. Im Winter in kühlen Räumen nur ab und zu gießen.
Düngen: nur selten notwendig; im Sommer alle vier Wochen mit Kakteendünger düngen, sonst gar nicht.
Umtopfen: alle ein bis zwei Jahre im Frühjahr oder Sommer.
Erde: Kakteenerde oder sandige Erde (Torf/Sand mit etwas Lehm vermischt).
Pflanzenschutz: faulende Triebe bei zu viel Nässe.
Vermehrung: durch Stecklinge; Schnittfläche einige Tage trocknen lassen, flach in feuchtes Torf-Sand-Gemisch stecken; bewurzeln schnell.

Sedum, Fetthenne

Mooskraut
Selaginella

Allgemeines: in den Tropen kommen 7000 Arten vor, in Mitteleuropa nur zwei. Leben in den Wäldern am Boden an feuchten Stellen; manche sind Epiphyten oder Kletterpflanzen. *S. apoda* (5 – 8 cm hoch) und *S. martensii* (30 cm hoch) sind als Bodendecker oder Unterpflanzung geeignet. *S. kraussiana* auch rasenbildend, aber mit panaschiertem Laub.

Standort: kühl (15 – 18 °C), Halbschatten (Nordfenster) – keine direkte Sonne. Luftig. Im Winter nicht unter 10 °C; brauchen hohe Luftfeuchtigkeit, deshalb am besten in Vitrine stellen.

Gießen: gleichmäßig feucht halten – die Pflanze darf nicht austrocknen! Entkalktes, zimmerwarmes Wasser benutzen. Einstellen in wassergefüllten Untersetzer mit Tonkügelchen oder Kies.

Düngen: mäßig, alle vier Wochen mit Blumendünger reicht.

Umtopfen: im Frühjahr nach Bedarf.

Erde: humose, gut durchlässige Erde (TKS oder Einheitserde mit Sand vermischt) verwenden.

Pflanzenschutz: hat meist keine Schädlinge oder Krankheiten.

Vermehrung: im Frühjahr. *S. apoda* beim Umpflanzen teilen. Bei *S. martensii* und *S. kraussiana* die Ausläufer bewurzeln lassen oder Stecklinge schneiden. Acht bis zehn Stecklinge (Triebspitzen) in 7- bis 10-cm-Topf, hohe Luftfeuchtigkeit (Folie oder Glas überstülpen), 20 – 22 °C, nach dem Bewurzeln 18 °C.

Besonderheiten: eignen sich gut als Bodendecker in Flaschengärten.

Cinerarie
Senecio-Cruentus-Hybriden

Allgemeines: ca. 2000 Arten, kompakte, reichblütige Staude. Ähnlich der Chrysanthemen in der Blütenform. Heimat Kanarische Inseln. Blühen von Februar bis April in zahlreichen Farben – Weiß, Gelb, Orange, Rosa, Rot, Blau oder Violett. Geeignet für Zimmer und Balkon.

Standort: hell, luftig; nicht zu warm (16 – 18 °C). Den Pflanzen ausreichend Platz geben.

Gießen: immer feucht halten; brauchen sehr viel Wasser.

Düngen: nicht nötig, da sie nur während der Blüte gehalten werden.

Umtopfen: nicht nötig, da die Pflanze nach der Blüte weggeworfen wird.

Pflanzenschutz: häufig Blattläuse, deshalb auf richtigen Standort achten.

Vermehrung: durch Aussaat im Juli in Schalen mit Einheitserde. Nur leicht andrücken. Mit Glasscheibe und Papier bedecken. Gleichmäßig feucht halten bei 20 – 22 °C, Keimdauer acht bis zehn Tage. Nach Keimung Glasscheibe und Papier entfernen.

Besonderheiten: es ist sinnvoll, im Frühjahr neue Pflanzen im Gartenfachhandel zu kaufen.

Selaginella,
Mooskraut

Senecio-Cruentus-
Hybriden,
Cinerarie

Gloxinie

Sinningia

Allgemeines: beliebte Zimmerpflanze mit großen Blüten (bis 14 cm Durchmesser) und samtigen Blättern; blühen von März bis August. Heimat Brasilien. Machen eine Ruhezeit durch, in der nur die Knolle überwintert, Blätter und Blüten werden vorher abgeworfen.

Standort: Halbschatten, warm, möglichst windstill (keine Zugluft). Knollen zur Überwinterung dunkel und kühl halten (15 °C).

Gießen: während der Blüte mäßig feucht halten. Zimmerwarmes, entkalktes Wasser benutzen. Nach der Blüte allmählich das Gießen reduzieren, bis das Laub völlig verwelkt ist. Dann kein Wasser mehr zugeben. Nach dem Einpflanzen der Knollen im Februar die Wasserzufuhr allmählich wieder erhöhen.

Düngen: während der Blüte einmal pro Woche mit handelsüblichem Blumendünger, sonst nicht düngen.

Umtopfen: Knollen Ende Februar umtopfen (ca. 2 cm hoch mit Erde bedecken); alte Erde und Wurzeln vorher entfernen.

Pflanzenschutz: „Umfallen" von Blättern und Blüten bei Staunässe und zu kalten Bodentemperaturen.

Vermehrung: zu aufwendig; dem Gärtner überlassen.

Besonderheiten: oft sind die Knollen der Gloxinien zu klein, um eine Überwinterung zu überleben. Dann lohnt sich die Weiterkultur der abgeblühten Pflanzen nicht.

Sinningia-Hybriden, Gloxinie

Mein Rat: Gloxinien nicht von oben gießen, sondern immer nur in den Untersetzer. Wasser sollte nicht zu lange im Untersetzer stehenbleiben.

Bestechen durch die großen Blüten in verschiedenen Farben

Die Gloxinie liebt den Halbschatten.

Smithianthe

Smithiantha-Hybriden

Allgemeines: Staude aus Mexiko. Die Blüten sind orangefarben, innen heller und mit dunklen Punkten versehen. Blüht von Juni bis Oktober. Blätter samtig und dunkelbraun-grün gefleckt. Die krautigen Teile werden im Herbst eingezogen, und nur das Rhizom überwintert.

Standort: während der Wachstumszeit halbschattig, warm; hohe Luftfeuchtigkeit (Vitrine). Überwintern der Rhizome an warmem Platz.

Gießen: von Frühjahr bis Herbst stets feucht, aber nicht naß halten; öfter sprühen. Ab September weniger gießen, ruhende Rhizome ganz trocken halten. Nach Eintopfen der Rhizome im Frühjahr wieder mit dem Gießen beginnen. Entkalktes, zimmerwarmes Wasser benutzen.

Düngen: ab Austrieb bis Ende der Blüte alle zwei bis drei Wochen mit handelsüblichem Blumendünger, sonst nicht düngen.

Umtopfen: im März jeweils fünf Rhizome in 10-cm-Topf. Rhizome sollten etwa 2 cm hoch mit Erde bedeckt sein.

Pflanzenschutz: faulende Stengel und Blätter, wenn die Pflanze zu naß und zu kalt steht.

Vermehrung: durch Teilung der Rhizome im Frühjahr.

Besonderheiten: Rhizome zum Überwintern in trockenem Sand oder Torf aufbewahren.

Korallenstrauch

Solanum

Allgemeines: ca. 1500 Arten dieser Gattung bekannt. Zwei Arten werden angeboten: *S. crispum* (früher *Solanum capsicastrum*) aus Brasilien mit kleinen roten Früchten (einige Sorten mit weißgrünen Blättern), kompaktem Wuchs und 20 – 60 cm hoch. *S. pseudocapsicum* aus Madeira mit dicken, orangeroten bis gelben Früchten, sparrig verzweigt und 50 – 100 cm hoch. Blüht im Mai/Juni; Früchte bis in den Herbst hinein. Gut geeignet für helle, kühle Räume.

Standort: hell, sonnig, luftig; verträgt keine pralle Mittagssonne. Im Sommer als Kübelpflanze ins Freie stellen. Überwintern bei 10 – 15 °C in hellem Raum. Braucht ausreichend Platz.

Gießen: im Sommer reichlich, im Winter sparsam gießen, nicht austrocknen lassen.

Düngen: von Frühjahr bis Herbst einmal pro Woche, im Winter alle vier bis sechs Wochen mit handelsüblichem Blumendünger.

Umtopfen: im Frühjahr vor dem Hinausstellen ins Freie. Dabei die Pflanze kräftig zurückschneiden. Pflanzgefäß nur wenig größer wählen, besser ist es, die Wurzeln etwas einzukürzen.

Pflanzenschutz: Blattläuse und Weiße Fliege möglich, auf passenden Standort und richtige Düngung achten.

Vermehrung: zu aufwendig, dem Gärtner überlassen.

Smithiantha-Hybriden,
Smithianthe

Solanum,
Korallenstrauch

Bubiköpfchen

Soleirolia soleirolii

Allgemeines: Gattung mit nur einer Art – *S. soleirolii*, Heimat Korsika, Sardinien. Wächst dort an schattigen Plätzen zwischen Mauerfugen und an Felsen. Schnellwachsender Bodendecker mit dicht wachsenden, glänzend grünen, rundlichen, kleinen Blättern. Blüten klein und unscheinbar. Pflegeleicht und schnell wachsend.

Standort: hell bis halbschattig, luftig. Frosthart, kann deshalb auch in den Garten gepflanzt werden. Steht am besten kühl (14 – 16 °C), verträgt aber auch Zimmertemperatur.

Gießen: im Sommer stets mäßig feucht halten, im Winter an kühlem Standort nur ab und zu gießen.

Düngen: einmal pro Woche mit handelsüblichem Blumendünger.

Umtopfen: bei Bedarf (wenn der Ballen etwa zur Hälfte durchwurzelt ist) von Frühjahr bis Herbst.

Pflanzenschutz: Vergeilen der Triebe, wenn die Pflanze zu warm steht.

Vermehrung: von Frühjahr bis Herbst durch Teilung der Mutterpflanzen. Aufstellen bei 20 – 22 °C, nach dem Anwurzeln wieder kühler.

Besonderheiten: gut geeignet als Bodendecker für Wintergärten.

Mein Rat: Bubiköpfchen mindestens einmal pro Jahr teilen und nicht zu schattig stellen, damit sie schön buschig bleiben.

Zimmerlinde

Sparmannia africana

Allgemeines: Strauch aus Südafrika, Pflege nicht ganz einfach.

Standort: hell und luftig, kühl (im Sommer 15 – 18 °C, im Winter 5 – 10 °C). Keine direkte Sonne.

Gießen: stets feucht halten, im Winter etwas sparsamer gießen.

Düngen: von Frühjahr bis Herbst ein- bis zweimal pro Woche, im Winter alle drei Wochen.

Umtopfen: alle zwei Jahre von Frühjahr bis Herbst möglich.

Pflanzenschutz: Blätter und Blüten verwelken und fallen ab bei Nahrungsmangel, zu dunklem, warmem Stand oder bei trockenem Wurzelballen ab.

Vermehrung: von Januar bis März durch Kopfstecklinge von blühenden Zweigen. Blüten und Knospen an den Stecklingen entfernen, in feuchtes Torf-Sand-Gemisch stecken. Bodentemperatur um 20 °C und hohe Luftfeuchte (Folie oder Glas darüber stülpen) zur Bewurzelung notwendig.

Besonderheiten: bei starkem Blattverlust im Herbst kräftig zurückschneiden. Blüht nur, wenn die Pflanze im Winter ausreichend kühl steht.

Soleirolia soleirolii,
Bubiköpfchen

Sparmannia africana,
Zimmerlinde

Einblatt

Spathiphyllum

Allgemeines: ca. 36 Arten, Heimat Gebirgsregionen Kolumbiens. Blüht von März bis September. Hybriden 60 – 80 cm hoch. *Spathiphyllum wallisii* bleibt kleiner.

Standort: während der Blüte in den Halbschatten bis Schatten stellen. Im Winter heller, aber direkte Sonne meiden. Ganzjährig bei Zimmertemperatur (18 – 22 °C) halten.

Gießen: in der Blütezeit gleichmäßig feucht halten und öfter sprühen. Im Winter sparsamer gießen.

Düngen: während der Blüte einmal in der Woche, im Winter alle zwei bis drei Wochen mit handelsüblichem Blumendünger.

Umtopfen: alle ein bis zwei Jahre im Frühjahr oder Sommer in Einheitserde oder TKS.

Pflanzenschutz: bei Überdüngung braune Blattspitzen.

Vermehrung: durch Teilung älterer Pflanzen. Wurzeln dabei möglichst nicht verletzen. Drei Teilstücke zusammen in 11- bis 12-cm-Topf pflanzen und bei 20 – 22 °C aufstellen.

Spathiphyllum,
Einblatt

Kranzschlinge

Stephanotis floribunda

Allgemeines: fünf Arten; nur *S. floribunda* als Topfpflanze. Duftende, weiße, röhrenförmige Blüten von Juni bis Oktober.

Standort: hell und luftig, aber keine direkte Mittagssonne. Im Sommer bei Zimmertemperatur, im Winter kühl bei 12 – 16 °C.

Gießen: im Sommer reichlich gießen (ohne Staunässe!) und sprühen; nach der Blüte weniger gießen. Zimmerwarmes Wasser verwenden.

Düngen: während der Blütezeit alle ein bis zwei Wochen mit handelsüblichem Blumendünger, sonst nicht düngen.

Umtopfen: im Frühjahr; jüngere Pflanzen alle ein bis zwei Jahre, ältere bei Bedarf.

Erde: Einheitserde oder TKS mit etwas Lehm und Sand vermischt.

Pflanzenschutz: Blattläuse, Spinnmilben bei zu warmem, trockenem Standort im Winter.

Vermehrung: von Januar bis Mai durch Teilstecklinge mit je einem Blattpaar. Mit Bewurzelungsmittel behandeln; in feuchtes Torf-Sand-Gemisch stecken. Folie darüber stülpen, im Halbschatten aufstellen. Bodentemperatur mind. 25 °C.

Besonderheiten: wenn die Pflanzen an einigen Stellen verkahlen, diese nach dem Umtopfen kräftig zurückschneiden.

Stephanotis floribunda,
Kranzschlinge

Drehfrucht

Streptocarpus

Allgemeines: Heimat tropisches Afrika. Verwandte von Usambaraveilchen und Gloxinie; lange Blütezeit und gute Haltbarkeit im Zimmer. Blüht in Rosa, Rot, Blau und Violett, teilweise auch Sorten mit getigertem Blütenschlund.

Standort: hell, aber keine pralle Sonne. Im Sommer 20 – 25 °C, im Winter 10 – 12 °C. Die großblumigen Sorten brauchen im Winter etwas mehr Wärme (über 20 °C).

Gießen: mäßig feucht halten, auch nach der Blüte weiter gießen. Im Winter etwas weniger, aber den Ballen nicht austrocknen lassen.

Düngen: von April bis Oktober einmal in der Woche; im Winter alle vier bis sechs Wochen mit handelsüblichem Blumendünger.

Umtopfen: nach Bedarf im Frühjahr oder Sommer.

Pflanzenschutz: auf Spinnmilben, Blattläuse und Thripse achten.

Vermehrung: im Frühjahr durch Blattstecklinge bei 22 °C aufstellen. Innerhalb von vier bis sechs Wochen Neutriebe, die dann nach weiteren drei bis fünf Wochen vereinzelt werden.

Mein Rat: Großblumige Sorten durch Samen vermehren (Bodentemperatur 22 °C). Kleinblumige durch Blattstecklinge.

Streptocarpus,
Drehfrucht

Stromanthe

Stromanthe

Allgemeines: Verwandte von *Calathea* und *Maranta*, die wie die Stromanthe zur Familie der *Marantaceae* gehören. Ca. dreizehn Arten, Heimat Südamerika. Von *S. amabilis* verschiedene Sorten mit unterschiedlichen Blattfärbungen erhältlich: Blätter grün mit silberner Zeichnung oder oberseits grün, unterseits dunkelrot gefärbt. *S. sanguinea* mit einfacherer Blattzeichnung, aber etwas größer (bis 1,50 m).

Standort: hell bis halbschattig. Keine direkte Sonne! Warm (22 – 30 °C), im Winter nicht unter 18 °C. Bodentemperatur sollte so hoch sein wie Lufttemperatur. Am besten in Blumenvitrine stellen.

Gießen: stets feucht halten. Öfter sprühen.

Düngen: von Frühjahr bis Herbst alle zwei Wochen, im Winter alle fünf bis sechs Wochen mit handelsüblichem Blumendünger.

Umtopfen: einmal im Jahr im Sommer. Als Substrat Einheitserde mit $1/4$ Styromull verwenden.

Pflanzenschutz: bei zu trockener Luft Spinnmilben.

Vermehrung: im Sommer beim Umtopfen die Rhizome teilen.

Mein Rat: Die Pflanzen beim Umpflanzen in niedrige Töpfe mit großem Durchmesser setzen. Für Hydrokultur gut geeignet.

Stromanthe sanguinea
'Stripestar'

Purpurtute

Syngonium

Syngonium podophyllum,
Purpurtute

Allgemeines: Aronstabgewächs aus Mittelamerika. Ähnlichkeit mit dem *Philodendron*. Die Blätter machen eine vollständige Wandlung durch: in der Jugend sind sie pfeilförmig und ganzrandig, im Alter mehrfach geteilt. Blätter smaragdgrün, bei einigen Sorten grünweiß panaschiert. Die grünen Blütenkolben mit dem rötlich gefärbten Hochblatt erscheinen erst bei den älteren Pflanzen.
Standort: hell, aber keine direkte Sonne. Warm, ganzjährig bei 18 – 25 °C.
Gießen: stets mild feucht halten. Enthärtetes, zimmerwarmes Wasser benutzen. Öfter sprühen. Blätter ab und zu mit feuchtem Tuch abwischen.
Düngen: im Sommer alle zwei Wochen, im Winter alle drei bis vier Wochen mit handelsüblichem Blumendünger.
Umtopfen: im Sommer, einmal im Jahr. In ein Gemisch aus $^2/_3$ Torf und $^1/_3$ Komposterde setzen. Noch besser: Hydrokultur.
Pflanzenschutz: faulende Wurzeln bei Staunässe.
Vermehrung: durch Ableger. Diese entstehen an den Wachstumsknoten und schlagen dort bereits Wurzeln; nur abtrennen, eintopfen und bei 22 °C aufstellen.

Mein Rat: Die Purpurtute als Ampelpflanze nutzen oder an einem Topfspalier hochranken lassen.

Henne mit Küken

Tolmiea

Allgemeines: schöne Blattpflanze, die man sowohl im Zimmer als auch im Garten halten kann. Bodendecker oder Ampelpflanze mit dicht wachsenden, schildförmigen, am Rand gekerbten Blättern, die an ihrem Grund kleine Tochterpflanzen ausbilden, die auch Wurzeln haben. Kommen die „Küken" nicht mit Erde in Kontakt, fallen sie einfach ab. Heimat Nordamerika.
Standort: ganzjährig kühl und luftig, Halbschatten bis Schatten. Im Winter nicht über 10 °C.
Gießen: mäßig feucht halten.
Düngen: im Sommer einmal pro Woche, im Winter alle vier bis sechs Wochen mit handelsüblichem Blumendünger.
Umtopfen: einmal im Jahr im Frühjahr oder Sommer.
Erde: Einheitserde, mit Gartenboden und Sand (zu je gleichen Teilen) vermischt.
Pflanzenschutz: bekommt braune Blätter, wenn sie zu sonnig steht.
Vermehrung: durch Ausläufer oder durch die Tochterpflanzen an den Blättern. Topf mit feuchter Erde unter ein Blatt mit „Küken" stellen. Die Erde sollte das Blatt berühren. Wenn die Tochterpflanze Wurzeln gebildet hat, diese von der Mutterpflanze trennen. Oder Tochterpflanze abnehmen und auf feuchtes Substrat legen (gut andrücken, damit die Pflanze Kontakt zum Boden hat).
Besonderheiten: die Blätter bilden an ihrer Basis Tochterpflanzen, daher der Name „Henne mit Küken".

Tolmiea menziesii,
Henne mit Küken

Dreimasterblume

Tradescantia

Allgemeines: ca. 30 Arten, mehrere Arten als Zimmerpflanzen in Kultur. *T. spathacea* ist eine schnell wachsende, pflegeleichte und anspruchslose Ampelpflanze aus Südamerika. Es gibt Sorten mit Blättern, die grün-, weiß- oder gelbgestreift, weißrosa panaschiert oder oberseits bräunlich und unterseits rot gefärbt sind. Die weißen Blüten sind eher unscheinbar; Blütezeit Spätwinter bis Frühling.

Standort: im Sommer leichter Schatten, im Winter sonniger, kühler Platz (nicht unter 10 °C). Wachsen aber auch an anderen Standorten.

Gießen: gleichmäßig feucht halten. Bei warmem Standort ab und zu sprühen.

Düngen: von Frühjahr bis Herbst alle zwei Wochen. Im Winter alle drei bis vier Wochen mit handelsüblichem Blumendünger.

Umtopfen: im Frühjahr möglich.

Pflanzenschutz: bei zuviel Wasser oder bei Überdüngung werden die Triebe weich. Blattläuse bei Zugluft.

Vermehrung: durch 5 – 8 cm lange Kopfstecklinge. Acht bis zehn Stecklinge zusammen in einen 8-cm-Topf stecken oder einzeln im Wasserglas bewurzeln lassen.

Besonderheiten: anspruchslose Zimmerpflanze, die auch von Anfängern leicht zu pflegen ist und vermehrt werden kann.

Mein Rat: Buntblättrige Sorten nicht zu schattig stellen, sie verlieren sonst ihre schöne Blattfärbung.

Tulpe

Tulipa

Allgemeines: für Fensterbrett oder Balkon eignen sich am besten Wildtulpen oder frühblühende, kurzstielige Tulpensorten. Für die Blüte im Januar/Februar die Zwiebeln bereits im September davor anziehen. Fünf bis sieben Zwiebeln in einen Topf mit Erde setzen (Spitzen sollten gerade noch zu sehen sein). Zunächst dunkel und kühl (5 – 10 °C) stellen sowie regelmäßig gießen; nach ca. zehn Wochen für eine Woche etwas wärmer (15 °C), aber immer noch dunkel halten, danach ins Helle bringen. Wenn die Triebe ca. 10 cm hoch sind, im warmen (20 °C), hellen Raum aufstellen.

Standort: Sonne bis Halbschatten.

Gießen: mäßig feucht halten; während der Blüte benötigt die Pflanze mehr Wasser. Staunässe vermeiden.

Düngen: Zugabe von Hornspänen beim Einpflanzen der Zwiebeln und beim Erscheinen der ersten Triebe.

Erde: Gartenboden oder sandiger Lehm. Im Topf ist gute Drainage wichtig.

Pflanzenschutz: Mäusefraß (im Garten) oder Pilzkrankheiten an den Zwiebeln. Zwiebeln deshalb vor dem Einpflanzen gut trocknen lassen.

Vermehrung: verwelkte Blüte abknipsen. Das Laub stehenlassen, bis es gelb und vertrocknet ist. Dann die Zwiebel ausgraben und die Brutzwiebeln abtrennen; vertrocknetes Laub entfernen. Zwiebel in trockenem, luftigem Raum gut trocknen lassen. Im September bis November ca. 8 cm tief im Abstand von 10 – 15 cm in den Boden setzen.

Besonderheiten: Tulpen nur für eine Blühperiode in Kasten oder Topf wachsen lassen, danach die Zwiebeln in den Garten setzen.

Tulipa, Tulpe

Tradescantia, Dreimasterblume

Palmlilie, Yucca-Palme

Yucca elephantipes

Allgemeines: etwa 30 Arten bekannt, Heimat Mexiko. Baumartig wachsendes Agavengewächs, das 4 – 8 m hoch werden kann. Prächtige, 60 – 90 cm lange Blütenrispe mit weißen Einzelblüten. Kübelpflanze.

Standort: hell, luftig. Im Sommer vollsonniger Platz auf Terrasse oder Balkon.

Im Winter heller, kühler Raum (5 – 10 °C).

Gießen: von Frühjahr bis Herbst gleichmäßig feucht halten; im Winter etwa alle fünf Wochen einmal kräftig wässern.

Düngen: von April bis August alle zwei Wochen mit handelsüblichem Blumendünger, sonst nicht düngen.

Umtopfen: etwa alle zwei Jahre vor dem Hinausstellen ins Freie. Wurzeln vertragen keine Staunässe, deshalb das Abzugsloch des Topfes reichlich mit Tonscherben bedecken.

Erde: Kompost- oder Gartenerde, die mit Sand vermischt ist. Noch besser: Hydrokultur.

Pflanzenschutz: Spinnmilben und/oder Schildläuse bei zu trockener Luft. Braune Blattspitzen bei zu trockenem Wurzelballen. Bei zuviel Wärme Blattfall.

Vermehrung: im Sommer. Von älteren Pflanzen die Ausläufer am Fuß des Stammes abtrennen (die Ausläufer sollten etwa 15 – 20 cm groß sein) und eintopfen; warm aufstellen, gleichmäßig feucht halten.

Mein Rat: Wenn die Pflanze im Zimmer steht, ab und zu mit Wasser besprühen. Zu groß gewordene Pflanzen absägen und erneut austreiben lassen; Schnittstelle mit Baumwachs vor Infektionen schützen.

Yucca elephantipes, Palmlilie

Die *Yucca* hell und luftig stellen.

Zimmerkalla

Zantedeschia

Allgemeines: Heimat sommertrockene Sumpfgebiete Südafrikas. Aronstabgewächs mit dem für diese Familie typischen Hochblatt; es ist weiß, der Blütenkolben gelb gefärbt. Blüte von Januar bis Mai. Macht von Ende Mai bis Juli eine Ruhezeit durch, in der die Blätter abgeworfen werden.
Standort: Halbschatten. Im Sommer auf Terrasse oder Balkon stellen, vor Regen schützen; vom ersten Frost bis Januar in hellen, kühlen Raum stellen, danach wieder etwas wärmer.
Gießen: reichlich, in der Ruhezeit etwas weniger, ohne die Rhizome austrocknen zu lassen.
Düngen: im Winter und Frühjahr alle zwei Wochen mit handelsüblichem Blumendünger, sonst nicht düngen.
Umtopfen: im August die alte Erde von den Rhizomen entfernen und diese in neue Erde setzen.
Pflanzenschutz: Blattläuse, Spinnmilben bei zu trockenem, zugigem Standort.
Vermehrung: durch Teilung der Rhizome beim Umsetzen im August oder durch Seitentriebe.
Besonderheiten: gut für Hydrokultur geeignet.

Mein Rat: Nach dem Umtopfen erst allmählich die Wassergaben erhöhen.

Zantedeschia, Zimmerkalla

Zebrakraut

Zebrina

Zebrina, Zebrakraut

Allgemeines: Gattung aus der Familie der *Commelinaceae*, Heimat Mexiko. Im Wuchs ähnlich wie die Tradeskantie, aber etwas kompakter. Blätter oberseits mit zwei silberweißen Streifen, unterseits rötlich gefärbt. Blüten rosaweiß, aber nur für kurze Zeit offen. Geeignet als Ampelpflanze oder Bodendecker.
Standort: sehr hell, ohne direkte Sonne. Im Sommer warm, im Winter etwas kühler, aber nicht unter 15 °C halten.
Gießen: stets mäßig feucht halten, im Winter etwas weniger, aber den Wurzelballen nicht austrocknen lassen. Entkalktes Wasser benutzen.
Düngen: von Frühjahr bis Herbst monatlich mit handelsüblichem Blumendünger, sonst nicht düngen.
Umtopfen: einmal im Jahr im Frühjahr.
Pflanzenschutz: Faulen der Blätter und/oder Geilwuchs bei Staunässe.
Vermehrung: durch Kopfstecklinge (mit fünf bis sieben Blattpaaren). Stecklinge in ein Glas mit Wasser stellen oder einzeln in Topf mit feuchtem Torfkultursubstrat. Folie oder Glas überstülpen. Bewurzeln nach ca. acht bis zehn Tagen.
Besonderheiten: zu grelles Licht läßt die Blätter verblassen, ein zu dunkler Standort führt dazu, daß sich die bunten Blätter grün verfärben.

Mein Rat: Im Frühjahr zurückschneiden, dann wachsen die Pflanzen buschiger.

Pflanzen selbst arrangieren

Niemand lebt gerne für immer allein. Wir Menschen nicht, die Tiere nicht, auch die Pflanzen leben in Gemeinschaften. Einer ist auf den anderen angewiesen, man braucht sich gegenseitig. Schwierig wird es immer dann, wenn Wesen zusammen kommen, die nicht zueinander passen. So etwas geschieht ja schon von Zeit zu Zeit bei uns Menschen. Wie ist es aber bei den Pflanzen? Ganz einfach, normalerweise kommt dies nicht vor, denn innerhalb der natürlichen Lebensräume herrscht Harmonie. Diese harmonischen Lebensgemeinschaften sind Vorbild, wenn ich Pflanzen miteinander kombiniere und in einem Gefäß arrangiere.

Je nachdem wo Sie das Arrangement hinstellen möchten, muß das Gefäß, welches Sie bepflanzen wollen, ausgewählt werden. In erster Linie ist zu unterscheiden zwischen Töpfen für den Innenbereich und dem Platz vor dem Haus oder im Garten. Das alleine ist aber nicht alles, denn auch Pflanze und Gefäß sollen miteinander harmonisieren, damit sie die gewünschte Stimmung erzeugen können. Gefäße für den Außenbereich müssen wetterfest sein. Sehr beliebt ist momentan Terrakotta. Es eignen sich aber auch stabile Körbe, Holztröge, höher ge-

brannte Keramik oder Metallgefäße. Wenn solch ein Gefäß kein Abflußloch hat, oder dies aus gewissen Gründen auch nachträglich nicht hergestellt werden kann, muß eine Drainage angelegt werden.

Der untere Teil des Gefäßes wird mit Blähton, Splitt oder Steinen ausgelegt. Wobei Blähton das günstigste Material ist. Über diese Schicht lege ich ein Vlies. Dies muß bis über die Oberkante des Gefäßes reichen und wird ganz zum Schluß zurechtgeschnitten. Das Vlies verhindert, daß das Substrat zwischen die Drainage gespült wird. Nun fülle ich das Substrat ein, und die Pflanzung kann beginnen. Bei einem Gefäß für den Innenbereich ist darauf zu achten, daß es wasserdicht ist und auch sonst kein Risiko für Parkett oder Mobiliar darstellt.

Damit Ihre Pflanzen sich auch an ihrem neuen Standort gut weiterentwickeln können, dürfen sie nie in trockenem Zustand verpflanzt werden. Es ist vorteilhaft, die Topfballen zuerst zu tauchen. Das heißt, ich tauche den Topfballen so lange in einem Eimer unter Wasser, bis keine Luftblasen mehr aufsteigen. Der Ballen ist durch und durch naß und die Pflanze wächst gut an.

Nur bei Sukkulenten ist dies nicht nötig.

Nun werden bei jeder Pflanze beschädigte oder schlechte Blätter und Blüten entfernt. Falls Kalkflecken auf den Blättern zu sehen sind, entferne ich diese durch ein entsprechendes Hausmittel oder mit einem Pflanzenspray. Vorsicht! Alle behaarten Blätter vertragen kein Spray. Darunter fallen Usambaraveilchen, Yucca, Nestfarn usw. Im Zweifelsfalle lassen Sie besser das Spray weg, bevor Sie Schaden anrichten. Jetzt legen Sie sich alles zurecht, was an technischen Dingen noch benötigt werden könnte, zum Beispiel Bambusstäbe, Bast oder Nelkenringe zum Aufbinden großer Pflanzen, Schere und Messer, um Bast, überstehende Folie oder Vlies abschneiden zu können. Für die Verfeinerung der Gestaltung brauchen Sie Steine, Wurzeln, Rinde, Sand usw. Wie in jeder Lebensgemeinschaft, so gibt es auch in der kleinen Schale mit einem Pflanzenarrangement dominante Erscheinungen, die den Ton angeben. Außerdem jene, welche sich bereitwillig unterordnen, und andere, die sogenannten Vermittler. Ganz wichtig ist, daß jeder seine Rolle richtig zugewiesen bekommt. Die Rolle des

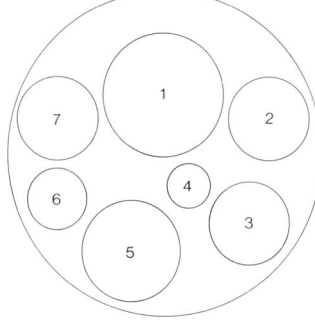

Grundriß zur bepflanzten Schale ganz rechts:
1 Elefantenfuß, **2** *Capsicum annuum*, **3 + 7** Bubikopf, **4** Frauenhaarfarn, **5** Flammendes Kätchen, **6** *Ficus pumila*

Pflanzen selbst arrangieren
1. Das brauchen Sie: Schale (hier ohne Abzugsloch, daher Drainage wichtig), Blähton, Erde, Pflanzen, Wasser. Ein Vlies zwischen Drainage und Erde ist ratsam (siehe 3.).

2. Zuerst wird die Drainage (hier Blähton) eingelegt .

3. Dann folgen das Vlies und die Erde. Jetzt wird die „Chef"-Pflanze, hier der Elefantenfuß, eingesetzt.

Chefs übernehmen meistens die Pflanzen, die stark nach oben wachsen und eine klare, geradlinige Form haben, z.B. Dracenen, Gummibaum, *Cyperus*, Zimmerlinde. Die „Untertanen" können Bubikopf, Usambaraveilchen, *Impatiens*, Primeln, *Pilea* sein. Die Vermittlerrolle übernehmen Hortensie, Jasmin, *Gardenia* oder Farne.

Ganz wichtig ist nun, wenn Sie Ihr Kunstwerk länger als vier Wochen genießen möchten, daß jede Pflanze genügend Platz zum Entwickeln bekommt. Pflanzen Sie lieber etwas weiter als zu eng. Nun einige Beispiele:

Als Gefäß dient eine runde glasierte Keramikschale. Der Chef der Gesellschaft ist eine *Alocasia*. Das Kußmäulchen ordnet sich bedingungslos unter. Vermittlerrolle spielt in diesem Fall eine Flamingoblume, die Anthurie. Ein kleines Usambaraveilchen ordnet sich nochmals etwas unter die höhere Gesellschaft. *Ficus pumila*, der hängende Gummibaum, schmeichelt dem Gefäß durch seine abfließende Bewegung.

Ich bepflanze das Gefäß im Uhrzeigersinn von links hinten nach vorne. Deshalb fange ich mit *Alocasia lowii* an. Ich lasse ihr nach hinten etwas Luft und plaziere sie nicht direkt an den Schalenrand. Dadurch habe ich die Möglichkeit, ein kleines Pflänzchen des *Ficus pumila* hinter den Chef zu setzen. Weiter nach rechts vorne folgt als nächstes das Kußmäulchen, das als Nachbarn die Anthurie bekommt. Nun darf das Usambaraveilchen Platz nehmen und weiter in Uhrzeigerrichtung noch einmal *Ficus pumila*. Nachdem alle Pflanzen eingefügt sind, kommen noch etliche Steine in kleinen Grüppchen zwischen die Pflanzung. Wichtig ist, daß alle weiteren Gestaltungselemete zu Pflanzen und Gefäß passen.

Ein anderes Bild ergibt sich in einem rechteckigen Gefäß. Wobei auch hier das Grundprinzip von „Chef" und „Untertanen" beibehalten bleibt. Diesmal findet ein Zwiegespräch zwischen zwei Gruppen statt, denen sich ein kleiner Trabant anschließt.

In einem flachen Terrakotta-Trog, der für einen hellen, kühleren Platz im Haus bestimmt ist, pflanze ich in das linke äußere Drittel eine kräftige Zimmerlinde. Weiter zum äußeren Rand hin findet ein Geisklee seinen Platz. Vor dem Geisklee geben sich Korallenbeere und Efeu ein Stelldichein. Vor der Zimmerlinde findet ein weißes Alpenveilchen Platz, zu dem sich noch eine Korallenbeere gesellt. Nach rückwärts versetzt taucht in Form von Alpenveilchen, Korallenbeere und Efeu der Trabant der ersten Gruppe auf. Gegenüber der ersten Gruppe finden die bereits verwendeten Pflanzen in verminderter Form Platz.

Zimmerlinde und Geisklee sind kleiner, auf die Korallenbeere vor dem Alpenveilchen wird verzichtet. Passend zum Gefäß lege ich Ziegelscherben in unterschiedlich großen Gruppen zwischen die Pflanzungen. Nun muß nur noch angegossen werden.

Ideal ist eine Gießkanne mit einer feinen Brause. Damit läßt sich die Wassergabe gut dosieren. Es geht aber auch ohne die Brause.

4. Im Uhrzeigersinn pflanzen Sie jetzt alle Pflanzen ein (siehe Grundriß auf Seite 192 links).

5. Wenn alle Pflanzen ihren Platz haben, mit Erde Lücken auffüllen, leicht andrücken und dann angießen. Danach wird das Vlies so abgeschnitten, daß man es nicht mehr sieht.

6. Jetzt ist die Schale fertig. Wollen Sie ein Pflanzenarrangement verschenken, können Sie sich ein Motto ausdenken. Die obengezeigte Schale wäre etwas für einen lieben Menschen, der sein Bein gebrochen hat oder aus irgendeinem anderen Grund einen dicken „Fuß" hat.

Bromelien

Die Bromelien bilden eine außerordentlich große Gattung, über 2000 Arten sind derzeit bekannt. Da die einzelnen Arten sich sehr leicht kreuzen lassen und zudem auch in der Natur spontane Kreuzungen nicht selten sind, gibt es unzählige Hybriden. Die Verbreitung beschränkt sich auf den amerikanischen Kontinent von North Carolina bis Patagonien.

Bromelien wachsen in Regenwäldern, aber auch in Trockensteppen und steinigen Savannen. Es gibt baumbewohnende (epiphytische), felsbewohnende (lithophytische) und bodenbewohnende (terrestrische) Arten. Die als Zimmerpflanzen kultivierten Arten sind fast ausschließlich Regenwaldbewohner. Sie haben einen rosettenartigen

Wuchs und bilden trichterförmige Zisternen. Oft bringen sie farbenprächtige Blütenstände hervor, deren Blüten zwar nach kurzer Zeit welken, der Blütenstand selbst ziert die Pflanze jedoch nicht selten acht Monate und länger.

Bromelien stellen spezielle Ansprüche an die Klimagestaltung. So fanden diese herrlichen Pflanzen in Europa erst eine gewisse Verbreitung, als der Bau und die Beheizung von Gewächshäusern Fortschritte gemacht hatten. Als Zimmerpflanze für breite Bevölkerungsschichten wurden sie demzufolge erst noch später interessant. Bromelien haben einen hohen Lichtbedarf und müssen nur im Hochsommer vor direkter Sonneneinstrahlung geschützt

Eine Guzmanie am Naturstandort im Regenwald (Kolumbien)

werden. Bei zu geringem Lichtangebot verblassen oft Blattzeichnung und Blütenfarbe. Als Warmhauspflanze lieben sie keine großen Temperaturschwankungen, weder im Tag/Nacht-Rhythmus noch im Jahresverlauf. Ideal sind Temperaturen zwischen 20 und 25 °C. Diese Angaben sind natürlich nur als Durchschnittswerte zu verstehen, gewisse wohnraumtypische Schwankungen werden von den meisten Zimmerbromelien durchaus toleriert.

Wenig Kompromisse machen die Bromelien jedoch bei der Luftfeuchte. Sie muß regenwaldtypisch hoch sein. Luftfeuchtewerte unter 60 Prozent sind zu vermeiden. In zentralgeheizten Wohnungen kann das problematisch sein. Wasserverdunster an Heizkörpern, wassergefüllte Schalen, in denen die Pflanzen stehen, ohne mit dem Wasser in Kontakt zu kommen und häufiges Besprü-

hen der Pflanzen schaffen hier ohne großen Aufwand Abhilfe.

Bromelien der Regenwaldgebiete kennen keine echte Ruhephase, fast alle müssen demnach ganzjährig mit Wasser und Dünger versorgt werden. Da sie häufig nur in geringem Umfang Wurzelwerk besitzen, kommt den aus den Blättern gebildeten, trichterförmigen Zisternen erhebliche Bedeutung bei der Versorgung mit lebenswichtigen Stoffen zu. In den Trichter gelangende Pflanzenteile und Regenwasser verrotten zu einer Nährlösung, die über die Blätter aufgenommen wird. Diese Tatsachen sind bei der Zimmerkultur zu berücksichtigen, die Blattzisterne der Pflanze sollte immer mit Wasser gefüllt sein.

Auch von der Düngerlösung sollte immer etwas in den Trichter gegeben werden. Allerdings sind Bromelien salzempfindlich, bei

Damit Ihre Bromelie schneller blüht, stecken Sie sie mit einem Apfel zusammen für drei Wochen in eine durchsichtige Plastiktüte.

der Mischung von Dünger-
lösungen sollte man die
Konzentrationsangaben auf
der Verpackung immer hal-
bieren. Düngergaben im
Abstand von vier bis sechs
Wochen sind ausreichend.
Das Substrat muß ständig
gleichmäßig feucht gehalten
werden. Staunässe oder Ballentrockenheit vertragen die
Pflanzen nicht.

Bromelien verlangen ein
leicht saures Milieu mit einem pH-Wert um 5 bis 5,5.
Daher muß unbedingt mit
kalkarmem, weichem Was-
ser gegossen werden, ideal
ist temperiertes Regenwasser. Auch bei der Auswahl
des Düngemittels sollte auf
Kalkfreiheit geachtet werden.

Ähnlich wie die Orchideen
lieben die Bromelien ein
grobes, humoses, sehr
durchlässiges Substrat.
Auch hier ist der pH-Wert
zu beachten. Fertige Blu-
menerde ist oft nicht optimal, man kann daraus je-
doch durch Zugabe von

reinem Torfmull oder
Sphagnummoos selbst eine
brauchbare Bromelienerde
herstellen. Der Einfachheit
halber kann auch fertige
Orchideenerde Verwendung
finden. Der beste Um-
pflanzzeitpunkt ist das
Frühjahr.

Da die meisten bei uns kultivierten Bromelien in der
Heimat Baumbewohner
sind, liegt es nahe, sie auch
im Haus auf einen Epiphy-
tenstamm zu setzen. In Gesellschaft von Farnen und
Orchideen kann aus einem
solchen Stamm ein echter
Blickfang werden. Die
Pflanzen werden dazu in
kunststoffummantelte
Körbchen gepflanzt, die anschließend leicht am Epi-
phytenstamm fixiert werden
können. Einige Arten sind
auch gut in Ampeln zu
pflegen. Selbstverständlich
lassen sich bei entspre-
chend lockerem Substrat
alle Bromelien auch gut in
normalen Blumentöpfen
halten.

Im Erwerbsgartenbau wer-
den fast alle Bromelien
durch Samen vermehrt.
Dieser Weg der Vermehrung
ist aber derart schwierig,
daß er den Spezialisten vorbehalten bleibt; der Vorteil
für den Profi liegt in der
größeren Massenausbeute.
Dies ist aber für uns un-
wichtig, zumal uns fast alle
Bromelien durch Kindelbildung eine denkbar einfache
Art der Vermehrung ermög-
lichen. Die Kindel erscheinen meist, wenn die Blüte
der Mutterpflanze verwelkt
ist. Jede Pflanze blüht nur
einmal, bildet Kindel, geht
dann langsam zugrunde.
Wenn die Tochterpflanze
etwa halb so groß sind wie
die Mutterpflanze, kann
man sie mit einem scharfen
Messer vorsichtig abtrennen
und in einem Torf-Sand-Gemisch bei 25 °C und hoher
Luftfeuchte bewurzeln lassen. Der beste Zeitpunkt für
diese Maßnahme ist das
späte Frühjahr. Eine solche
Jungpflanze kommt etwa

nach drei bis vier Jahren zur
Blüte.

Der Erwerbsgärtner läßt
Azetylengas in die Trichter
der Pflanzen einperlen, um
die Blüte zu verfrühen.
Auch wir Zimmergärtner
können den Blühzeitpunkt
verfrühen, wenn wir nicht
vier Jahre auf die Blütenpracht warten wollen. Wir
nehmen eine durchsichtige
Plastiktüte, stecken die
Pflanze und ein bis zwei
Äpfel hinein. Die Tüte wird
verschlossen und erst nach
drei Wochen wieder ent-
fernt. Die Abbauprodukte
des reifen Apfels haben eine
ähnliche Wirkung wie das
Azetylengas, die Pflanze
wird zur Blütenbildung angeregt.

Die Bromelien haben erst
vor 20 bis 25 Jahren in nen-
nenswerter Zahl unsere
Wohnungen erobert. Mit
einer schönen Bromelie
kann man auch heute noch
Akzente setzen, denn sie ist
immer noch etwas Beson-
deres.

Nach der Blüte sterben die Bromelien ab. Die Kindel können abgetrennt, eingetopft und weitergepflegt werden.

Bromelien mit Blattzisternen wollen ständig Wasser in der Zister-
ne stehen haben.

Lanzenrosette

Aechmea fasciata

Allgemeines: etwa 180 Arten sind bekannt, Heimat tropisches Amerika. Zehn bis zwanzig grüne Blätter mit weißen Querbändern bilden eine trichterförmige Rosette. Blütezeit ist Juli bis Dezember. Der bis 35 cm lange Blütenschaft ist mit kräftig rosa gefärbten und sehr haltbaren Scheidenblättern prächtig geschmückt. Die eigentlichen Blüten sind blau und verblühen rasch. Weitere Arten: *A. fulgens* bildet bis 40 cm lange Blätter. *A. chantinii* besitzt verzweigte Blütenstände, feuerrot mit gelben Spitzen.

Standort: hell, ohne direkte Sonne. Kommt mit der Luftfeuchte normaler Wohnräume zurecht. Starke Temperaturschwankungen vermeiden, im Sommer und Winter nie unter 18 °C. Robust.

Gießen: Substrat mäßig feucht halten. Staunässe vermeiden. Im Sommer ständig etwas Wasser in die Trichter geben.

Düngen: alle vier Wochen mit Blumendünger. Im Winter Düngepause. Schwach dosieren 0,1 prozentig (= 1 g/l Wasser). Auch etwas dieser Düngerlösung in den Trichter geben.

Umtopfen: alle drei Jahre im Frühjahr in lockere, grobe Blumenerde mit pH-Wert um 5.

Pflanzenschutz: bei trockener Zimmerluft auf Spinnmilben achten.

Vermehrung: durch Kindelbildung. Bewurzelte Kindel im Frühjahr von der Mutterpflanze trennen.

Besonderheiten: blüht nur einmal und stirbt dann langsam ab.

Zierananas

Ananas comosus

Allgemeines: etwa zehn Arten bekannt, Heimat Brasilien. Agavenartige, lederige, stachelige Blätter. Form 'Variegatus' besitzt grüne Blätter mit weißgelben Rändern. Ursprüngliche Arten haben stumpfgrüne Rosetten. Blütezeit von Mai bis Dezember. Der Blütenschaft trägt einen roten Blütenkopf, aus dem sich die Ananasfrucht entwickelt. Über der roten Zone stehen Blätter mit dem Habitus der Mutterpflanze.

Standort: hell, ohne direkte Sonne. Nie unter 18 °C. Ideal sind 60 Prozent Luftfeuchte.

Gießen: ganzjährig leicht feucht halten, nur weiches, zimmerwarmes Wasser verwenden. Gut geeignet ist Regenwasser. Etwas Wasser ins Herz der Rosette geben.

Düngen: im Sommer alle zwei Wochen mit Blumendünger. Halbe Kozentration der Packungsangabe verwenden. Im Winter Düngepause.

Umtopfen: alle drei Jahre im Frühjahr. Grobe Blumenerde mit pH-Wert um 5 verwenden.

Pflanzenschutz: auf Spinnmilben achten. Bei Staunässe tritt Wurzelfäule auf.

Vermehrung: ältere Pflanzen bilden ausläuferartige Kindel, die sich gut kultivieren lassen. Bester Zeitpunkt ist das Frühjahr.

Besonderheiten: die Blattschöpfe von frisch gekauften Ananasfrüchten lassen sich bei 22 °C in feuchtem Sand relativ leicht bewurzeln. Schnittstelle zunächst austrocknen lassen.

Aechmea, Lanzenrosette

Ananas comosus 'Aureovariegatus'

Zimmerhafer

Billbergia nutans

Allgemeines: etwa 50 Arten bekannt, Heimat tropisches Amerika. Bis zu 15 lederige, riemenförmige Blätter bilden eine lockere Rosette. Die Hochblätter sind rosarot gefärbt. Der überhängende Blütenstand ähnelt dem Hafer, die Einzelblüten tragen blaue Spitzen. Die Blütezeit reicht von Spätsommer bis in den Winter. Im Handel werden häufig Hybriden angeboten, die sich durch eine gute Blühwilligkeit auszeichnen.

Standort: hell bis sonnig, nur im Sommer für etwas Schatten sorgen. Gleichmäßige Temperaturen im Sommer und im Winter, 16 – 18 °C sind ideal.

Gießen: im Sommer gut feucht halten, im Winter mäßiger. Zimmerwarmes weiches Wasser verwenden (Regenwasser). Im Sommer etwas Wasser in den Trichter geben.

Düngen: Frühjahr bis Herbst alle zwei Wochen mit Blumendünger in halber Konzentration. Im Winter nur alle vier Wochen düngen.

Umtopfen: alle drei Jahre im Frühjahr. Lockere, grobe Blumenerde mit pH-Wert um 5 verwenden.

Pflanzenschutz: robust, wird kaum von Schädlingen befallen.

Vermehrung: wenn die Pflanze verblüht ist, bilden sich an ihrem Fuß zahlreiche Kindel. Wenn diese kräftig genug sind, werden sie von der Mutterpflanze abgetrennt und in Töpfe gepflanzt.

Besonderheiten: Billbergien sind die robustesten Bromelien für die Zimmerkultur.

Erdstern, Versteckblüte

Cryptanthus bivittatus

Allgemeines: etwa 20 Arten bekannt, Heimat trockene Wälder in Brasilien. Flacher rosettenartiger Wuchs, grüne Blätter mit zwei weiß bis rosa gefärbten Längsstreifen. Das Blattwerk ist etwas gewellt und dickfleischig. Unscheinbare Blüte im Inneren der Rosette „versteckt". Weitere Arten *C. fosterianus* bräunliches Blatt mit hellen Querbändern. *C. acaulis* mit oberseits grünem, unterseits grauem Blatt.

Standort: hell bis sonnig, nur im Sommer leicht

Cryptanthus bivittatus, Versteckblüte

schattieren. Im Sommer und Winter gleichmäßig warm bei 18 – 20 °C. Luftfeuchte um 60 Prozent.

Gießen: das ganze Jahr über gleichmäßig leicht feucht halten. Nässe und Ballentrockenheit vermeiden.

Düngen: alle vier Wochen mit Blumendünger in halber Konzentration. Auch im Winter, eine echte Ruhezeit gibt es nicht.

Umtopfen: alle drei bis vier Jahre im Frühjahr. Blumenerde mit grober Struktur verwenden. Der pH-Wert sollte bei 5 liegen.

Pflanzenschutz: sehr robust, mit Schädlingsbefall ist kaum zu rechnen.

Vermehrung: *Cryptanthus*-Arten bilden an der Rosettenbasis Kindel, die beim Umtopfen abgetrennt werden können. Bei etwa 22 °C Bodenwärme bewurzeln diese Kindel leicht in sandiger Erde. Bester Zeitpunkt ist das Frühjahr.

Besonderheiten: bei nicht ausreichendem Lichtangebot verblaßt die Farbe der Blattzeichnung.

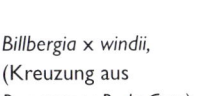

Billbergia × windii, (Kreuzung aus *B. nutans × B. de-Cora*)

Guzmanie

Guzmania lingulata

Allgemeines: etwa 100 Arten, Heimat von Peru bis Westindien. Die hellgrünen, relativ weichen Blätter bilden dichte trichterförmige Rosetten. Blütezeit von April bis Juli. Der Blütenstand trägt dachziegelartig übereinanderliegende, feuerrote Hochblätter. Zwischen diesen Hochblättern schieben sich die cremeweißen Blüten hervor. Weitere Arten: *G. wittmackii* mit zungenförmigen Hochblättern. *G. zahnii* mit gelben Hochblättern. Zahlreiche weitere Arten und Hybriden im Handel.

Standort: hell bis halbschattig, keine direkte Sonne. Ganzjährig gleichmäßig warm, um 20 °C. Starke Schwankungen vermeiden. Die Luftfeuchte sollte nie unter 60 Prozent liegen.

Gießen: ganzjährig mäßig feucht halten. Ballentrockenheit oder Nässe werden nicht vertragen. Unbedingt weiches Wasser verwenden (Regenwasser).

Düngen: ganzjährig, alle vier Wochen mit Blumendünger in halber Konzentration.

Umtopfen: alle zwei bis drei Jahre im Frühjahr. Unbedingt lockere, durchlässige Erde verwenden, eventuell Orchideenerde oder Farnsubstrat.

Pflanzenschutz: auf Thripse und Schildläuse achten.

Vermehrung: Kindel, die sich nach der Blüte an der Mutterpflanze bilden, werden im Frühjahr in durchlässiges Substrat getopft. Sie wurzeln bei 25 °C Bodentemperatur leicht an.

Besonderheiten: Guzmanien stellen besondere Klimaansprüche, die in modernen Wohnräumen nicht immer gegeben sind.

Neoregelie, Nestrosette

Neoregelia carolinae 'Tricolor'

Allgemeines: etwa 50 Arten, Heimat Brasilien bis Peru. Die schmalen, bis 40 cm langen Blätter bilden eine breitgefächerte Rosette. Die Sorte 'Tricolor' hat grüne Blätter mit cremeweißen Längsstreifen, die Herzblätter im Rosettenzentrum sind feuerrot gefärbt. Weitere Arten: *N. concentrica* mit blauvioletten Herzblättern. *N. spectabilis* mit dunkelgrünen Blättern und roten Blattspitzen. Die Blütezeit Sommer bis Herbst.

Standort: hell bis sonnig, nur im Sommer etwas schattieren. Ganzjährig warm um 20 °C. 60 Prozent Luftfeuchte nicht unterschreiten.

Gießen: ganzjährig mäßig feucht halten, Staunässe und Ballentrockenheit werden nicht vertragen. Zimmerwarmes weiches Wasser verwenden (Regenwasser). Immer etwas Wasser in den Trichter geben.

Düngen: ganzjährig, alle vier Wochen mit Blumendünger in halber Konzentration.

Umtopfen: alle drei Jahre im Frühjahr. Unbedingt durchlässiges, grobes Substrat verwenden.

Pflanzenschutz: auf Thripse achten.

Vermehrung: durch Kindel, die sich an älteren Pflanzen bilden. Sie können im Frühjahr von der Mutterpflanze getrennt werden und wurzeln bei 25 °C Bodentemperatur und hoher Luftfeuchte.

Besonderheiten: die schöne Blattfärbung der Sorte 'Tricolor' bleibt nur bei der Kindelvermehrung erhalten, samenvermehrte Exemplare haben einfarbig grüne Blätter.

*Guzmania
lingulata* 'Ultra'

Neoregelia carolinae
'Meyendorffii'

Tillandsie, Luftnelke

Tillandsia cyanea

Allgemeines: sehr artenreiche Gattung. Über 500 Arten bekannt, Heimat tropische und subtropische Gebiete der Erde. *T. cyanea* besitzt schmale, grüne Blätter, die bis 35 cm lang werden. Der Wuchs ist rosettenartig. Die Hochblätter bilden einen rosafarbenen, pfeilspitzenförmigen Blütenstand, zwischen den Hochblättern stehen die blauen Blüten. Weitere Arten: *T. flabellata* mit roten Hochblättern. *T. usneoides* wurzellos, in der Heimat oft meterlang von Ästen herabhängend.

Standort: hell, ohne direkte Sommersonne. Ganzjährig warm um 20 °C. Hohe Luftfeuchte, nie unter 60 Prozent. Öfter sprühen.

Gießen: ganzjährig mäßig feucht halten, stauende Nässe oder trockener Ballen wird nicht vertragen. Kalkfreies Wasser verwenden.

Düngen: ganzjährig alle vier Wochen mit Blumendünger in halber Konzentration.

Umtopfen: alle drei Jahre im Frühjahr. Humusreiche grobe Substrate verwenden, pH-Wert um 5.

Pflanzenschutz: auf Thripse achten. Vernässung vermeiden.

Vermehrung: Kindelpflanzen von älteren Exemplaren in sandiges Substrat topfen. Bester Zeitpunkt ist das Frühjahr. Für hohe Luftfeuchte und Bodentemperatur sorgen.

Besonderheiten: aufgrund der regenwaldtypischen Klimaansprüche dauerhaft nur im geschlossenen Blumenfenster zu pflegen.

Mein Rat: Meiden Sie aus Ursprungsländern importierte Pflanzen, denn trotz anderslautender Beteuerungen werden sie häufig der freien Natur entnommen.

Flammendes Schwert

Vriesea splendens

Allgemeines: etwa 200 Arten bekannt, Heimat Guayana. *V. splendens* bildet kräftige Trichterrosetten, die Blätter sind dunkelgrün mit auffälligen olivgrünen Querbändern. Der schwertähnliche Blütenschaft ist leuchtend rot, zwischen den Deckblättern erscheinen die gelben Blüten. Weitere Arten: *V. zamorensis* mit schmalem, verzweigtem Blütenstand. *V. x Poelmanii* – haltbare Hybride mit guter Blühwilligkeit.

Standort: hell bis sonnig, im Sommer leicht schattiert. Temperaturen ganzjährig um 20 °C bei ca. 60 Prozent Luftfeuchte. Starke Temperaturschwankungen vermeiden.

Gießen: ganzjährig leicht feucht halten, immer etwas Wasser in den Trichter geben. Kalkfreies, temperiertes Wasser verwenden. Nässe und Trockenheit vermeiden.

Düngen: ganzjährig alle vier Wochen mit Blumendünger in halber Konzentration. Etwas Düngerlösung in den Trichter geben.

Umtopfen: alle drei bis vier Jahre im Frühjahr. Lockere Blumenerde verwenden.

Pflanzenschutz: auf Thripse achten.

Vermehrung: Kindelbildung an älteren Exemplaren. Wenn diese Kindel ca. 20 cm groß sind, können sie im Frühsommer abgetrennt werden. Für hohe Luftfeuchte und Bodentemperatur sorgen.

Besonderheiten: Vrieseen sind relativ pflegeleichte Zimmerpflanzen, wenn ihnen eine ausreichend hohe Luftfeuchte geboten wird.

Tillandsia cyanea

Vriesea splendens

Geschenke für Feste

GESCHENKE ZU OSTERN

Ostern ist ein Fest, das im christlichen Sinne das Fest der Passion und des Auferstehens Christi ist. Was tun wir nun mit unserem Wunsch, zu Ostern etwas Schönes und Passendes zu schenken? Eine ganz einfache, aber recht ansprechende Lösung ist eine kleine, von der Natur abgeschaute Pflanzung. Damit stelle ich mir *Primula malacoides*, Bubikopf, *Viola cornuta* usw. vor. Das Ganze in einen mit Folie ausgeschlagenen Korb, wie eine kleine Landschaft gepflanzt, bei der Steine recht reizvoll wirken können. Vielleicht haben Sie in Ihrem Garten vom vergangenen Jahr noch ein altes Vogelnest. Wenn Sie ein größeres Gefäß verwenden, haben Sie für größere Pflanzen Platz. Ein schöner Geisklee in einer Komposition mit gelben oder weißen Primeln, *Carex* und eventuell *Cissus striata* oder Efeu. Auch hier können Steine, Rindenmulch oder andere organische Dinge die Aussage steigern.

Möchten Sie den Charakter des Leidens, der Dornen zeigen, bietet es sich zum einen an, einen Kranz aus Wildrosenzweigen oder Dornenzweigen zu flechten. Dieser wird in eine flache Schale dekoriert. Zugefügte Steine symbolisieren den Leidensweg, und einige gepflanzte Tulpen oder Narzissen weisen auf die Auferstehung hin. In anderer Weise kann diese Kombination in ein Pflanzgefäß gearbeitet werden. Anstelle des Dornenkranzes füge ich einen geschnittenen Schlehenzweig in eine kleine Hecke oder einen Baum in die Pflanzung ein. Dadurch wird ein wuchshafter Charakter erzielt. Der Zweig muß jedoch so fest in der Erde stecken, daß er nicht für die Betrachter zur Gefahr wird.

Ein hübsches Präsent für Kinder ist ein Osterkorb. Dazu nehme ich einen einfachen flachen Weidenkorb. In den Korbrand stecke ich frische, lange Weidenruten. Der Korb wird wie ein kleines Osternest gepflanzt. Dazu finden *Carex*, Primeln und Narzissen Verwendung. Für ein kleines Häschen oder einige andere süße Dinge lege ich eine kleine Mulde mit etwas Heu oder Moos aus. Die langen Weidenruten nehme ich kurz vor dem Ende zusammen und binde sie mit Bast oder einer schönen farbigen Schleife zusammen.

WEIHNACHTEN, DAS FEST DER FREUDE

Weihnachten: eine Zeit, die an allerlei köstliches Gebäck, Kerzenschein und Tannenduft denken läßt. Auch einige Pflanzen sind mit dem Fest der Freude eng verknüpft. Allen voran der Weihnachtsstern. Für das ganz kleine Geschenk sieht ein Weihnachtsstern, dessen Topf mit einer Krepp-Papiermanschette umgeben ist, schon nicht schlecht aus. Wesentlich attraktiver wirkt ein Weihnachtssternbäumchen. Hier kann jederzeit eine Unterpflanzung mit einer *Hedera*-Art oder einem *Philodendron scandens* vorgenommen werden.

Klassisch dekorativ mutet ein rundes Pflanzgefäß an, das symmetrisch mit einer Sorte von Weihnachtssternen bepflanzt ist. Es darf jedoch, was natürlich grundsätzlich zu beachten ist, nicht zu eng gepflanzt werden, da die Blätter sonst gelb werden und abfallen. Nicht zu empfehlen ist die Methode, die gesamte Erde mit Moos abzudecken, denn das führt in der Regel dazu, daß das Gefäß zu feucht gehalten wird. Weihnachtssterne lassen sich aber auch freier in Gefäßen arrangieren. Weiß veralgte Zweige – kombiniert mit weißen Weihnachtssternen in Verbindung mit weißem Kies. Etwas Lappenmoos, kleine *Pteris*, Saxifragen oder *Fittonia* ergänzen das Arrangement. Ein nobles,

rustikales Geschenk für Freunde des Einfachen. Eine alte klassische Pflanze zu Weihnachten ist *Begonia* 'Gloire de Lorraine', sie ist aber wegen ihrer großen Anfälligkeit für Mehltau nicht mehr oft zu haben. *Elatior*-Begonien sind leider nicht so grazil in der Blüte, lassen sich aber auch gut arrangieren. In Kombination mit einem entsprechenden Exemplar einer *Ctenanthe oppenheimiana* und *Fittonia* läßt sich ein ansprechendes Arrangement kombinieren. Die *Ctenanthe* darf aber auf keinen Fall eingezwängt wirken.
Dem landschaftlichen Ursprung des Weihnachtssterns kommt man mit mediterranen Pflanzen recht nahe. Der Ölbaum spielte im Leben Jesu oft eine Rolle. *Citrus*früchte sind heute ein Exportgut Israels. Wer einen Liebhaber dieser Dinge beschenken möchte, kann sich ein seinen Vorstellungen entsprechendes Exemplar beschaffen. Eine Olivenpflanze, die in einem passenden Terrakotta-Gefäß steht, könnte zu Weihnachten mit wenig Aufwand imposant verschönt werden. Stellen Sie die Olive auf ein schlichtes Tuch. Nun streuen Sie auf das Tuch frische Oliven, und niemand muß mehr nach dem Pflanzennamen fragen. Der Orangenbaum paßt ebenfalls in ein schönes Terrakotta-Gefäß. Wie wäre es mit einem Terrakotta-Teller neben dem Topf, in dem einige Orangen oder Mandarinen liegen? Dann kommt die ganze Familie auf ihre Kosten.

GESCHENKE FÜR DEN MUTTERTAG

Da hat Ihre Mutter eine Fahrt nach Italien geplant, und Sie möchten Ihren Bei-

trag dazu leisten. Nun wäre es sehr nüchtern, das Geld nur in einen Briefumschlag zu stecken. Eine *Bougainvillea* als Hinweis zum Süden und die Scheine als falsche Blüten an der Pflanze befestigt, schon wird Ihre Mutter eine ganz spezielle Beziehung zu

dieser Pflanze haben. Genauso könnte das mit Zypergras gemacht werden, wenn die Reise zum Nil, oder mit Bambus, wenn es Richtung Asien geht. Problematisch ist es oft für Kinder, denn sie haben wenig Geld und möchten doch auch etwas Schönes schenken. Normalerweise

sind Mütter fleißige Wesen. Ein Fleißiges Lieschen liegt im Bereich des Erschwinglichen, und der Pflanzenname ist ja schon fast ein halbes Dankeschön. Die *Neu-Guinea*-Sorten sind außerdem recht unempfindlich und kräftiger.

Kakteen

Auch an das Leben in klimatisch extremen Gebieten der Erde, wie Wüsten und Steppen, haben sich Pflanzen angepaßt. Sie haben gelernt, mit nur zeitweise vorkommendem Wasser umzugehen und sich gegen enorme Verdunstung zu schützen. Paradebeispiele dafür sind die Sukkulenten. Diese Pflanzen sind in der Lage, in ihrem oderirdischen Gewebe Wasser zu speichern. Das Speichergewebe befindet sich in den verdickten Blättern oder im Stamm bzw. in den Zweigen. So muß der Pflanzenkörper nach längeren Trockenperioden nicht wie bei den Zwiebelgewächsen, die ihre „Vorratshaltung"

unter die Erde verlegt haben, völlig neu aufgebaut werden.

Zu den Sukkulenten gehören auch die Kakteen, die sich von den übrigen „Fettpflanzen" dadurch unterscheiden, daß sie Areolen ausbilden. Areolen sind Haarpolster, die den Seitensprossen in den Blattachseln anderer Pflanzen entsprechen.

Die Körper der Kakteen sind rund oder säulenförmig und oft mit einer wachsartigen Schicht überzogen oder behaart, um vor Verdunstung und Sonneneinstrahlung zu schützen. Kakteen sind oft stark bedornt, diese Dornen sind umgewandelte Blätter. Tat-

sächlich besitzen Kakteen Dornen und keine Stacheln, denn Stacheln werden nur vom äußeren Rindengewebe gebildet und lassen sich somit leicht abbrechen, wie bei den Rosen. Die Dornen der Kakteen aber werden aus dem inneren Gewebe gebildet. Die „dornige" Rose ist also ein Stachelträger, während der „stachelige" Kaktus Dornen besitzt.

Die allermeisten Kakteen wachsen auf wenigstens zeitweise trockenem Boden, nur wenige Arten leben epiphytisch, also als Aufsitzer auf Bäumen oder in Gesteinsspalten.

Kakteen werden aber nicht nur wegen ihrer skurrilen Gestalt kultiviert, sondern auch wegen ihres teilweise überraschend prächtigen Blütenschmucks.

Um diese außergewöhnlichen Pflanzen erfolgreich pflegen zu können, müssen die Verhältnisse am Heimatstandort berücksichtigt werden.

Allgemein gilt, daß Kakteen etwa ab März ihre Wachstumsperiode beginnen, der Bedarf an Temperatur, Licht, Wasser und Dünger steigt schrittweise an. Man läßt das Substrat vor der nächsten Wassergabe abtrocknen, um Vernässung zu vermeiden, denn auch in der Wachstumszeit muß mit Fingerspitzengefühl gegossen werden.

In der Heimat wachsen Kakteen oftmals in sehr mineralstoffhaltigen Böden. Deshalb ist die Ansicht vieler Laien, daß Kakteen nicht gedüngt werden sollten, falsch. Gewisse Nährsalzmengen vertragen sie sogar ausgezeichnet, während sie auf frischen Naturdünger negativ reagieren. Kakteen sollten in der Hauptwachstumszeit alle zwei bis drei

Wochen mit einem speziellen Kakteendünger gedüngt werden. Bei diesen Spezialdüngern ist der Stickstoffgehalt geringer als im normalem Blumendünger. Ausnahme bei der Ernährungsweise sind die epiphytischen Kakteen, die mit normalem Blumendünger versorgt werden können. Wenn nötig, sollte in der Zeit von März bis April auch das Umtopfen erfolgen. Das Substrat muß unbedingt durchlässig sein. Man kann Blumenerde mit einem Drittel grobem Sand oder Kies mischen oder spezielle Kakteenerde kaufen. Die Wurzeln dürfen beim Umtopfen keinesfalls beschädigt werden, und der neue Topf sollte nur eine Nummer größer sein als der alte. Zudem ist es wichtig, daß die Pflanze exakt genauso tief eingetopft wird wie im alten Gefäß.

In den Sommermonaten stehen die Kakteen gerne an einem geschützten Platz im Freien, die Temperaturunterschiede zwischen Tag und Nacht kommen den natürlichen Gegebenheiten entgegen. Es muß unbedingt auf Regenschutz geachtet werden.

Ab Oktober stellt man Düngung und Wassergaben nahezu ein und läßt die Pflanze bei 8 – 10 °C hell und trocken überwintern. Diese Kühl- und Trockenphase ist notwendig, um die Blütenbildung im Folgejahr anzuregen. Kakteen, die in der Ruhezeit von Oktober bis März zu warm oder zu feucht gehalten werden, blühen nicht oder gehen zugrunde. Einige wenige Arten sind sogar in unserem Klimabereich frosthart. Sie müssen allerdings in der Winterzeit konsequent vor Nässe geschützt werden.

Kakteen-Landschaft mit den auffälligen Schwiergermuttersesseln

Viele Kakteen lassen sich durch Samen vermehren. Wer die Samenvermehrung betreiben will, braucht viel Geduld, denn Kakteen wachsen allgemein sehr langsam und sind oft erst nach zwei bis vier Jahren blühfähig.

Die Aussaat ist ganzjährig möglich. Samen kann man in guten Fachgeschäften kaufen oder über Liebhabervereinigungen beziehen. Die Aussaaterde muß düngerfrei sein und leicht feucht gehalten werden. Die Aussaatschale wird mit Folie überspannt und bei 25 °C an einem hellen Platz aufgestellt, direkte Sonne soll vermieden werden. Sind die Keimlinge groß genug, können sie in schwach gedüngtes Substrat pikiert werden.

Leichter ist oft die Stecklingsvermehrung. Kopfstecklinge werden mit einem scharfen Messer geschnitten. Wenn die Schnittstellen gut abgetrocknet sind, werden die Stecklinge etwa 2 cm tief in Sand gesteckt. Bei 25 °C erfolgt die Wurzelbildung nach ein bis zwei Monaten. Die Pflanzenteile öfter zu besprühen wirkt sich positiv aus. Einige Kakteen werden durch Pfropfung veredelt, diese Maßnahme nimmt man im späten Frühjahr vor. Die Veredelung verlangt viel Geschick und Pflanzenwissen, nur wenige Arten eignen sich als Unterlage oder Krone. Die Pflanzen werden mit sterilen Nadeln auf der Schnittfläche des jeweiligen Partners fixiert.

Was den Pflanzenschutz angeht, sind die Kakteen problemlose Pfleglinge, auf Schildläuse ist allerdings zu achten. Oft werden Schäden an den Pflanzen eher durch unsachgemäße Pflege verursacht als durch Krankheiten

Südbrasilianer Osterkaktus

oder Schädlinge. Wenn man jedoch die genannten Grundregeln der Pflege beachtet, sind Kakteen dankbare und sehr langlebige Hausgenossen. Und schon mancher Pflanzenfreund ist durch einen geschenkten Kaktus zum passionierten Sammler geworden.

Wollen Sie Opuntien vermehren, trennen Sie ausgereifte Blattglieder vorsichtig ab (Handschuhe tragen) und lassen diese einige Tage abtrocknen. Dann werden die „Ohren" in Kakteenerde eingepflanzt.

Durch das Abtrennen von Blattgliedern lassen sich Weihnachts- und Osterkakteen ganz einfach vermehren. Wenn das Teilstück abgetrocknet ist, topft man es in humose Erde.

Schlangenkaktus

Aporocactus flagelliformis

Allgemeines: auch Peitschenkaktus genannt; mit bis zu 1 m langen und 15 mm dicken Trieben, die frei hängen soll-

ten. Grüne Triebe haben einen jährlichen Zuwachs von 7 – 10 cm. Sie besitzen 10 – 12 schmale, etwas gerundete Rippen, die mit kurzen, gelb- bis rotbraunen Dornen besetzt sind. Die bis zu 10 cm langen Blüten erscheinen im Frühjahr an zweijährigen Trieben. Sie sind trichterförmig, rosa bis rot gefärbt, öffnen sich tagsüber und schließen sich abends. Wächst in Mexiko in gemäßigten Gebirgsregionen bis über 2700 m Höhe, von Bäumen oder Felsen hängend.

Standort: im Sommer lichten Halbschatten und viel frische Luft, auch im Garten. Im Winter nicht zu warm, 13 – 18 °C und hell.

Gießen: im Sommer mäßig feucht halten, im Winter sparsamer, aber nie staubtrocken.

Düngen: alle drei Monate, ab Anfang März mit gutem Kakteendünger. Ab Juli die Düngung einstellen.

Umtopfen: im Februar in normale Blumenerde, gestreckt mit grobem Sand, oder in Kakteenerde, pH-Wert 4,5 – 5. Nur, wenn der alte Topf zu klein ist.

Pflanzenschutz: diverse Pilzkrankheiten bei zu nassem Stand, auf Schildläuse achten.

Vermehrung: Aussaat ganzjährig möglich, Triebstecklinge im Sommer. Kann auch auf aufrechte Kakteen als Hängeform aufgepfropft werden.

Besonderheiten: Peitschenkaktus wird oft auf stehende Kakteen aufgepfropft, zum Beispiel *Harrisia jusbertii* (früher *Eriocereus jusbertii*).

Aporocactus flagelliformis, Schlangenkaktus

Bischofsmütze

Astrophytum capricorne

Allgemeines: vier Arten bekannt, Heimat Mexiko/Texas. Flache, kugelige bis zylindrische Kakteen. Mit schuppenartigen Wollhärchen besetzt, ohne Dornen. Alle kultivierten Arten haben trichterförmige, gelbe Blüten. Blütezeit Sommer. Weitere Arten: *Astrophytum asterias* (Seeigelkaktus), ohne Dornen, flachkugelig mit acht breiten Rippen und gelber Blüte mit rotem Schlund. *A. ornatum* – fällt durch gedrehten Pflanzenkörper und größere, punktförmige Zeichnung auf. *A. myriostigma* – feiner, punktförmiger Belag ist seine Besonderheit.

Standort: hell, sonnig und warm, im Sommer um 24 °C und mehr. Im Winter hell und kühl bei 10 – 16 °C.

Gießen: im Sommer nur, wenn Substrat völlig ausgetrocknet ist. Im Winter, wenn die Pflanze zu schrumpfen beginnt. Jeder Tropfen mehr schadet!

Düngen: nur alte eingewurzelte Pflanzen einmal jährlich im Frühjahr mit Kakteendünger.

Umtopfen: im Frühjahr, so selten wie möglich, in Kakteensubstrat.

Pflanzenschutz: außer Gießschäden kommen Schmier- und Wolläuse vor.

Vermehrung: schwierig, eventuell durch Samen.

Besonderheiten: extrem nässeempfindlich, sonst robust, blüht fast jedes Jahr.

Astrophytum myriostigma

Greisenhaupt

Cephalocereus senilis

Allgemeines: in seiner Heimat Mexiko bis 15 m hoher Säulenkaktus, wird sehr alt, teilweise mehrere 100 Jahre. Bis zu 12 cm lange, weißgraue Behaarung gab ihm seinen Namen. Säulenförmige, vielrippige Gestalt, kaum Seitenzweige, wächst sehr langsam, blüht erst ab einer Höhe von ca. 6 m, die bei uns nicht erreicht wird. Die rosa und rote Blüte ist trompetenförmig, bis 5 cm lang. Sie kommt aus schmalen, kurzen Petalen und erscheint am Triebende.

Standort: hell, vollsonnig, sehr wärmebedürftig, mindestens 22 °C, im Winter nie unter 15 °C, verträgt Heizungsluft.

Gießen: im Sommer nur, wenn das Substrat trocken ist, im Winter nur, wenn die Pflanze zu schrumpfen droht.

Düngen: einmal im Frühjahr, nicht bei frisch eingetopften Exemplaren, Kakteendünger verwenden.

Umtopfen: jüngere Pflanzen alle zwei Jahre im Frühjahr, ältere selten. Wurzelmark schonen, sehr empfindlich bei Verletzungen. Kakteenerde verwenden, evtl. Kalksteinbröckchen einstreuen.

Pflanzenschutz: verträgt keine Nässe, sonst robust.

Vermehrung: durch importierte Samen im Frühjahr. Stecklinge im Sommer durch Abschneiden der Stammspitze, diese dann bewurzeln lassen.

Besonderheiten: Zugluft vermeiden!

Säulenkaktus

Cereus peruvianus

Allgemeines: etwa 44 Arten bekannt, Heimat Brasilien, westindische Inseln. Zunächst säulenartig, später verzweigt. In der Heimat oft über 10 m hoch, bei uns maximal 1 m. Die bis zu 20 cm dicken Triebe sind blaugrau gefärbt. Weiße Blüte nur an alten Exemplaren, oft in der Nacht. Weitere Arten: *C. aethiops* – dunkelblaue, dünne Säulen, dunkle Dornen, leichtblühend. *C. xanthocarpus* – bläulichhellgrün, fünfkantig, gelblichbraune Dornen. *C. caesius* – tiefblau bereift, großrippig, braun bedornt. *C. chalybaeus*: erst vier, später sechs Rippen, blau bereift, schwarze Dornen.

Standort: hell, vollsonnig, Juni bis September auch im Garten. Im Winter kühl unter 20 °C, nachts unter 15 °C, nicht frosthart.

Gießen: im Sommer nur, wenn Substrat trocken ist; April bis Mai absolut trocken halten.

Düngen: im Sommer ab Mai alle acht Wochen schwach mit Kakteendünger. Nicht im Umtopfjahr.

Umtopfen: alle drei bis vier Jahre in Kakteensubstrat mit pH-Wert 4,5 – 5,5.

Pflanzenschutz: Gießschäden, Verbrennungen bei Jungpflanzen durch hohe Einstrahlung, Schildläuse, sonst robust.

Vermehrung: Triebstecklinge im Sommer in Sand gesteckt. Samenaussaat im Frühjahr. Verwendung auch als Pfropfunterlage für andere Sorten.

Besonderheiten: diverse Arten mit ähnlichen Kulturansprüchen. Formenreiche Säulentypen bei allen Arten.

Cephalocereus senilis,
Greisenhaupt

Cereus, Säulenkaktus

Silberkerze

Cleistocactus baumannii

Blüte der Silberkerze

Allgemeines: etwa 55 Arten bekannt. Heimat gebirgiges Südamerika. Direkt über dem Boden verzweigte Säulen, bis 1,80 m hoch, mit 16 Rippen, sattgrün, dicht mit gelber Wolle und gelben bis braunen Dornen übersät. Die Kakteen bringen ab einem bestimmten Alter oben dünne, langgestreckte Blüten hervor. Je nach Art erscheinen diese Röhrenblüten orange bis rot gefärbt, S-förmig und in großer Zahl. Blütezeit Frühjahr bis Sommer. Dazu müssen sie, je nach Art, eine Höhe von 0,5 – 1 m erreicht haben. Ältere Exemplare können bis zu 2 m hoch werden. Eine Stütze der Pflanze ist notwendig.

Standort: hell bis sonnig, im Sommer im Garten, mindestens 14 °C in der Nacht, 19 °C am Tag. Im Winter kühl, aber nicht unter 10 °C.

Gießen: im Sommer die Erde nicht austrocknen lassen. Im Winter nur gießen, wenn die Pflanze schrumpft.

Düngen: im Sommer alle 14 Tage mit Kakteendünger.

Umtopfen: im Frühjahr nur, wenn der alte Topf zu klein ist, in Kakteenerde pH-Wert 4,5 – 5,5!

Pflanzenschutz: Staunässe vermeiden reicht als vorbeugender Pflanzenschutz aus.

Vermehrung: Stecklinge, im Frühjahr geschnitten, wurzeln recht gut. Am einfachsten erfolgt Vermehrung durch Aussaat. Wird oft als Pfropfunterlage verwendet.

Besonderheiten: *C. baumannii* ist auch als Hydropflanze geeignet.

Cleistocactus baumannii, Silberkerze

Keulenkaktus

Coryphantha clavata

Allgemeines: etwa 75 Arten bekannt, Heimat Mexiko. Triebe bis 35 cm hoch, keulenförmig, 12 cm Körperdicke, stahlblau mit 15 mm langen Warzen. Dornen gelb bis braun gefärbt. Die 10 und mehr Randdornen sind 1,4 cm, die drei bis vier Mitteldornen ungefähr 2 cm lang. Die gelben Blätter erscheinen im Sommer. *C. clavata* besitzt eine Pfahlwurzel. Die seidig wirkende, gelbe Blüte hat einen Durchmesser von 5 cm, sitzt am Scheitel und blüht den ganzen Sommer. Weitere Arten: *C. cornifera* – kugelig, max. 12 cm hoch, graugrün, Blüte gelb, Warzen bis 2,5 cm lang, *C. elephantidens* – einzelne Körper, kugelig, Höhe 10 – 15 cm mit Durchmesser von max. 20 cm, Blüte tiefrosa, sehr auffällig.

Standort: vollsonnig, warm um 25 °C, auch im Freien, im Winter 10 – 18 °C.

Gießen: im Sommer nur bei trockenem Substrat. Im Winter, wenn die Pflanze schrumpft, öfter Trockenpausen einlegen.

Düngen: im Sommer alle acht Wochen, im Winter Düngepause. Guten Kakteendünger verwenden.

Umtopfen: alle zwei bis drei Jahre in Kakteensubstrat mit pH-Wert um 6.

Pflanzenschutz: Gießschäden vermeiden, auf Schildläuse achten.

Vermehrung: schwierig, Liebhaberpflanze. Eine Pfropfung ist am besten.

Besonderheiten: verlangt keine feste Ruhephase, braucht eine Trockenpause im Hochsommer und im Winter.

Coryphantha clavata, Keulenkaktus

Schwiegermuttersitz

Echinocactus grusonii

Schwiegermuttersitz: den Namen hat er von seiner Form und den spitzen Dornen.

Allgemeines: auch Goldkugelkaktus genannt; etwa zehn Arten bekannt, Heimat sind die Wüsten Mexikos. Der Goldkugelkaktus wird auch als „Schwiegermutterstuhl" oder „-sitz" bezeichnet. Tatsächlich kann er im Lauf der Zeit bei der richtigen Pflege die Maße eines Sitzmöbels erreichen. Bei jungen Exemplaren ist noch die sattgrüne Körperfarbe zu sehen, durch starke Rippenbildung rückt bei alten Pflanzen das gelbe Dornenkleid zusammen, daher die Bezeichnung „Goldkugel". Die unauffälligen, gelben Blüten erscheinen im Sommer. Wächst sehr langsam, wird bis 1,30 m hoch und 1 m im Durchmesser.
Standort: hell, vollsonnig, im Sommer mindestens 25 °C, im Winter um 18 °C, andernfalls tritt leicht Fäulnis auf.

Gießen: im Sommer, nur wenn das Substrat trocken ist, im Winter kein Wasser, andernfalls tritt leicht Fäulnis auf.
Düngen: im Sommer alle drei Wochen mit gutem Kakteendünger, im Winter Düngepause.
Umtopfen: in gute Kakteenerde, nur wenn der alte Topf zu klein ist.
Pflanzenschutz: nicht zuviel wässern, sonst problemlos.
Vermehrung: Samenaussaat im Frühsommer, schwierig. Meist wird durch importiertes Saatgut vermehrt. Das Pikieren der jungen Pflänzchen muß mit größter Sorgfalt passieren.
Besonderheiten: Pflanzen können sehr alt werden. Sie brauchen im Sommer mindestens fünf Stunden volle Sonne.

Igelsäulenkaktus

Echinocereus cinerascens

Allgemeines: Heimat Mexiko, Texas. Vielgestaltige, kleinsäulige, aber auch kugelige Pflanzen; über 60 Arten bekannt. Die Blüten sind in der Regel lange haltbar und fast immer kräftig gefärbt. *E. cinerascens* bildet ca. 30 cm lange Triebe mit 4 – 8 cm Durchmesser. Flächiges Wachstum, stark verzweigt, oft sechs rundliche Rippen. Er besitzt schmale, weiße Dornen von 2 cm Länge. Die purpurfarbige Blüte erscheint im Frühjahr, ist 7 – 8 cm lang mit kurzer Röhre, die Borsten sind weiß.
Standort: benötigt extrem viel Sonnenlicht, Temperaturen um 24 °C, im Winter um 15 °C bei vier Stunden vollem Sonnenlicht täglich.
Gießen: im Sommer nur bei trockenem Substrat, im Winter gar nicht.

Düngen: im Sommer alle sechs Wochen, im Winter Düngepause. Guten Kakteendünger verwenden, auf hohen Phosphoranteil achten.
Umtopfen: alle drei bis vier Jahre im Frühjahr. Blumenerde mit viel grobem Sand oder Kakteensubstrat verwenden.
Pflanzenschutz: auf Wolläuse achten, sparsam gießen, sonst problemlos.
Vermehrung: Samenaussaat im Frühjahr, schwierig.
Besonderheiten: Liebhaberpflanze für Kakteensammlungen. Standortansprüche fast nur in speziellen Kulturräumen (Kakteenhaus) zu erfüllen.

Echinocereus

Blattkaktus

Epiphyllum-Hybriden

Epiphyllum-Hybride, Blattkaktus

Allgemeines: etwa 25 Arten bekannt. Die Hybriden entstanden durch Kreuzungen und werden als Zimmer- und Ampelpflanzen verwendet, z.B. der Ampelkaktus *E.* 'Paul de Longpre', dessen Blüte gelblichweiß ist und einen Durchmesser von 15 cm aufweist. Heimat Mexiko, Südamerika. Wird oft unter dem Namen *Phyllocactus* angeboten. Bildet ca. 90 cm lange, linealische, mehr oder weniger gesägte Triebe.
Blüht im Sommer in Rot, Lila oder Weiß prächtig, groß und duftend, oft über Nacht.
Standort: heller Platz, viel, aber indirektes Licht, zudem luftig. Im Sommer um 20 °C, im Winter kühl und hell um 10 °C. Sehr frostempfindlich.
Gießen: ab März mit kalkfreiem Wasser (Regenwasser) feuchthalten, ab November sparsam wässern.
Düngen: März bis November alle 14 Tage mit Kakteendünger, auf geringen Stickstoffanteil achten.
Umtopfen: im Frühjahr in Blumenerde mit hohem Sandanteil oder Kakteenerde.

Pflanzenschutz: auf Schildläuse achten.
Vermehrung: Stecklinge von älteren Blättern im Sommer in trockenen Sand stecken. Schnittflächen vorher abtrocknen lassen. Erst drei Wochen nach dem Einpflanzen wässern.
Besonderheiten: liebt im Sommer schattigen Platz im Garten.

Mein Rat: Nicht zu oft umtopfen, Pflanze wird sonst blühunwillig.

Spinnenkaktus

Gymnocalycium mihanovichii

Allgemeines: etwa 70 Arten bekannt, Heimat Südamerika. Breitkugeliger Körper, 4 cm Durchmesser, graugrün gefärbt. Die Dornen sind 1 cm lang und gebogen. Blütenfarbe rosa, weiß oder gelb. Weitere Art: *G. denudatum* – mit flachkugeligem, breitrippigem Körper und spinnenartigen Dornen. In vielen leuchtenden Körperfarben von Gelb, Orange bis Rot.
Standort: wechselsonnig, hell mit ca. fünf Stunden direkter Sonne täglich. Sommer und Winter um 20 °C.
Gießen: im Sommer Substrat leicht feucht halten, im Winter nur gießen, wenn die Pflanze schrumpft.
Düngen: einmal im Frühjahr mit Kakteendünger.
Umtopfen: ganzjährig, aber nur bei zu kleinem Topf in Kakteensubstrat mit pH-Wert 5 – 6, leicht sauer.
Pflanzenschutz: auf Befall mit Schildläusen achten, nicht zu feucht halten.
Vermehrung: im Frühjahr/Sommer Ableger pfropfen.
Besonderheiten: fast ausschließlich veredelte/aufgepfropfte Exemplare im Handel, besonders die gefärbten Körperformen sind sonst nicht lebensfähig. Als Unterlage dient z.B. *Myrtillocactus*.

Gymnocalycium mihanovichii rubrum (roter Kopf) und *G. m.* 'Black Cap'

Warzenkaktus

Mammillaria

Allgemeines: etwa 250 Arten bekannt, Heimat Mexiko. Kugelförmige bis zylindrische Körper, oft so stark verzweigt, daß sie sich rasenartig ausbreiten. Bildet Warzen statt Rippen, bis 2 cm lang. Je nach Art unter-

Mammillaria zeilmanniana

schiedliche Dornen, Körper teilweise haartragend. Ab dem vierten Lebensjahr entwickeln sich im Frühjahr am Scheitel gelbe, rote, violette oder weiße Blüten, 3 cm lang und duftend. Weitere Arten: *M. plumosa* – 7 – 8 cm hoch und breit, weiße Dornen, grünlichweiße Blüte, 1 – 1,4 cm lang. *M. ro-*

dantha – keulig runder Körper, 30 cm hoch, weiße Dornen, Blüte purpurrosa. *M. zeilmanniana* – 6 cm hoch, solitär, vereinzelte Mitteldornen, Blüte violett.

Standort: hell und vollsonnig, im Sommer um 25 °C, im Winter kühler, um 18 °C.

Gießen: im Sommer nur bei trockenem Substrat, im Winter nur, wenn die Pflanze schrumpft.

Düngen: einmal im Frühjahr mit Kakteendünger.

Umtopfen: ganzjährig möglich. Gute Kakteenerde verwenden.

Pflanzenschutz: problemlos.

Vermehrung: im Frühjahr durch Ableger oder Stecklinge, auch Aussaat ist möglich.

Besonderheiten: echte Anfängerpflanze für jede Kakteensammlung.

Mein Rat: Pflanzen Sie stark sprossende Arten in flache Schalen, so können sie sich typisch und ungestört entwickeln.

Mammillaria, Warzenkaktus

Buckelkaktus

Notocactus haselbergii

Allgemeines: etwa 100 Arten bekannt, Heimat Steppengebiete Südamerikas. Breitkugeliger, 8 cm hoher Körper mit ca. 18 buckeligen Rippen. Die roten und gelben Dornen wachsen ineinander. Nahe dem Scheitel entspringen große, auffällige, meist gelbe Blüten, auch bei noch jungen Pflanzen, Blütezeit Mai bis Juni. Weitere Arten *N. scopa* – weiß filzig. *N. nebelmannianus* hat Kugeln bis 17 cm Durchmesser, die Blüten sind gelb bis purpurrot. *N. ottonis* hat gelbe bis braune Dornen. *N. leninghausii*, auch Kugelkaktus genannt, ist auffällig durch seidiggelbe Blüten und dichte, goldgelbe Dornen, sein Scheitel ist dem Licht zugewandt. *N. aporicus* ist besonders klein. *N. concinnus* mit roten oder gelben Dornen.

Standort: hell und vollsonnig, mindestens fünf Stunden direkte Sonne täglich. Im Sommer um 26 °C, im Winter kühl um 16 °C.

Notokakteen

Gießen: im Sommer bei trockenem Substrat, im Winter nur, wenn die Pflanze schrumpft.

Düngen: im Frühjahr und Sommer alle vier Wochen mit stickstoffarmem Kakteendünger. Im Winter muß eine Düngepause eingelegt werden.

Umtopfen: im Frühjahr, alle drei bis vier Jahre.

Pflanzenschutz: sparsam gießen, Fäulnis durch Staunässe, auf Woll- und Wurzelläuse achten.

Vermehrung: durch Samen im Frühjahr.

Besonderheiten: frisch getopfte Exemplare des Buckelkaktus im ersten Jahr nicht düngen.

Notocactus, Buckelkaktus

Feigenkaktus

Opuntia

Allgemeines: artenreiche Gattung aus den Trockengebieten Südamerikas. Heute ist der Feigenkaktus in allen warmen Gebieten der Erde eingebürgert. Vielgliedrige Sprosse. Einteilung in drei Gruppen: *Platyopuntia* mit scheibenförmigen Trieben. *Cylindropuntia*, mit zylindrischen Trieben und *Tephrocactus* mit kugeligen Trieben. Triebe stark bedornt mit Widerhaken. Blütezeit ist der Sommer.

Standort: hell, vollsonnig. Im Sommer über 20 °C, im Winter hell und kühl um 8 °C.

Gießen: im Sommer, wenn das Substrat trocken ist, im Winter nur, wenn die Pflanze schrumpft.

Düngen: Frühjahr und Sommer je einmal mit normalem Blumendünger.

Umtopfen: jedes zweite Jahr im Frühsommer, in gute Blumenerde, $^1/_3$ Sand zumischen.

Pflanzenschutz: vor Nässe schützen, auf Schildläuse achten.

Vermehrung: im Frühjahr durch Stecklinge. Bevor man die scheibenförmigen Pflanzenteile zur Bewurzelung eintopft, läßt man die Schnittstellen zwei bis drei Tage abtrocknen. Auch Aussaat bei 20 – 21 °C möglich, nachdem Saatgut im Wasser vorgekeimt hat.

Mein Rat: Einige Arten sind durchaus winterhart und lassen sich in steinigen Beeten halten, müssen jedoch vor **Nässe** geschützt werden.

Opuntia,
Feigenkaktus

Osterkaktus

Rhipsalidopsis gaertneri

Allgemeines: zwei Arten bekannt, Heimat Südbrasilien. Reichblühender Kaktus mit blattartigen Gliedern, die einzelnen Glieder sind bis zu 5 cm lang. März bis Mai entspringen an den Endgliedern zahlreiche Blüten, die 4 – 5 cm groß und leuchtend scharlachrot gefärbt sind. Die spitz auslaufenden Blütenblätter wirken etwas nach hinten gebogen. Obwohl dieser prächtige Kaktus in seiner Heimat epiphytisch lebt, läßt er sich gut als Topfpflanze halten. Neben dieser Art wird noch eine Kreuzung mit einer anderen Art (*R. rosea*) kultiviert. Dabei handelt es sich um *Rhipsalidopsis* x *graeseri*.

Standort: hell, aber nicht vollsonnig. Im Sommer ca. 20 °C, im Winter kühl 6 – 10 °C, sonst geringere Knospenbildung.

Gießen: im Frühjahr und Sommer Substrat feucht halten (nicht naß), ab Spätherbst für sechs bis acht Wochen sehr sparsam gießen.

Düngen: Frühjahr und Sommer alle zwei Wochen mit Kakteendünger.

Umtopfen: im Sommer in gute Kakteenerde, es reicht aber, die obere Erdschicht auszutauschen.

Pflanzenschutz: auf Schildläuse achten.

Vermehrung: in Sand wurzeln Stecklinge nach der Blütezeit bei 25 °C gut.

Besonderheiten: nach neuem Knospenansatz Standort nicht mehr verändern, sonst Knospenfall.

Rhipsalidopsis,
Osterkaktus

Weihnachtskaktus

Schlumbergera-Hybriden

Allgemeines: etwa fünf Arten bekannt, Heimat der Ursprungsarten brasilianischer Regenwald. Reichblühender Blattkaktus, dem Osterkaktus sehr ähnlich. Blütezeit November bis Januar. Blüten in Rot, Rosa, Violett und Cremeweiß. Epiphyt, gut im Topf zu kultivieren. Weitere Arten: *S. x buckleyi* – Hybride, überhängender Wuchs, 13 – 30 cm hoch, Blüte rosapurpurfarbig. *S. opuntioides* – Wuchs erst aufrecht, dann hängend, Blüte hellkarminrot. *S. russelliana* – strauchartiger Wuchs, dunkelrote Blüten. *S. truncata* – buschiger Wuchs, aufrecht, überhängend, Blüte rosa, lila, selten weiß.
Standort: hell bis halbschattig, keine direkte Sonne. Mai bis August auch im Garten. Sommer und Winter um 20 °C.
Gießen: leicht feucht halten. Nach der Blüte acht Wochen nur gießen, wenn die Pflanze schrumpft.
Düngen: alle vier Wochen mit gutem Blumendünger, in den acht Wochen nach der Blüte Düngepause.
Umtopfen: alle drei bis vier Jahre in durchlässiger Kakteenerde.
Pflanzenschutz: auf Schildläuse achten.
Vermehrung: Stecklinge wurzeln im Sommer bei 22 °C in Sand.
Besonderheiten: nach Knospenansatz Stand nicht mehr verändern, sonst Knospenfall.

 **Mein Rat:** **Blüht auf jeden Fall, wenn er ab Ende September für sechs Wochen etwas kühler steht, 8 – 9 °C. Dann wieder wärmer und feuchter.**

Königin der Nacht

Selenicerus grandiflorus

Allgemeines: etwa 23 Arten bekannt, Heimat Westindische Inseln, Jamaika, Kuba, Mexiko, Haiti. Triebe der Königin der Nacht sind 2 cm dick mit schlangenförmigem Wuchs, zahlreiche rankende Luftwurzeln, außerdem kurze scharfe Dornen. In der Heimat epiphytisch wachsend. Braucht ein Zimmerspalier oder Stäbe zum Klettern. Im Spätsommer erscheinen die bis 30 cm großen Blüten, außen bräunlich, nach innen weiß. Sie duften nach Vanille, Areolen weißfilzig.
Standort: halbschattig, hohe Luftfeuchte. Im Sommer um 25 °C, im Winter um 16 °C.
Gießen: ab Frühjahr bis nach der Blüte gut feucht halten, öfter sprühen, im Winter nur mäßig feucht.
Düngen: Frühjahr bis Spätsommer wöchentlich mit gutem Blumendünger.

Selenicerus grandiflorus, Königin der Nacht

Umtopfen: im Frühjahr, wenn der Topf zu klein ist, nicht zu oft. Gute Kakteenerde verwenden.
Pflanzenschutz: problemlos.
Vermehrung: Stecklinge im Frühjahr in Sand bei 25 °C, mit Folie abdecken.
Besonderheiten: diese Kaktee gehört zu den bei Liebhabern bekanntesten Arten. Der besondere Reiz sind die großen und prächtigen Blüten, die nur wenige Stunden halten und sich in der Nacht öffnen.

Schlumbergera,
Weihnachtskaktus

Sprache der Zimmerpflanzen

Sicher werden Sie sich wundern, daß ich Ihnen etwas über die Sprache der Pflanzen erzählen möchte, denn weder Sie noch ich haben jemals eine Pflanze reden gehört.

Wuchsform, Stofflichkeit oder Textur, Farbe und Duft zusammen bestimmen den sprachlichen Ausdruck unserer Pflanzen.

STRENGE HERRSCHAFTEN

Alocasia lowii ist eine etwas eigenwillig wirkende Grünpflanze. Der Grund dafür resultiert aus mehreren Ausdrucksformen, die alle in die gleiche Richtung zielen. Die Form der Blätter gleicht einer spitzen, scharfen Kelle. Der starke Glanz der Blätter und die überaus deutlich hervortretenden Blattadern verstärken das Strenge des Blattes. Ein weiterer Faktor ist die Farbe. Tiefes dunkles Grün, fast giftig erscheinend, wird durch die hellen Blattadern noch stärker in Szene gesetzt. Der normalerweise sehr sparsame Bestand an Blättern betont die strenge, autoritäre Erscheinung dieses Aronstabgewächses. Bei einigen Arten dieser Familie ist das Benehmen nicht viel anders. Am eindrucksvollsten und respekterregendsten ist die bedrohliche Spitzform der Blätter. Ein ebenfalls respektgebietendes Äußeres begegnet uns bei den Dracaenen, den Drachenbäumen. Hier fällt zuerst der schlanke, aufrechte Wuchs auf. Fast wie ein Senkrechtstarter strebt sie nach oben. Da der untere Teil der Pflanze meist blattlos ist, kommt der strenge aufrechte Wuchs deutlich zur Geltung. Auch hier sind die Blätter glatt, glänzend wie bei der *Alocasia*, aber schlanker und schmaler, bei *Dracaena marginata* fast so dünn wie Grashalme. Ich selbst fühle mich von einer aufrechtgebietenden Persönlichkeit angesprochen, die eine geradlinige Atmosphäre liebt.

EDLE GESELL-SCHAFT

Ich liebe es, wenn sich die Gelegenheit bietet, mich schön zu machen. Ein feines Parfum darf dabei auf keinen Fall fehlen. Es ist ein angenehmes Gefühl, wenn man schön ist. Pflanzen kennen, soviel ich weiß, keine Gefühle, es gibt aber Schönheiten unter ihnen, deren Stolz nicht verborgen ist.

Die *Phalaenopsis* ist wohl die beliebteste Orchidee. Die hauchdünnen Blüten in den verschiedenen rosa Tönen oder in zartem Weiß lenken die Aufmerksamkeit auf sich. Wie eine Ballerina bewegt sich die leicht geschwungene Blütenrispe über den dunkelgrünen, Ruhe ausstrahlenden Blättern. Zerbrechlich wie Porzellan die Blüten, fest und tragend die Blätter. Es ist wie in einem eleganten Blütenballett.

Etwas lebhafter geht es bei der *Gloriosa* zu. Südländisches Temperament äußert sich unübersehbar in den leuchtendroten Blüten. Die gelben Ränder der Blütenblätter verwandeln die Blüte in kleine Feuerwerke. Dem Temperament entsprechend ist der Wuchs der Pflanze. Unaufhaltsam ist der Drang nach oben. Wo immer sich eine Möglichkeit bietet, klettert sie empor, um den Charme der Blüten ins rechte Licht rücken zu können. Sie lieben es, wenn sie von Pflanzen umgeben werden, die ihnen untergeben zu Füßen fallen, damit sie in ihrem herrschaftlichen Ausdruck nicht beeinträchtigt werden.

POMPÖSE SPRECHCHÖRE

Die großen runden Blütenstände der Hortensie sprechen eine klare Sprache, nicht schwülstig oder gekünstelt. Und je größer die Pflanze ausfällt und je mehr Blüten vorhanden sind, desto stärker kommt die überschwengliche Großzügigkeit zu Wort. Die Ansammlung reichblühender Hortensien wirkt auf mich wie eine Einladung zu einem üppigen Fest fürs Auge. Ja, wenn ich genau hinsehe, dann höre ich die fröhlichen

Die Blume der Liebe: Rosen in verschiedenen Farben, je nachdem, ob die Liebe romantisch oder alt bewährt, vertraut oder neu erobert ist.

Fast unscheinbar, aber unentbehrlich wie der Zeitungsbote und die Zugehfrau und mit ihrem bescheidenen Auftreten besonders reizvoll: Blaues Lieschen in Blau und Weiß.

Klänge des Hortensienballes.
Ein alle Herzen erquickendes Geschöpf der Natur ist die Rose. Viel besungen, mit einem Hauch von Romantik umgeben, findet sie bei allen Altersgruppen Liebhaber. Ja, es wird keinen Liebenden geben, der sich nicht des Rosengespräches bedient, wenn er zu seiner Liebsten geht. Er muß nur darauf acht geben, daß er dabei niemand einen Stich versetzt. Der Duft ist es, der den besonderen Reiz der Rose ausmacht. Sie verfügt über eine Vielzahl von Duftvarianten. Ein Gedicht für sich ist die wohl bekannteste Duftrose 'Gloria Dei', die Friedensrose. Bei den Topfrosen finden die Züchter in letzter Zeit auch wieder den Weg zurück zum Duft. Eine Augenweide ist es, durch blühende Rosengärten zu gehen. Unter Rosenbögen zu wandeln, gibt uns das Gefühl, ein kleines Königreich einzunehmen. Ein gepflanztes Arrangement prächtiger Topfrosen erzählt mir den Liebestraum vom Sommer, singt das Lied von der Liebe und vom Frieden.

ZUFRIEDENE GESICHTER

Wer möchte sie nicht um sich haben, die stillen Geister, die kaum bemerkt werden, aber wenn sie fehlen, vermißt man sie sofort. Das Blaue Lieschen ist so bescheiden wie sein Namensvetter, das Fleißige Lieschen. Matt glänzende Blätter von kleinem Format reihen sich dicht aneinander, als wenn sie Angst hätten, allein dastehen zu müssen. Auch die Blüten sind von kleiner Gestalt und das lichte Blau trägt nicht dick auf. Das einzige, was ein klein wenig lauter spricht, ist der maiglöckchenähnliche Duft. Bei dem Namensvetter Fleißiges Lieschen geht es zwar bunter und lebhafter zu, aber nicht duftend.
Bescheidene Leute leben am liebsten in Gemeinschaften, denn sie führen nicht gerne das große Wort. Recht auffällig begegnet uns das bei den Frühlingsprimeln. Nach dem Motto „Gemeinsam sind wir stark" halten sie in unseren Wohnungen und Gärten Einzug. Wie ein bunter Farbreigen fügt sich Far-

be an Farbe. Bescheidenheit bleibt aber dennoch die Devise. Krautige Blätter, gedrungene Figur, einfache Blütenform prägen zu stark das Mienenspiel.

KRATZBÜRSTEN, DIE GANZ FRIEDLICH SEIN KÖNNEN.

Manche Zeitgenossen sind ganz umgängliche Leute, es sei denn, man kommt ihnen zu nahe. Nun, bei manchen merkt man ganz schnell, wo's lang geht. Manche fahren erst ihre Stacheln aus, wenn man sie an der entsprechenden Stelle trifft. Ein Kaktus oder eine Euphorbie gebietet schon beim ersten Blickkontakt respektvollen Abstand. Denken wir nur an den Schwiegermuttersessel. Gefährlicher sind aber die, welche versteckt ihre Hiebe austeilen. Ich denke an Ananas & Co. Wenn

denen etwas gegen den Strich geht, bekommt man das sofort kräftig zu spüren. „Kleine" Herrschaften, die nicht mit sich spaßen lassen. Hier wird es dann besonders stark deutlich, daß jede Pflanze eine spezielle Anrede wünscht bzw. ihre eigene Sprache spricht. Darum, jede Pflanze ist eine Persönlichkeit, die ernstgenommen werden möchte. Wenn wir mit den Pflanzen respektvoll reden, beschenken sie uns immer wieder neu mit dem Lächeln der Natur.

Eindrucksvoll und respekterregend: die Alokasie

Farne

Farne haben oft andere Kulturansprüche als viele Topfpflanzen, sie sind aber keinesfalls schwierige Pfleglinge. Wichtig ist es, die Heimat eines Farns zu kennen. Klima und Bodenverhältnisse des natürlichen Standortes sind der Schlüssel zur erfolgreichen Kultur der Pflanze. Dies ist gerade bei Farnen wichtig, weil sie in nahezu allen Gebieten der Erde vorkommen. Insgesamt sind etwa 10 000 Farn-Arten bekannt, allein 8 000 davon in tropischen Regionen. Es gibt aber auch Arten, die in der Arktis oder in Wüstenlandschaften Amerikas ihren Lebensraum gefunden haben. So verschieden wie die Lebensräume sind auch Form und Gestalt der hier lebenden Farne.

Im folgenden sollen einige der wichtigsten Pflegeansprüche dargestellt werden. In der gartenbaulichen Praxis wird zwischen drei Temperaturbereichen unterschieden: Kalthaus (Oktober bis März 8 – 12 °C, April bis September 12 – 15 °C), temperiertes Haus (November bis Februar 15 – 18 °C, März bis Oktober 18 – 21 °C), Warmhaus (September bis März 18 – 24 °C, April bis August 20 – 28 °C). Für jeden dieser Temperaturbereiche gibt es zahlreiche Farnarten.

In Zeiten mit geringeren Temperaturansprüchen muß auch weniger gegossen werden, ohne den Farn je völlig austrocknen zu lassen. Demgegenüber muß in Zeiten mit wärmeren Temperaturen mehr gegossen werden, ohne je Staunässe zu verursachen.

Die meisten Farne reagieren negativ auf Kalk im Boden

Farn als Aufsitzer am Naturstandort in Sri Lanka.

und im Wasser. Die Wasserhärte wird in °dH (Grad deutscher Härte) angegeben. Als Gießwasser für Farne ist nur Wasser mit einem Härtegrad von 0 bis 8 ° dH, also sehr weiches bis weiches Wasser, geeignet. Leitungswasser hat oft eine größere Härte (siehe auch Seite 53 f.). Dem Problem kann man aus dem

Weg gehen, indem grundsätzlich mit Regenwasser gegossen wird.

Beim Substrat (Erde) ist auf die Bodenreaktion zu achten. Fertige Blumenerde hat fast immer einen pH-Wert von 6 bis 7, also schwach sauer bis neutral. Die meisten Waldfarne lieben einen pH-Wert von 5,5 bis 6, Fels- und Wüstenfarne dagegen benötigen einen Substrat-pH-Wert von 7 bis 8. Eine Blumenerde mit zu hohem pH-Wert kann durch Zugabe von reinem Torf sauer eingestellt werden. Wenn der pH-Wert zu niedrig ist, muß Kalk zugemischt werden. Anschließend kann der pH-Wert einfach mit Meßstäbchen bestimmt werden. Im übrigen sollte das Substrat locker strukturiert sein. Farne sollten nicht zu oft umgepflanzt werden, Wurzelenge im Topf macht ihnen selten zu schaffen. Ist diese Maßnahme doch einmal notwendig, so ist das Frühjahr der beste Zeitpunkt. Wählen Sie den neuen Topf nicht zu groß. Auch der Dünger kann die Bodenreaktion verändern,

Pellefarn

es gibt physiologisch sauer wirkende Komponenten (Ammoniumstickstoff zum Beispiel) und physiologisch alkalisch wirkende (Nitratstickstoff zum Beispiel). Erkundigen Sie sich im Fachhandel nach einem ausgewogenen Dünger, der den pH-Wert nicht beeinflußt. In der Wachstumsphase benötigen die meisten Farne alle acht bis zehn Tage eine Düngung nach Angabe der Packung. Im Winter reicht eine monatliche Düngung oft schon aus. Fast alle Zimmerfarne lieben eine hohe Luftfeuchte und vertragen trockene Heizungsluft nicht. Die meisten Farne lieben es daher, von Zeit zu Zeit mit einem Zerstäuber besprüht zu werden. Nachhaltiger wirkt sich jedoch eine mit Kies befüllte Schale aus, in welcher der Topf steht. In der Schale sollte sich stets etwas Wasser befinden. Der Topf darf aber nicht mit diesem Wasser in Kontakt treten, sonst ist die Gefahr der Staunässe gegeben.

Manche Farne lieben eine Luftfeuchte von über 70 Prozent, die in Wohnräumen kaum konstant gehalten werden kann. Diese Pflanzen sind in geschlossenen Vitrinen, Terrarien oder in speziellen Blumenfenstern besser aufgehoben. Das Lichtbedürfnis der allermeisten Zimmerfarne ist nicht besonders hoch, sie gedeihen an hellen bis halbschattigen Plätzen. Vor direkter Sonne sollte man sie jedoch schützen.

Ein kurzes Wort zum Pflanzenschutz: Farne können selbst bei bester Pflege zeitweise von Schädlingen befallen werden. Hier sind vor allem Blattläuse, Schildläuse, Thripse, Springschwänze und Weiße Fliege zu nennen. Hinzu kommen Welke- und Fäulnispilze bei falscher Pflege und Verbrennungen bei zu hohen Düngergaben.

Bis zur Mitte des vergangenen Jahrhunderts war die geschlechtliche Vermehrung der Farne ein Rätsel. Heute ist der Ablauf geklärt: Farne bilden an der Blattunterseite der fertilen (fruchtbaren) Wedel staubfeine Sporen in Millionenzahl. Sind diese reif, so werden sie aus den Lagern herausgeschleudert. Klopft man vorsichtig mit einem Stab auf die mit reifen Sporen besetzten Wedel, so kann man mit Hilfe eines untergehaltenen Papierbogens leicht Sporen für die eigene Nachzucht ernten. Treffen diese Sporen nun auf ein feuchtes Substrat, so keimen sie mit einem feinen Faden aus und wachsen zu einer herzförmigen, zweigeschlechtlichen Pflanze von nur 0,5 cm Durchmesser heran. Diese Pflanze wird als Vorkeim bezeichnet. Die männlichen Organe sitzen an der zugespitzten Seite, die weiblichen an der herzförmig eingekerbten. Ein Tropfen Wasser genügt, um einen Film zu bilden, über den die männlichen Spermatozoiden zur Eizelle schwimmen. Der Vorkeim stirbt ab, und die neue Farnpflanze beginnt zu wachsen. Diese Art der Vermehrung wird als Generationswechsel bezeichnet.

Das grazile Blatt eines Frauenhaarfarns

Farne wollen eine hohe Luftfeuchtigkeit, was wir durch Besprühen unterstützen können. Aber Vorsicht: Nicht alle Farne vertragen das.

Viele Farne lassen sich aber auch einfach teilen oder bilden Tochterpflanzen (Kindel).

Über Kakteen oder Orchideen gibt es reichlich einschlägige Literatur, es werden spezielle Dünger und Erden angeboten, die Farne führen demgegenüber ein Schattendasein. Das haben diese dankbaren, prächtigen und formenreichen Pflanzen nicht verdient. Denn ihre Verwendungsmöglichkeiten sind unbegrenzt, ob kalt, temperiert oder warm, ob Topf, Ampel, Epiphytenstamm oder Blumensäule, im hellen oder eher schattigen Bereich – es gibt fast für jeden Platz die passende Art.

Frauenhaarfarn

Adiantum raddianum

Allgemeines: etwa 200 Arten bekannt, Weltbürger. *A. raddianum* aus Brasilien, glänzendschwarze Blattstiele, haarfein. Wedelartige Fiederblätter, 50 cm hoch. Sorte *A. r.* 'Variegatum' mit weißen Streifen. *A. tenerum* wird als Wildfarn selten kultiviert. *A. pedatum* hat hufeisenförmige Wedel und ist völlig winterhart.
Standort: halbschattig, schattig um 22 °C bei 60 Prozent Luftfeuchte.
Gießen: Substrat nie austrocknen lassen, Staunässe vermeiden. Kalkfreies, nicht zu kaltes Wasser verwenden.
Düngen: im Sommer alle 14 Tage mit gutem Blumendünger ohne Kalk! Halbe Konzentration.
Umtopfen: alle zwei Jahre im Frühjahr in leicht saure Blumenerde pH-Wert 6.
Pflanzenschutz: auf Spinnmilben und Blattläuse achten.
Vermehrung: durch Sporen oder Teilung im Frühjahr.
Besonderheiten: empfindlich gegen Pflanzenschutzmittel und hohe Salzkonzentrationen.

Mein Rat: Alle Frauenhaarfarne gedeihen am besten, wenn ihre Wurzeln auf beengtem Raum leben müssen. Man kann beim Umpflanzen die Wurzeln kräftig zurückschneiden und die Pflanze wieder in den bisherigen Topf setzen.

Nestfarn, Streifenfarn

Asplenium nidus

Allgemeines: weltweit über 700 Arten. *A. nidus* aus Südostasien, Epiphyt. Bildet ähnlich wie Bromelien Trichter zur Wasser- und Nährstoffaufnahme. Breite, ungeteilte, zähe, leuchtendgrüne, zungenförmige Wedel, die gewellte Ränder haben. Es gibt auch Kulturarten mit stark gekräuselten Rändern. Bei älteren Pflanzen färben sich die schwarzen Stiele zur Spitze hin grün. In Zimmerkultur wird *A. nidus* oft nicht höher als 30 – 40 cm, bei genügend Feuchtigkeit und Wärme kann er aber höher als 1 m werden. Der Wurzelstock ist behaart und mit dunklen Schuppen besetzt. Blattknospen wachsen aus der Behaarung, im Zentrum entstehen neue Wedel, die älteren sterben langsam ab.
Standort: Halbschatten, keine direkte Sonne, um 20 °C und 60 Prozent Luftfeuchte.
Gießen: immer leicht feucht halten, öfter sprühen, etwas Wasser in die Rosette geben.
Düngen: im Sommer einmal im Monat schwach mit Blumendünger versorgen, im Winter alle zwei Monate.
Umtopfen: alle zwei bis drei Jahre im Frühjahr, keinen zu großen Topf wählen.
Pflanzenschutz: auf Thripse, Spinnmilben und Schildläuse achten.
Vermehrung: durch Sporenaussaat im Frühjahr, braune Sporen keimen bei 22 °C im Torf-Sand-Gemisch.
Besonderheiten: nur kalkfreies, vorgewärmtes Wasser verwenden.

Adiantum, Frauenhaarfarn

Asplenium nidus, Nestfarn

Rippenfarn

Blechnum gibbum

Allgemeines: etwa 200 Arten bekannt. Heimat Neukaledonien. Die meisten Arten sind tropische Farne, die sich hervorragend für die Zimmerkultur eignen. Stammähnliches Rhizom, bis 1 m hoch, darüber Kranz aus dicht gefiederten Blättern. Blätter palmenwedelartig und hellgrün, steif und groß wirkend, damit können Sie in Gegenden mit warmem Klima auch draußen Akzente setzen.

Standort: hell bis halbschattig, ohne direkte Sonne, hohe Luftfeuchte. Im Sommer um 23 °C, im Winter um 18 °C.

Gießen: Substrat ständig feucht halten. Nässe oder Ballentrockenheit vermeiden.

Düngen: im Sommer alle 14 Tage schwach düngen (ca. 1 g/Liter Wasser), im Winter kein Dünger. Neu gekaufter oder frisch eingetopfter Rippenfarn darf in den ersten sechs Monaten nicht gedüngt werden.

Umtopfen: wenn die Wurzeln im Topf nicht mehr genug Platz haben, muß *B. gibbum* beim Einsetzen des neuen Wachstums im Frühjahr in einen um eine Nummer größeren Topf umgetopft werden.

Pflanzenschutz: auf Thripse, Spinnmilben und Läuse achten.

Vermehrung: im Frühjahr durch Sporen. Keimen gut bei 22 °C im Torf-Sand-Gemisch.

Besonderheiten: obwohl *B. gibbum* hohe Luftfeuchte liebt, sollten die Blätter niemals naß gemacht werden.

Ilexfarn, Schildfarn

Cyrtomium falcatum

Allgemeines: die Heimat dieses anspruchslosen Farns ist Asien, Afrika und Polynesien (in Tropengebieten). Über einem kurzen Rhizom bilden sich büschelige, 20 cm lange Blattstiele mit 40 cm langen, gefiederten Blättern. Diese sind dunkelgrün und derb ledrig. Ca. 16 Arten bekannt, zum Beispiel *C. fortunei* mit mattgrünen, sichelförmigen Wedeln und 20 bis 40 Fiedern; Blattstiele sind mit braunen Schuppen bedeckt; wird breiter als *C. falcatum*. Beide sind robuste Zimmerpflanzen, die mit Laubschutz auch draußen winterhart sind.

Standort: schattiger Platz am Nordfenster ist ideal. Im Sommer kühl, im Winter nicht über 12 °C. Hohe Luftfeuchte von ca. 50 Prozent anstreben.

Gießen: Substrat ganzjährig leicht feucht halten, dagegen im Winter etwas trockener, aber nie ganz austrocknen lassen.

Düngen: im Sommer alle 14 Tage 2 g/Liter Wasser, nicht mehr.

Umtopfen: alle zwei Jahre im Frühjahr in leicht saure Blumenerde, pH-Wert 5,5. Neu getopfte oder gekaufte Pflanzen dürfen in den ersten sechs Monaten keinen Dünger erhalten.

Pflanzenschutz: auf Schildläuse achten, sonst problemlos.

Vermehrung: durch Teilung der Rhizomwurzel im Frühjahr oder durch Aussaat der Sporen.

Besonderheiten: ideale Wintergartenpflanze.

Mein Rat: Im Freiland bedingt winterharter Farn, wenn er gut mit Laub abgedeckt wird.

Blechnum gibbum,
Rippenfarn

Cyrtomium falcatum,
Ilexfarn, Schildfarn

Büchsenfarn

Davallia mariesii

Allgemeines: etwa 25 Arten bekannt, Heimat tropisches Asien. Der Büchsenfarn ist Bewohner von Bäumen und Felsspalten. Die Rhizomwurzel ist lang gewunden, tierpfotenartig haarig beschuppt und wächst über den Rand von Topf oder Ampel hinaus. Die Blätter sind breit, zart gefiedert und entwickeln sich direkt aus dem schuppigen Rhizom. Die Blätter sind 15 – 20 cm lang und ledrig.

Standort: halbschattig, keine direkte Sonne, luftig. Ganzjährig um 15 °C. *D. mariesii* verträgt aber in Nächten auch Temperaturen bis 7 °C. Extrem hohe Luftfeuchte von 70 Prozent anstreben.

Gießen: stets leicht feucht halten, darf nicht austrocknen, während der Ruheperiode im Winter nur wenig wässern.

Düngen: alle vier bis sechs Wochen schwache 0,1 prozentige Düngerlösung geben.

Umtopfen: jedes zweite bis dritte Jahr in Orchideensubstrat, beim Einsetzen des neuen Wachstums. Abgestorbene Wedel werden am besten im Winter entfernt. Evtl. Rhizom mit Draht am Substrat fixieren.

Pflanzenschutz: auf Befall mit Thripsen achten.

Vermehrung: im Frühjahr Rhizomteile bei 25 °C in feuchtes Substrat legen, Sporenaussaat im Frühjahr möglich.

Besonderheiten: als Ampelpflanze geeignet, oder in Körbchen auf Epiphytenstamm aufbinden; außerdem hydrokulturgeeignet.

Mein Rat: In Pflanzenvitrinen kann die hohe Luftfeuchte am ehesten erzielt werden.

Erdfarn

Didymochlaena truncatula

Allgemeines: nur diese Art bekannt, Heimat tropische Regenwälder der Erde. Seit über 100 Jahren in Kultur. Er hat einen staudenartigen Wuchs, mit bis 80 cm langen, derb ledrigen, ungleichseitig gefiederten Wedeln. Junge Triebe sind erst bräunlichgrün, später hellgrün.

Standort: halbschattig, ohne direkte Sonne. Im Sommer um 20 °C, im Winter um 18 °C. *D. truncatula* paßt bestens in ein Pflanzgefäß, das während des Winters nicht zu warm steht.

Gießen: im Sommer und Winter leicht feucht halten. Der Topfballen darf nicht austrocknen, sonst fallen die Blätter ab. Staunässe vermeiden.

Düngen: im Sommer alle 14 Tage mit Blumendünger versorgen, 2 g/Liter Wasser. Im Winter Düngepause.

Umtopfen: jährlich im Frühsommer in gute Blumenerde. Dabei wird die Pflanze zurückgeschnitten und nach dem Eintopfen wärmer gestellt, um neu auszutreiben.

Pflanzenschutz: auf Befall mit Spinnmilben achten, Substrat nicht vernässen.

Vermehrung: durch Farnsporen, die sich auf der Unterseite der Wedel gebildet haben und in reifem Zustand braun gefärbt sind. Sie keimen im Frühjahr bei 22 °C im Torf/Sandgemisch.

Besonderheiten: langlebige Zimmerpflanze, auch für Flaschengärten geeignet.

Davallia, Büchsenfarn

Didymochlaena truncatula, Erdfarn

Schwertfarn
Nephrolepis exaltata

Allgemeines: auch Nierenschuppenfarn genannt; etwa 35 Arten bekannt, Heimat tropisches Amerika. Wächst in der Heimat epiphytisch. *N. exaltata* bildet aus einem Rhizom filigrane, überhängende Fiederblätter, die mehr oder weniger gekraust sind. *N. cordifolia* ist schwer von *N. exaltata* zu unterscheiden, bildet jedoch kleine Speicherknollen an den Ausläufern.

Standort: hell, ohne direktes Sonnenlicht, Nordfenster. Ganzjährig um 20 °C bei hoher Luftfeuchte um 50 Prozent.

Gießen: konstant feucht halten, im Sommer gelegentlich auch Blätter befeuchten. Im Winter vorsichtig gießen. Staunässe und Ballentrockenheit vermeiden.

Düngen: im Sommer alle 14 Tage 2 g Blumendünger/Liter Wasser.

Umtopfen: alle zwei Jahre im Frühjahr in Blumenerde. Sie kann selbst aus Mistbeeterde, Lauberde, reichlich Torf und Sand zusammengemischt werden. Sie muß nur locker und wasserdurchlässig sein.

Pflanzenschutz: auf Spinnmilben achten.

Vermehrung: im Sommer durch fadenförmige Ausläufer, an denen sich kleine Pflanzen ausbilden. Haben diese eine gewisse Größe erreicht, werden sie abgetrennt und in kleine Töpfe gesetzt. Ausläufer können auch in andere torfmullgefüllte Behältnisse geleitet werden, wo sie wurzeln und sofort willig weiterwachsen.

MeinRat: Der Schwertfarn wirkt auch schön in einer Ampel.

Der Schwertfarn ist einer der beliebtesten Farne fürs Zimmer.

Nephrolepis exaltata, Schwertfarn

Pellefarn

Pellaea rotundifolia

Allgemeines: auch Rundblättriger Zwergfarn genannt; etwa 80 Arten bekannt, Heimat Neuseeland, Bewohner von Steinmauern, Felsspalten und trockenen Simsen. Klein bis mittelgroß, spröde braune Wurzeln, unterschiedlich große, sterile (unfruchtbare) und fertile (fruchtbare) Wedel, bis 20 cm lang. Die Fiedern sind rund und wirken wie poliert. Die größeren Wedel haben scheinbar schmalere Fiedern, weil sich die Ränder der Blätter zum Schutz der Sporenanlagen einrollen. *P. falcata* besitzt lanzettliche Wedel, bis 30 cm lang. *P. atropurpurea* hat 8 cm lange Fiedern, die rechtwinklig von den purpurfarbigen Stielen abstehen. Kann in milden Gegenden draußen kultiviert werden, benötigt aber Winterschutz. *P. brachyptera* besitzt tannennadelähnliche Fiederabschnitte und hell bestäubte Stiele, die büschelweise aus dem Wurzelstock kommen; er wird bis 40 cm hoch.

Standort: hell, keine volle Sonne, um 18 °C bei 40 Prozent Luftfeuchte oder weniger.

Gießen: im Sommer mäßig feucht, im Winter eher trocken. Nie völlig austrocknen lassen.

Düngen: einmal im Monat mit gutem Blumendünger.

Umtopfen: alle zwei bis drei Jahre im Frühjahr in normale Blumenerde mit pH-Wert 6.

Pflanzenschutz: auf Spinnmilben achten.

Vermehrung: durch Sporen (schwierig) oder durch Teilung der Rhizome vor Beginn des neuen Wachstums im Frühjahr.

Besonderheiten: muß mit Fingerspitzengefühl gegossen werden. Einer der wenigen Farne, die mit geringer Luftfeuchte auskommen.

Der Pellefarn ist ein recht pflegeleichter und anspruchsloser Farn. Er gedeiht in unseren Wohnungen gut und erfreut uns viele Jahre mit seinem schönen Blattschmuck.

Pellaea falcata

Pellaea rotundifolia,
Pellefarn

Tüpfelfarn

Phlebodium aureum

Allgemeines: etwa 1000 Arten, die meisten sind langsam wachsend und relativ leicht zu kultivieren. Alle werden als Tüpfelfarne bezeichnet, Heimat tropisches Südamerika. Wuchs staudenartig, kriechende behaarte Rhizome, aus denen sich die Wedel waagerecht erheben. An den bis zu 1 m langen Wedeln von *P. aureum* sitzen zahlreiche Fiedern mit gewellten Rändern. Die pelzigen Rhizomstränge wachsen gerne über die Ränder der Pflanzgefäße hinaus. Sie haben eine gewisse Ähnlichkeit mit Hasenpfoten. Reife Sporen sind goldbraun gefärbt.

Standort: hell, aber keine direkte Sonne, um 20 °C, im Winter um 15 °C bei 60 Prozent Luftfeuchte.

Gießen: Substrat nie trocken werden lassen, ganzjährig feucht halten, nicht vernässen.

Düngen: einmal im Frühjahr und einmal im Sommer 2 g/Liter Wasser.

Umtopfen: jährlich im Frühjahr, Rhizom nicht mit Erde bedecken. Für Kontakt mit Erde sorgen.

Pflanzenschutz: auf Spinnmilben und Schildläuse achten.

Vermehrung: Stücke der Rhizomwurzel wachsen im Frühjahr in feuchtem Topfsubstrat zu neuen Pflanzen heran.

Besonderheiten: nach dem Umtopfen Rhizom evtl. auf der Erde befestigen, bis sich neue Wurzeln gebildet haben.

Phlebodium aureum,
Tüpfelfarn

Hirschzungenfarn

Phyllitis scolopendrium

Allgemeines: etwa zehn Arten bekannt, weltweit verbreitet. Immergrün, winterhart und kalkliebend. Die Wedel sind bis 50 cm lang, 2,5 – 5 cm breit, ledrig, zungenförmig, oft gekraust und immer ungeteilt. Die kreisförmig angeordneten Wedel verbergen den dicken, kurzen Wurzelstock.

Standort: halbschattig, nie direktes Sonnenlicht, ideal ist ein Platz am Nordfenster.

Phyllitis scolopendrium, Hirschzungenfarn

Im Sommer 18 – 22 °C, im Winter um 10 °C. Hohe Luftfeuchte um 60 Prozent und höher.

Gießen: Substrat stets feucht halten, nie durchnässen, nie austrocknen lassen.

Düngen: im Sommer alle vier Wochen mit Blumenvolldünger. Neu gekaufte oder frisch umgetopfte Pflanzen sechs Monate nicht düngen.

Umtopfen: alle zwei bis drei Jahre im Frühjahr in gute Blumenerde, evtl. mit Sand strecken, pH-Wert 6.

Pflanzenschutz: auf Schildläuse und Thripse achten.

Vermehrung: Sporenaussaat im Frühjahr oder Blattstielenden bei 20 °C auf Aussaaterde legen.

Besonderheiten: in Süddeutschland heimisch, bis 1500 m Höhe. Achtung: Art steht unter Naturschutz.

Elchgeweih, Geweihfarn
Platycerium bifurcatum

Allgemeines: etwa 17 Arten bekannt, Heimat Australien, dort epiphytisch lebend. Alle Arten bezeichnet man als Geweihfarne, oder „Elchgeweihfarne", sie verdanken ihren Namen den gegabelten fertilen (fruchtbaren) Wedeln, den sogenannten „Geweihblättern". Die Blätter sind oft mit einem weißen Sternhaarfilz überzogen, der im Alter teilweise verlorengeht. Wedel je nach Art 40 bis 200 cm lang. *P. angolense* hat ganzrandige Blätter, die an Elefantenohren erinnern.
Standort: fester Platz, schattig ohne Zugluft. Im Sommer um 20 °C, im Winter nicht unter 15 °C. Hohe Luftfeuchte.
Gießen: Substrat immer leicht feucht halten, eventuell den Topf alle zwei Wo-

Platycerium, Geweihfarn

Geweihfarne wollen einen festen Platz.

chen in ein Wasserbad tauchen. Zu reichliches Wässern schadet der Pflanze.
Düngen: im Sommer alle zwei Wochen, eventuell beim Tauchbad, mit Blumendünger 1 g/Liter Wasser.
Umtopfen: alle drei Jahre im Frühjahr. Orchideenerde mit pH-Wert 6,0 verwenden.
Pflanzenschutz: auf Befall mit Schildläusen achten.
Vermehrung: Sporenaussaat (sehr langwierig) oder durch Jungpflanzen, die oft als Kindel an der Mutterpflanze entstehen.
Besonderheiten: für Epiphytenstamm und Ampel (wächst zu allen Seiten) geeignet, auf durchlässiges

Substrat achten. Die nestförmigen sterilen Blätter werden auch als Mantelblätter bezeichnet. Sie verbräunen im Alter und bilden ein wichtiges Reservoir für Wasser und Nährstoffe und dürfen deshalb nicht entfernt werden.

Borstiger Schildfarn

Polystichum setiferum

Allgemeines: ist mit zahlreichen Arten weltweit zu Hause. Die fein geteilten Wedel gaben ihm auch den Namen „Filigranfarn". Das ledrige Laub ist immergrün, es wird in der Floristik für Arrangements verwendet. Die meisten dieser steif und buschig wirkenden Schildfarnarten können sowohl im Garten ausgepflanzt, als auch im Zimmer in Töpfen und Ampeln gepflegt werden (z.B. *P. aculeatum*, *P. setiferum*).

Standort: helles, indirektes Licht, keine volle Sonne, luftig. Im Sommer 18 – 20 °C, im Winter 8 – 10 °C. Hohe Luftfeuchte um 60 Prozent.

Gießen: Substrat leicht feucht halten. Ballentrockenheit oder Nässe meiden.

Düngen: im Sommer alle zwei Wochen mit Blumendünger, 1 g/Liter Wasser. Sechs Monate Düngepause nach dem Umtopfen.

Umtopfen: alle drei Jahre im Frühjahr in Blumenerde.

Pflanzenschutz: problemlos.

Vermehrung: an den Blättern sitzende Brutknöllchen im Frühjahr auf feuchten Torf legen oder ältere Pflanzen mit einem Messer teilen. Auch ist Vermehrung durch Aussaat von Sporen möglich (langwierig). Aus Sporen angezogene Pflanzen können erst nach einem Jahr in 6-cm-Töpfe (6 cm Durchmesser) pikiert werden.

Besonderheiten: *P. adiantiforme* liebt etwas höhere Temperaturen.

Saumfarn, Flügelfarn

Pteris cretica

Allgemeines: etwa 350 Arten bekannt, Heimat tropische und subtropische Regionen der alten Welt. Staudenartiger Erdfarn mit mehrfach gefiederten Wedeln, ca. 30 cm lang, hellgrün und von meist papierähnlicher Beschaffenheit. Trotz der Artenvielfalt wird meistens *P. cretica* kultiviert. Diese Art umfaßt jedoch eine große Anzahl Kulturformen. Die Blattzeichnungen reichen von Dunkelgrün über Hellgrün bis zu Weiß. *Pteris cretica* 'Albo Lineatum' mit weißem Mittelband. *Pteris cretica* 'Wimsettii' mit gleichmäßig gefiederten Blättern und gekrausten Blattspitzen. *P. biaurita* 'Argyracea' besitzt eine silberweiße Zeichnung über der mittleren Hauptader. Auch von *P. ensiformis* sind zwei weißbunte Sorten in Kultur.

Standort: halbschattig, direkte Sonne meiden. Im Sommer um 20 °C, im Winter um 15 °C bei 60 Prozent Luftfeuchte.

Gießen: Substrat immer leicht feucht halten.

Düngen: nur eingewurzelte Exemplare einmal im Frühjahr und einmal im Sommer mit Blumendünger versorgen. 1 g/Liter Wasser.

Umtopfen: alle drei Jahre im Frühjahr in gute Blumenerde.

Pflanzenschutz: auf Thripse achten. Vernässung unbedingt vermeiden.

Vermehrung: Sporen keimen in feuchter Erde bei 22 °C.

Polystichum setiferum, Borstiger Schildfarn

Pteris

Figuren mit Pflanzen gestalten

Pflanzen sind Wesen, die Freiheit lieben und die ihre Schönheit ungezwungen entfalten wollen. Jede auf ihre Weise, denn die Pflanzen wachsen nicht alle gleich. Da gibt es viele Arten, die keine Mühe haben, aufrecht zu stehen. Etliche unternehmen gar nicht den Versuch, hochzukommen und bleiben klein und gebückt.

Noch andere hängen nach unten, und die Neugierigen klettern nach oben, wo immer sich die Möglichkeit bietet festzuhalten.

Am einfachsten ist es mit Schlingpflanzen, Figuren zu gestalten. Zuerst benötigt man ein Gerüst, welches umwunden werden soll. Die verbreitetste Methode ist der Metallbogen, der in den Blumentopf gesteckt wird. Die jungen Pflanzentriebe dürfen nun um diesen Bogen wachsen, so als ob sie Karussell fahren würden. Meistens kommen die rosablühende *Dipladenia* und *Hoya*, die Wachsblume, in dieser Form in den Verkauf. Auch die Passionsblume und *Stephanotis* werden so angeboten. Haben Sie selbst eine dieser Pflanzen vermehrt, können Sie leicht solch einen Ring anfertigen. Alles, was Sie brauchen, ist ein starker, verzinkter Draht. Diesen biegen Sie zu einem nicht ganz geschlossenen Kreis, an dessen Ende und Anfang 10 – 15 cm gerade bleiben, um den Ring in der Erde zu verankern.

Eine alte Sitte ist es, aus Tonking- oder Bambusstäben ein Spalier zu binden, um welches vorher genannte Schlinggewächse gewunden werden. So entsteht, wenn es große Dimensionen annimmt, eine grüne oder blühende Wand. In Großgefäßen oder Pflanzwannen können mit Efeu, Wildem Wein oder Kastanienwein eindrucksvolle lebende Paravents entstehen.

Eine ganz andere Art, mit Pflanzen figürlich zu arbeiten, bieten uns aus Weiden gefertigte barocke Formteile. Dies können Kugeln oder Kegel sein, die auf Stäben stehen und Baumformen stilisieren sollen. Am unkompliziertesten ist es, wenn Sie Ihren Baum von einem Efeu umwinden lassen. Zum einen hat er die Eigenschaft, sich selbst mit seinen Haftwurzeln festzuhalten, andererseits kann er beschnitten werden, so oft es notwendig ist. Dies ist aber nicht die einzige Möglichkeit, aus Pflanzen Bäume zu machen. Viele Zimmerpflanzen vertragen es recht gut, wenn sie von Zeit zu Zeit verjüngt, d.h. zurückgeschnitten werden. Paradebeispiel dafür ist *Ficus benjamina*, der kleinblättrige Gummibaum. Lassen Sie ihn von klein auf erst einmal eintriebig, unverzweigt wachsen. Sie müssen also alle seitlichen Verzweigungen entfernen. Ab der gewünschten Höhe bleiben dann alle Verzweigungen ste-

Efeu gestalten
1. Das alles brauchen Sie: Efeu (hier zwei Pflanzen), stabilen Draht (hier schon in Form gebogen), Zange, Drainage und Tonscherbe, Topf und Erde.

2. Tonscherbe und Drainage in den Topf legen, dann mit Erde etwas auffüllen. Efeu einsetzen, die Zwischenräume mit Erde auffüllen und andrücken. Nun nehmen Sie den gebogenen Draht und setzen ihn oben über Kreuz in den Topf.

3. Dann wickeln Sie die Triebe des Efeus einfach um den Draht. Schließlich das Angießen nicht vergessen.

hen. Nun muß der *Ficus* regelmäßig in Form geschnitten werden, damit aus ihm ein Kugelbäumchen wird. Dazu verwenden Sie entweder eine Gartenschere oder eine Bonsaischere. Beim Rückschnitt muß der Gummibaum auf eine unempfindliche Unterlage gestellt werden, da an jeder Schnittstelle der weiße, klebrige Pflanzensaft austritt und nach unten tropft. Nicht nur unser *Ficus* eignet sich für einen Form-

schnitt, sondern auch Myrten, Oliven, *Citrus*, Lorbeer und andere Pflanzen sind gut in Form zu bringen.
Aus Italien kommen seit einigen Jahren kuriose Erziehungsformen, die hart an die Grenze zum Kitsch stoßen.

Vor allem Buchs ist ein Opfer der Beschneidung geworden. Er wird umfunktioniert zur Säulenspirale, zum Herz oder zur Tierdarstellung. Der regelmäßige Rückschnitt ist unumgänglich, damit nichts seine Figur verliert. Es ist allerdings nicht nur eine Frage des Geschmacks, wie ich meine Pflanzen forme. Wir sollten uns davor scheuen, unsere Pflanzen zu vergewaltigen. Jede Pflanze strahlt in ihrem natürlichen Wuchs

den ihrem Charakter entsprechenden Charme aus. Vorsichtige Eingriffe und Hilfestellungen sind zum Teil notwendig, ja erforderlich, doch lassen wir unseren Pflanzen ihren Charakter. Beim Bonsai ist die Natur das große Vorbild, und trotz kräftiger Erziehungsmaßnahmen wirken sie naturverbunden. Auch uns steht die Möglichkeit offen, Formen zu finden, die dem Wesen der Pflanzen entgegenkommen.

4. In den nächsten Wochen werden sich die Blätter dem Licht zudrehen, und die ganze „Kugel" wird sich insgesamt voller bewachsen.

Orchideen

Von den 25 000 bekannten Orchideenarten stammen über 90 Prozent aus den tropischen und subtropischen Gebieten der Erde. Die übrigen Arten sind weltweit in allen Klimazonen vertreten, nur an den Polen und in den Wüsten finden sich keine Orchideen.

Für die richtige Pflege einer Orchidee ist also ihre Heimat ein ganz entscheidender Hinweisgeber. Unsere Zimmerorchideen sind fast immer tropischer Herkunft; die heimischen Arten (in

Europa gibt es etwa 150 Arten) eignen sich nicht für die Kultur in Wohnräumen. Obwohl einige Arten in der Heimat an vollsonnigen Plätzen leben, sollte man Orchideen grundsätzlich nicht der direkten Sonneneinstrahlung aussetzen. Am natürlichen Standort wird die Pflanze oft durch starke Luftumwälzung und hohe Luftfeuchtigkeit vor Verbrennungen geschützt. Orchideen lieben im allgemeinen einen hellen bis halbschattigen Platz ohne direkte Sonne und ohne Zugluft. In der lichtarmen Zeit kann es notwendig sein, einige Arten mit Zusatzlicht zu versorgen, um ihnen, wie in den Tropen, ganzjährig zwölf Stunden Licht zu bieten.

Da Orchideen aus den unterschiedlichsten Klimagebieten stammen, ist es nicht

Cattleya am Naturstandort im Regenwald (1500 m Höhe) in Kolumbien

möglich, eine einheitliche Temperaturempfehlung zu geben. *Phalaenopsis* liebt eine ganzjährig gleichmäßige Temperatur zwischen 20 und 26 °C. *Cattleya* wünscht in der kalten Jahreszeit eine Temperatur zwischen 15 und 18 °C, im Sommer dagegen um 21 °C. *Cymbidium* schließlich verlangt im Winter nur 7 – 12 °C und in der warmen Jahreszeit 12 – 16 °C. Wir unterteilen die Orchideen in drei Temperaturbereiche: Kalthaus, temperiertes Haus und Warmhaus. Beim Kauf ist unbedingt zu erfragen, welcher Pflegegruppe die erworbene Pflanze entstammt. Denn während sich eine Cymbidie im Sommer an einem schattigen Platz im Freien am wohlsten fühlt, kann dieser Platz für eine *Phalaenopsis* das Todesurteil sein. Zusätzlich zu den je nach Temperaturbereich unterschiedlichen jahreszeitlichen Schwankungen

muß bei allen Pflegegruppen eine Nachtabsenkung von 3 bis 5 °C eingehalten werden. Diese Schwankung zwischen Tages- und Nachttemperatur ist bei vielen Arten der Auslöser für die Blütenbildung. Ein wichtiger Punkt ist auch die Temperatur im Topf, die gerade bei dunklen Gefäßen auf der Fensterbank sehr hoch sein kann; Wurzelschäden sind die Folge. Schützen Sie also auch den Topf vor allzu großer Aufheizung, und nicht nur die Pflanze. Ein weiterer wichtiger Faktor ist die Luftfeuchtigkeit. Die meisten Zimmerorchideen lieben eine Luftfeuchte zwischen 70 und 80 Prozent. Im kühlen Bereich macht das Erreichen dieser Vorgaben keine Schwierigkeiten. Bei hohen Temperaturen oder bei Heizungsluft ist es dagegen oft problematisch, nachhaltig 50 bis 60 Prozent Luftfeuchte zu erzielen. Manche Arten können aus diesem Grunde nur in speziellen Blumenfenstern oder Vitrinen befriedigend gehalten werden, wenn die Wohnung nicht in einen tropischen Regenwald

Links: *Phalaenopsis*, rechts: Frauenschuh

verwandelt werden soll. Diese geschlossenen Kulturräume müssen immer auch eine gute Lüftungsmöglichkeit besitzen, da alle Orchideen reichlich frische Luft brauchen.

Oft kann man die Luftfeuchte in Pflanzennähe mit einfachen Maßnahmen erhöhen: Es gibt beispielsweise spezielle Fensterschalen, die mit Wasser gefüllt werden. Diese Schalen sind mit einem Raster ausgestattet, auf dem die Töpfe stehen können, ohne mit dem Wasser in Berührung zu kommen. Zusätzlich kann an warmen Tagen öfter mit einem Zerstäuber gesprüht werden. Ein gänzlich ungeeignetes Mittel, die Luftfeuchte zu erhöhen, sind starke Wassergaben; sie führen nur zu Staunässe und Wurzelfäule.

Viele der heutigen Hybriden kommen mit unserem Wohnzimmerklima auch ohne besondere Maßnahmen gut zurecht. Beim Gießwasser ist auf den Härtegrad zu achten: Für Orchideen ist Wasser mit 8 – 12 °dH (Grad deutscher Härte) geeignet. Härteres Wasser wird nicht gut vertragen. Fragen Sie bei Ihrem Wasserwerk nach der Härte Ihres Leitungswassers. Eine Alternative ist es, seine Pflanzen mit Regenwasser zu versorgen. Regenwasser ist auch heute noch fast überall ein sehr gut geeignetes Gießwasser für kalkempfindliche Pflanzen (siehe auch Seite 53 f.).

Verwenden Sie nur Wasser mit Zimmertemperatur, niemals kaltes Leitungswasser. Es muß mit Fingerspitzengefühl gegossen werden: Die Abstände sind abhängig vom Substrat, Umgebungstemperatur, Pflanzengröße, Wachstumszustand und

Pflanzgefäß. In der Wachstumsphase sollte das Substrat leicht feucht sein, in der Ruhezeit sparsam gewässert werden. Trockenheit und Nässe müssen vermieden werden.

Mit jeder vierten Wassergabe wird ein Dünger verabreicht, bei fast allen Arten auch in der Ruhezeit. Wird normaler Blumendünger verwendet, so nimmt man nur die Hälfte der angegebenen Konzentration, weil Orchideen salzempfindliche Wurzeln haben. Spezielle Orchideendünger sind im Handel erhältlich und erleichtern die optimale Ernährung der Pflanzen. Substrate werden häufig selbst gemischt, und jeder Orchideengärtner hält seine eigene Mischung für die beste. Wichtig sind Strukturstabilität und Lockerheit, oft werden Farnwurzeln, Moose und Rindenstücke mit Blumenerde gemischt. Gut geeignet sind spezielle, fertig abgemischte Orchideenerden aus dem Fachhandel. Umgetopft wird nur am Ende der Ruhezeit, zu Beginn des Wurzelwachstums. Diese Maßnahme ist je nach Art alle zwei bis fünf Jahre notwendig oder dann, wenn das alte Pflanzgefäß zu klein geworden ist. Luftwurzeln und Erdwurzeln dürfen nicht verletzt, und der neue Topf darf nicht zu groß gewählt werden.

Wann ist nun die, im Zusammenhang mit Orchideen oft genannte Ruhezeit beendet? Dieser Zeitpunkt wird, unabhängig von der Jahreszeit, durch die Pflanze selbst bestimmt. Der Wachstumszustand der Orchidee ist daher immer genau zu kontrollieren. Die Ruhezeit ist fast immer nötig, um die nächste Blütenbildung anzuregen. Ru-

hephasen können je nach Art unterschiedlich ablaufen: Manchmal ist eine Temperatursenkung von nur 2 °C Auslöser, bei anderen Arten sind regelrechte Temperaturstürze wichtig. In der Ruhezeit wird weniger gegossen und weniger gedüngt, die Pflanzen zudem etwas kühler gehalten als in der Wachstumsphase. Jede Art hat ihren eigenen Rhythmus. Beobachten Sie Ihre Pflanze gut, und haben Sie viel Geduld.

Die Vermehrung ist fast immer Sache von Spezialbetrieben oder Hobbybotanikern. Orchideen mit Pseudobulben (Scheinzwiebeln) können gut durch Teilung vermehrt werden; auch dies geschieht am Ende der Ruhezeit. Manche Orchideen bilden auch Kindelpflanzen, oft als Hinweis auf Pflanzfehler.

Was Krankheiten und Schädlinge angeht, so sind

Orchideen recht robust. Schäden durch Pflegefehler sind sicher häufiger als echte Krankheiten. Auf Befall mit Schildläusen, Blattläusen, Thripsen oder Spinnmilben ist regelmäßig zu achten.

Diese Einleitung kann die ganze Vielfalt der Orchideen nicht annähernd abdecken und muß unvollständig oder verallgemeinernd bleiben. Es gibt sehr gute Spezialliteratur über Orchideen, in der tiefergehende Informationen nachgelesen werden können. Hier noch ein guter Rat: Kaufen Sie Orchideen immer beim Fachmann, lassen Sie sich genau über die Ansprüche Ihres Exemplars an Licht, Wasser, Dünger, Temperatur, Luft, Substrat und Luftfeuchtigkeit informieren. Fragen Sie nach dem gültigen botanischen Namen, um in der Literatur nachschlagen zu können.

So kann eine sympodial wachsende Orchidee geteilt werden, dazu gehört z. B. der Frauenschuh. Bei den meisten Orchideen sollten wir allerdings die Vermehrung, also auch die Teilung, den Fachleuten überlassen.

Spinnenorchidee

Brassia-Arten

Brassia verrucosa, Spinnenorchidee

Allgemeines: etwa 55 Arten bekannt, Heimat ist das tropische Amerika. Vorwiegend epiphytische Lebensweise, selten terrestrisch. Wohnraumbedingungen eignen sich für *Brassia*-Arten nicht sehr gut, deshalb werden neue Gattungsbastarde gezüchtet: *B.* x *Miltonia* = *Miltasia, B.* x *Odontoglossum* = *Odontobrassia* und *B.* x *Oncidium* = *Brassidium*. Leider läßt die Blütezeit bei den neuen Kreuzungen oft zu wünschen übrig.
Standort: hell, ohne direkte Sonne, viel frische Luft, hohe Luftfeuchte. Im Sommer 22 °C, im Winter 15/16 °C. Ganzjährig auf nächtliche Temperaturabsenkung zwischen 3 – 8 °C gegenüber der Tagestemperatur achten.

Gießen: in der Wachstumszeit Ballen gleichmäßig feucht halten, nicht vernässen. In der Ruhezeit Luft und Substrat etwas trockener halten.
Düngen: in der Wachstumszeit bei jedem dritten Wässern halbe Konzentration eines Blumendüngers.
Umtopfen: nur, wenn der alte Topf zu klein ist. Nach der Ruhephase, zum Beginn des Wurzelwachstums. Orchideenerde verwenden.
Pflanzenschutz: auf Schildläuse und Spinnmilben achten.
Vermehrung: problematisch.
Besonderheiten: können im Topf oder im Korb kultiviert werden. Ruhezeiten einhalten, treibt leicht durch.

Cattleye

Cattleya-Arten

Allgemeines: etwa 60 Arten bekannt, Heimat Mittel-/ Südamerika, unterschiedlich verbreitet, verschiedene Höhenlagen. Bilden zylindrische Pseudobulben mit ein bis zwei Blättern aus. Vielzahl von Hybriden und Gattungsbastarden. Aus *Cattleya* und *Laelia* entstand beispielsweise *Laeliocattleya* als Gattungsbastard.
Standort: hell, idealerweise mit Morgensonne, sonst ohne direkte Einstrahlung. In der Vegetationszeit um 22 °C, in der Ruhephase 12 – 15 °C, hohe Luftfeuchte.
Gießen: in der Wachstumszeit leicht feucht halten, in der Ruhephase Wassergaben reduzieren, kalkfreies Wasser verwenden.
Düngen: in der Wachstumsphase alle vier Wochen mit Blumendünger, halbe Konzentration anmischen.

Umtopfen: nur, wenn das alte Gefäß zu klein ist. Orchideenerde verwenden. Nach der Ruhephase mit beginnendem Wurzelwachstum.
Pflanzenschutz: auf Blattläuse, Thripse und Spinnmilben achten.
Vermehrung: Teilung älterer Pflanzen, drei bis vier Pseudobulben pro Topf.
Besonderheiten: Blütezeit je nach Art verschieden, oft vor Weihnachten.

Mein Rat: Dem Anfänger muß von dieser sehr schönen Orchidee abgeraten werden.

Cattleya 'Hazel Boyd Pepermint'

Coelogyne

Coelogyne-Arten

Coelogyne cristata

Allgemeines: etwa 200 Arten bekannt, Heimat sind die südlichen Hänge des Himalaja. Verschiedene Wuchsformen, zweiblättrige Pseudobulben. Oft in Kultur ist *C. cristata*, eine reinweißblühende Art mit gelbem Kamm; sie blüht in der Ruhezeit.

Standort: hell bis halbschattig, Arten aus Bergregionen benötigen feuchte, warme Wachstumsperioden und eine kühle Ruhezeit. Arten aus wärmeren Regionen werden ganzjährig um 20 °C gehalten.

Gießen: in der Wachstumsphase leicht feucht halten, in der Ruhephase Wassergaben einschränken.

Düngen: in der Wachstumsphase alle drei Wochen mit Blumendünger, halbe Konzentration verwenden.

Umtopfen: selten nötig, nur zu Beginn des Wurzelwachstums möglich. Orchideensubstrat verwenden. Wenn statt Töpfen Holzkörbchen als Gefäß verwendet werden, kommt dies der natürlicherweise epiphytisch lebenden Coelogyne sehr entgegen.

Pflanzenschutz: auf Spinnmilben achten.

Vermehrung: durch Teilung älterer Pflanzen.

Besonderheiten: besonders schön auf einem Epiphytenstamm. *C. cristata* nur für kühle Zimmer geeignet. Hybriden werden selten angeboten.

Mein Rat: Die Arten entstammen sehr unterschiedlichen Temperaturzonen. Um die Ansprüche erfüllen zu können, unbedingt die Herkunft erfragen.

Cymbidie

Cymbidium-Hybriden

Allgemeines: etwa 40 Arten und unzählige Hybriden bekannt, Heimat tropisches Asien. Staudenartiger Wuchs, 50 – 100 cm hoch, je nach Art. Standardtypen für Wintergärten und Gewächshäuser, Miniatur-Hybriden für die Fensterbank. Langes, linealisches Blatt; Blütezeit Frühjahr bis Sommer.

Standort: hell und luftig, kühl; in den Sommermonaten leicht schattiert. Ab Mitte Juni auch im Freien, hohe Luftfeuchte um 60 Prozent. Im Sommer um 20 °C, im Winter 12 – 15 °C; bei höheren Werten werden die Knospen abgestoßen.

Gießen: Frühjahr/Sommer immer leicht feucht halten. Im Winter nicht völlig austrocknen lassen.

Düngen: April bis September mit jeder dritten Wassergabe schwach düngen: 1 g/Liter Wasser.

Umtopfen: nur, wenn das alte Gefäß zu klein ist; im Frühjahr, wenn das Wurzelwachstum einsetzt. Blumenerde mit Styromull verwenden.

Pflanzenschutz: auf Spinnmilben achten.

Vermehrung: durch Teilung älterer Pflanzen.

Besonderheiten: im August sorgen hohe Tages- und niedrige Nachttemperaturen für die Blütenanlagen, im Freiland ideal.

Mein Rat: Die Miniatur-Hybriden sind allgemein für die Zimmerkultur besser geeignet und blühen sicher bei 18 – 22 °C.

Cymbidium

Dendrobie

Dendrobium-Arten

Allgemeines: etwa 1400 Arten bekannt, Heimat asiatisch-pazifischer Raum. Sehr variabel in der Wuchsform. Hybriden dieser Art haben als Schnittblumen eine erhebliche wirtschaftliche Bedeutung für einige asiatische Blumenexportländer erlangt. Die Blüte ist im allgemeinen sehr haltbar.

Standort: hell, ohne direkte Sonne. Hohe Luftfeuchte um 60 Prozent. *D.-Nobile*-Hybriden lieben kühle Temperaturen. *D.-Phalaenopsis*-Nachkommen sind ohne Warmhaus nicht zu kultivieren.

Gießen: in der Wachstumsphase mäßig feucht halten. Nässe und Ballentrockenheit meiden, führt zu Schäden.

Düngen: in der Wachstumszeit alle zwei Wochen mit Blumendünger in halber Konzentration.

Umtopfen: alle vier Jahre zu Beginn des Wurzelwachstums in Orchideensubstrat. Bevorzugen Sie ein Substrat mit hohem Farnwurzelanteil.

Pflanzenschutz: auf Thripse und Spinnmilben achten. Nässe vermeiden, sonst faulen die Wurzeln.

Vermehrung: Kindelbildung, oft durch falsche Pflege angeregt.

Besonderheiten: sehr formenreich und unterschiedlich in den Ansprüchen, daher unbedingt beim Kauf die Herkunft erfragen. Verlust der Vorjahresblätter, bevor die Blüte erscheint. Ohne Ruhephase findet keine Blütenbildung statt.

Dendrobium nobile

Epidendrum

Epidendrum-Arten

Epidendrum

Allgemeines: etwa 1000 Arten bekannt, Heimat Florida/Mittelamerika, Karibische Inseln bis nach Bolivien und Paraguay. An unterschiedlichen Standorten auf Bäumen, zwischen Steinen und am Boden zu finden. *Epidendrum* wächst optimal in einem Pflanzstoff für Epiphyten im Korb oder Topf, kleinbleibende Arten auch im Block (massives Holzstück mit einer Aussparung in Anlehnung an heimatlichen Standort).

Standort: hell, ohne direkte Sonne im Hochsommer. Arten aus Bergregionen lieben eine kühle Umgebung, die meisten jedoch brauchen temperierte Räume, im Sommer um 20 °C, im Winter um 16 °C.

Gießen: in der Wachstumsphase leicht feucht halten, öfter sprühen. In der Ruhezeit sparsam wässern, nie austrocknen lassen.

Düngen: im Wachstum alle drei Wochen mit Blumendünger in halber Konzentration.

Umtopfen: alle vier Jahre zu Beginn der Wachstumsphase in Orchideensubstrat.

Pflanzenschutz: auf Befall mit Schildläusen und Spinnmilben achten, nicht vernässen lassen.

Vermehrung: Arten mit Pseudobulben sind durch Teilung zu vermehren.

Besonderheiten: für gute Luftumwälzung und nächtliche Temperaturabsenkung sorgen. Herkunft und Ansprüche des erworbenen Exemplars erfragen.

Odontoglossum

Odontoglossum-Arten

Allgemeines: auch Zahnzunge genannt, etwa 200 Arten bekannt, alle ähnlich im Habitus. Abgrenzung gegenüber *Oncidium* und *Miltonia* schwierig. Heimat zentralamerikanisches Bergland. Alle acht Monate Ruhephase, daher Blüte zu jeder Jahreszeit möglich.

Standort: hell, ohne direkte Sonne, im Hochsommer viel frische Luft, kühl in der Nacht. Hohe Luftfeuchte über 60 Prozent. Im Sommer um 22 °C (nachts 18 °C), im Winter um 15 °C; einige Arten tolerieren leichten Frost.

Gießen: für gleichmäßige Ballenfeuchtigkeit sorgen, im Winter sparsamer.

Düngen: in der Wachstumsphase alle drei Wochen mit Blumendünger in halber Konzentration.

Umtopfen: alle drei Jahre im Frühjahr oder zeitigen Herbst in Orchideensubstrat. Zur Kultur geeignet sind kleinere Töpfe oder Pflanzschalen.

Pflanzenschutz: auf Spinnmilben achten.

Vermehrung: schwierig, evtl. durch Teilung alter Pflanzen.

Besonderheiten: für kühle Zimmer oder Wintergärten ideal. Kreuzungen mit wärmeliebenderen Gattungen sind besser für die Zimmerkultur geeignet.

 **Mein Rat:** Mehrere Pflanzen auf Tuchfühlung zueinander stellen, sie gedeihen dann besser.

Frauenschuh

Paphiopedilum-Hybriden

Allgemeines: etwa 60 Arten bekannt, Heimat Südostasien, Thailand. Heimischer Frauenschuh gehört zu einer anderen Gattung. Verschiedene Temperaturansprüche. Stammloser Wuchs, Triebe hängend, pantoffelartige Blütenlippe. Blüte Februar/März.

Standort: hell, keine direkte Sonne. Temperatur je nach Herkunft: warm, temperiert bis kühl. Hybriden meist warm: 24 °C im Sommer, um 20 °C im Winter. Luftfeuchte um 60 Prozent.

Gießen: Substrat immer leicht feucht halten, nicht vernässen, aber auch keine Ballentrockenheit.

Düngen: im Sommer jeden Monat mit Blumendünger, halbe Konzentration ist ausreichend.

Umtopfen: nur, wenn unbedingt nötig, nach der Blüte in Blumenerde, zum Herbst Pflanze ausreifen lassen, um die Blütenbildung zu begünstigen.

Pflanzenschutz: auf Schildläuse und Spinnmilben achten.

Vermehrung: durch Teilung beim Umtopfen, dabei faule, beschädigte Wurzeln entfernen.

Besonderheiten: nicht ins Herz gießen, sonst fault die Pflanze leicht.

Mein Rat: Bei der Gefäßwahl für den Frauenschuh das horizontale Wurzelwachstum beachten.

Odontoglossum

Paphiopedilum-Hybride, Frauenschuh

Falterorchidee

Phalaenopsis-Hybriden

Die wunderschönen Blüten der Falterorchidee halten lange.

Allgemeines: etwa 40 Arten bekannt, Heimat Indonesien, Ostasien. *Phalaenopsis*-Arten wachsen überwiegend epiphytisch, oft auf nur wenig belaubten Bäumen. Es gibt aber auch auf Stein oder Fels wachsende Arten, ohne spezielle Speicherorgane. Schmetterlingsähnliche Blüte, oft mehrfach im Jahr. Zweiteilig gestelltes Blatt, ganzrandig.

Standort: mäßig hell, ohne direkte Sonne, hohe Luftfeuchte um 70 Prozent. Im Sommer um 25 °C, im Winter ca. 20 °C. Nachts kühler, aber nicht unter 15 °C.

Gießen: kalkfreies Wasser verwenden, ganzjährig leicht feucht halten.

Düngen: alle drei Wochen mit Blumendünger in halber Konzentration.

Umtopfen: alle zwei Jahre nach der Blüte im Frühjahr in Blumenerde mit Styromull.

Pflanzenschutz: auf Spinnmilben und Thripse achten.

Vermehrung: Kindelbildung an den Blütentrieben, oft durch falsche Pflege.

Besonderheiten: Luftwurzeln nicht beschädigen, evtl. übergroßen Umtopf wählen und Luftwurzeln hineinstecken.

Phaleanopsis kann auch von Anfängern erfolgreich gezogen werden, wenn man die Ansprüche der Pflanze erfüllt.

Mein Rat: Nach dem Umtopfen Blütentriebe entfernen, Pflanze verausgabt sich sonst. Normalerweise $^2/_3$ des Blütentriebs für die Nachblüte an der Pflanze belassen.

Phalaenopsis x 'Golden Valley'

Pleione

Pleione bulbocodioides

Allgemeines: etwa zehn Arten bekannt, Heimat Indien, Südchina. Grundsätzlich erdgebunden wachsend, epiphytisch nur auf stark vermoosten Bäumen. Pseudobulben flaschenartig, die Laubblätter sind einjährig. Es gibt frühjahrs- und herbstblühende Arten. Züchterisch kaum bearbeitet.

Standort: hell, ohne direkte Sonne. Hohe Luftfeuchte um 60 Prozent. Im Sommer um 15 °C, im Winter um 9 °C, Kalthauspflanze. Einige Arten sind winterhart.

Gießen: in der Wachstumszeit stets leicht feucht. Im Winter so, daß die Speicherorgane nicht schrumpfen.

Düngen: in der Wachstumszeit mit Blumendünger alle vier Wochen bei halber Konzentration.

Umtopfen: jedes Jahr zu Beginn des Frühjahrs in Orchideensubstrat oder gut drainierte Blumenerde. Jährlich notwendig, da alle Wurzeln absterben. Tontöpfe verwenden, Kunststofftöpfe sind wenig geeignet. Die knolligen Pseudobulben werden ungefähr bis zu einem Drittel ihrer Größe in humoses, aber durchlässiges Substrat gelegt. In der Sommerzeit kann dieses zum Halten konstanter Feuchtigkeit mit Moos bedeckt werden.

Pflanzenschutz: auf Schnecken und Dickmaulrüßler achten.

Vermehrung: nur für Fortgeschrittene.

Besonderheiten: Pleione lebt nur zwei Jahre und geht nach Bildung der Blüte, neuer Knollen und Bulbillen zugrunde.

Vuylstekeara

Vuylstekeara cambria

Allgemeines: *Vuylstekeara* ist eine Mehrgattungshybride aus den drei Gattungen *Miltonia* x *Cochlioda* und x *Odontoglossum*, wurde erst 1914 bekannt. Diese Orchidee ist 30 – 40 cm hoch, mit aufrechtem Wuchs und traubig angeordneten Blütenständen. Blüte überwiegend dunkelrot auf weißem Grund, ca. 40 cm hoch. Blütezeit Winter bis Frühjahr. Die Blätter sind dunkelgrün, lanzettlich, glänzend und leicht überhängend. Sie entspringen aus Pseudobulben (Scheinzwiebeln).

Standort: hell, ohne direkte Sonne. Viel frische Luft ohne Zug. Für nächtliche Temperaturabsenkung sorgen. Im Sommer um 22 °C, im Winter um 15 °C; hohe Luftfeuchte.

Gießen: stets leicht feucht halten. Kalkarmes Wasser verwenden. Nässe vermeiden. Im Winter etwas trockener, aber keine Ballentrockenheit.

Düngen: in der Wachstumsphase alle vier Wochen mit Blumendünger bei halber Konzentration.

Umtopfen: alle drei Jahre bei Beginn des Wurzelwachstums in Orchideensubstrat.

Pflanzenschutz: auf Spinnmilben achten.

Vermehrung: nur in Spezialbetrieben, eventuell durch Teilung älterer Pflanzen.

Besonderheiten: sehr haltbare Blühpflanze, ideal für Wintergärten. Die Wuchs- und Blüheigenschaften sind sehr gut, deshalb gilt *V. cambria* auch als gute Schnittblume.

Pleione bulbocodioides

Vuylstekeara cambria

Palmen

Palmen sind zwar wieder in „Mode", doch viele potentielle Palmenliebhaber sind der Meinung, man bräuchte unbedingt viel Platz, um sich eine solche Pflanze halten zu können; oder es ist die Erfahrung gemacht worden, daß Palmen in der Wohnung nur kümmerlich wachsen. Dabei gibt es auch bei den Palmen eine große Auswahl von Arten für kühle, warme, kleine oder große Räume. Leider gibt es nur wenig Literatur, die sich den Palmen in ihrer Vielfalt präzise und allgemein verständlich widmet.

Palmen haben ein weites Verbreitungsgebiet. Sie leben an den Ufern tropischer Meere, im Regenwald und in 2000 m hohen Gebirgslagen. Es sind etwa 3000 Arten bekannt. Sie werden nach der Blattform grob in zwei Gruppen geteilt, Fächerpalmen und Fiederpalmen.

Wenn die Palmen-Art nach den wohnungsklimatischen Vorgaben und nicht nach innenarchitektonischen Gesichtspunkten ausgesucht wird, sind kaum Enttäuschungen zu erwarten. Man kann zwar nicht jede Pflanze an jedem Platz kultivieren, aber es gibt für fast jeden Platz die passende Pflanze. Diese Urrechte der Natur können wir nicht ändern, wir können sie nur nutzen.

Selbstverständlich ist viel Licht nötig, wenn Palmen gut gedeihen sollen. Pralle Sonne ist aber fast immer zuviel des Guten. Das mag verwundern, besonders, wenn man an eine palmenbewachsene Oase in der Wüste denkt. Dort sind es jedoch nur die ausgewachsenen Palmen mit einer Höhe von oft über 15 m, die der Sonne direkt ausgesetzt sind. Solche kapitalen Pflanzen haben aber einen Platzbedarf, den keine Wohnung bietet.

Zimmerpalmen haben immer die Bedürfnisse von Jungpflanzen; manchmal handelt es sich, wie bei der Kokospalme, im üblichen Verkaufsstadium lediglich um Keimlinge, und die wachsen selbst in ihrer Heimat in der Schattenzone der ausgewachsenen Exemplare. Waldbewohnende Palmen, die auch in der Heimat nicht besonders groß werden, sind sogar für schattige Plätze dankbar (zum Beispiel *Chamaedorea elegans*, die Bergpalme). Vermeiden Sie also grundsätzlich pralle Sonne und gewöhnen Sie Palmen, die die warme Jahreszeit gerne im Freien verbringen, bitte langsam an die helle Umgebung. Wählen Sie zum Abhärten zunächst einen schattigen Platz!

Auch die Temperaturansprüche fast aller Zimmerpalmen sind moderat; bei 18 – 25 °C fühlen sich die gängigen Arten durchaus wohl. Einige Arten lieben im Winter eher einen kühlen und dennoch hellen Platz (zum Beispiel *Phoenix*, *Chamaerops* und *Howeia*). Zwischen Tages- und Nachttemperatur sollte eine Differenz von 5 – 8 °C liegen.

Allgemein verlangen Palmen ein ständig leicht feuchtes Substrat. Ballentrockenheit führt zu brau-

Palmen am Naturstandort („La Digue", Seychellen)

nen Blattspitzen, und Staunässe öffnet Fäulnispilzen Tür und Tor. Nur einige wenige Palmen aus sumpfigen Heimatstandorten lieben ein anhaltendes Fußbad. Übertöpfe sind vor jedem Gießen auf Restwasser zu kontrollieren. Verwenden Sie niemals Wasser, das kälter ist als die Umgebungstemperatur der Pflanze. Selbstverständlich sind das Licht und die Umgebungstemperatur auch wichtig für die Häufigkeit der Wassergaben: in warmen Sommern muß täglich Wasser gegeben werden, im Winter reicht oft ein Gießvorgang für zehn Tage.

Die bisher beschriebenen Kulturfaktoren sind mehr oder weniger unproblema-tisch. Für die Häufigkeit negativer Pflegeerfahrungen mit Palmen ist eher der Bedarf an Luftfeuchtigkeit verantwortlich. *Trachycarpus*, *Chamaerops* oder *Phoenix* ertragen noch am ehesten trockenere Zimmerluft, wie sie in zentralgeheizten Wohnungen häufig anzutreffen ist, aber auch diese Arten sind für ein wenig mehr an Luftfeuchte dankbar.

Zumindest in Pflanzennähe läßt sich die Luftfeuchtigkeit ohne große Probleme erhöhen. Hängen Sie im Winter wassergefüllte Verdunster an ihre Heizkörper, besprühen Sie täglich die Wedel Ihrer Palmen, oder installieren Sie in Pflanzennähe einen Zimmerspringbrunnen. Den größten Effekt erzielt man mit wassergefüllten Schalen, in denen die Pflanzen auf einem Kiesbett stehen, ohne Wasserkontakt zu haben (siehe auch Seite 48).

Als Substrat ist jede strukturstabile und porenreiche Erdmischung geeignet. Gute handelsübliche Blumenerde mit Tonanteil bieten der Palmenwurzel einen optimalen Lebensraum. Das Umtopfen ist immer ein einschneidender Eingriff in das Pflanzenleben und sollte daher in der vitalsten Phase des Jahres durchgeführt werden, nämlich im Frühjahr. Junge Palmen werden jährlich verpflanzt, ältere nur noch, wenn der alte Topf wirklich zu klein geworden ist.

Das neue Gefäß sollte nur wenig größer sein als das alte. Palmentöpfe sollten eine hohe zylindrische Form haben. Die Wurzeln dürfen bei dem Eingriff möglichst nicht beschädigt werden, lediglich alte, trockene Wurzelteile sind zu entfernen, altes Substrat wird leicht ausgeklopft. Vor der Umpflanzaktion ist die Pflanze gut zu wässern.

Nun zur Ernährung: Auch hier erweisen sich die Palmen als unproblematische Pfleglinge. Jungpflanzen und frisch umgetopfte Exemplare brauchen sechs Monate lang keine zusätzliche Ernährung. Ältere Pflanzen werden von März bis September jede Woche mit einem guten Blumendünger versorgt. Steht die Pflanze auch im Winter hell

Palmen bekommen leicht braune Blattspitzen, das liegt oft an der trockenen Zimmerluft.

und warm, muß weiter gedüngt werden, die Abstände dürfen sich aber verdoppeln und die Konzentration wird halbiert.

Pflanzen werden grundsätzlich nur bei feuchtem Ballen gedüngt, sonst können hohe Salzkonzentrationen im Substrat Schäden verursachen. Der Grundsatz „viel hilft viel" ist auch bei der Ernährung falsch. Halten Sie sich also an die Packungsangaben des Düngemittelherstellers. Als Faustregel gilt: 1 g Dünger je Liter Wasser.

Krankheiten und Schädlinge plagen Palmen selten, trockene Wedel und braune Stellen sind häufig auf Pflegefehler zurückzuführen (direkte Sonne, trockene Luft, kalter Wurzelbereich, Staunässe, Ballentrockenheit oder zu kräftige Düngung). Solche braunen Stellen wirken oft unattraktiv und dürfen abgeschnitten werden. Bitte nicht ganz bis ins gesunde Gewebe schneiden, sonst trocknet automatisch ein weiteres Stück nach. Auch wenn ganze Wedel entfernt werden, sollte immer ein Stielrest an der Pflanze verbleiben. Auf Schildläuse, Spinnmil-

ben, Thripse und Springschwänze ist regelmäßig zu achten, Pilzkrankheiten sind bei guter Pflege kaum zu erwarten.

Vermehrt werden Palmen durch Teilung oder durch abgetrennte Nebensprosse bzw. durch Ausläufer. Die meisten Palmen lassen sich gut durch Aussaat vermehren. Samen halten Spezialfirmen und Liebhabervereinigungen bereit. Wichtig ist, daß die Saat frisch ist. Mit Folie abgedeckt, keimen die Samen im allgemeinen gut in feuchter Blumenerde bei 25 °C. Allerdings ist Geduld gefragt: Es dauert mitunter mehrere Monate, bis der Samen keimt.

Bei sehr harten Samen kann durch Anfeilen der Schale oder durch Einweichen in Wasser die Keimdauer verringert werden. Der Keimling sollte nicht vorzeitig vom Samen getrennt werden, denn oft dient ihm dessen Nährgewebe noch als Depot.

Lassen Sie sich beim Kauf einer Palme gut beraten, dann müssen negative Pflegeerfahrungen nicht sein. Prinzipiell sind Palmen eher robuste Zöglinge.

Die Kokospalmen die wir bei uns im Zimmer pflegen, sind nur die Keimlinge der Pflanzen (hier gekeimte Pflanze am Naturstandort auf den Seychellen).

Betelpalme

Areca catechu

Allgemeines: etwa 50 Arten bekannt, Heimat Südostasien. Nur *A. catechu* in Kultur, in der Heimat Nutzpflanze, bis 20 m hoch. Junge Pflanzen mit V-förmigem Blatt, sattgrün, wird häufig mit *Chrysalidocarpus lutescens* (Goldfruchtpalme) und wegen der ähnlichen Wedel im Jungpflanzenstadium mit *Cocos nucifera* (Kokospalme) verwechselt. Ihre eigentlichen Fiederblätter entwickeln Betelpalmen erst nach mehreren Jahren.
Standort: hell, ohne direkte Sonne, hohe Luftfeuchte. Sommer und Winter nicht unter 18 °C. Gut für geschlossene Blumenfenster geeignet.
Gießen: oft mit lauwarmem Wasser besprühen. Reichlich gießen, Topfuntersetzer stets mit Wasser füllen.
Düngen: im Sommer alle zwei Wochen mit Blumendünger nach Angabe.
Umtopfen: alle drei Jahre im Frühjahr in Blumenerde mit hohem Tonanteil.
Pflanzenschutz: auf Thripse achten.
Vermehrung: Samen keimt bei 25 °C Bodentemperatur. Keimdauer ca. zwei Monate.

Areca catechu,
Betelpalme

Fischschwanzpalme

Caryota mitis

Allgemeines: *Caryota*-Palmen kommen in 27 Arten im tropischen Asien, Australien, Neuguinea und Neukaledonien vor. Sie besitzen als einzige Palmen doppelt gefiederte Blätter. Den Namen „Fischschwanzpalme" verdankt sie der Form ihrer Blattfiedern. Sie wird auch als Nußpalme bezeichnet, der Name *Caryota* stammt aus dem Griechischen und bedeutet nußartig.
Standort: hell, ohne direkte Sonne. Ganzjährig um 22 °C, auch die Nachtwerte dürfen 16 °C nicht unterschreiten. Luftfeuchte über 50 Prozent.
Gießen: täglich besprühen. Substrat leicht feucht halten, nie austrocknen lassen. Im Übertopf darf aber kein Wasser stehen!
Düngen: im Sommer jede Woche mit Blumendünger versorgen, im Winter nur einmal je Monat.
Umtopfen: im Frühjahr, wenn der alte Topf zu klein geworden ist. Grobe Blumenerde verwenden.
Pflanzenschutz: auf Thripse und Schildläuse achten.
Vermehrung: Aussaat im Frühjahr oder durch Abnehmen von Seitensprossen.
Besonderheiten: lebt in der Heimat maximal 20 Jahre. Nach Blüte und Frucht stirbt *Caryota* ab. Seitentriebe wachsen nach.

Mein Rat: Möglichst hohe Töpfe verwenden, um dem Wurzeltypus gerecht zu werden.

Caryota,
Fischschwanzpalme

Bergpalme

Chamaedorea elegans

Allgemeines: etwa 130 Arten bekannt, Heimat Mittel-/Südamerika. In der Heimat wird *Chamaedorea* 2 – 6 m hoch und ist durch Ausläufertriebe gruppenbildend. Fiederige Blätter; unscheinbar, kugelförmige Blüte an rispigen Blütenständen, an denen sich beerenartige Früchte entwickeln. *C. costaricana*, Wuchs straff aufrecht mit zweiteilig gefiedertem Blatt.

Standort: hell, halbschattig, auch Nordfenster möglich. Im Sommer 20 – 25 °C, im Winter um 16 °C, Luftfeuchte mindestens 50 Prozent.

Gießen: im Sommer Substrat gut feucht halten, im Winter sparsamer, nie völlig trocken. Öfter sprühen.

Düngen: im Sommer alle zwei Wochen mit Blumendünger, im Winter alle sechs Wochen.

Umtopfen: im Frühjahr nur, wenn der alte Topf zu klein ist, ältere Pflanzen nur alle zwei bis drei Jahre. Blumenerde verwenden.

Pflanzenschutz: auf Thripse und Spinnmilben achten.

Vermehrung: durch Ausläufertriebe oder Aussaat, im zeitigen Frühjahr Samen in flache Kistchen säen, Torf-Sand-Gemisch, feucht halten und warm stellen.

Keimdauer kann mehrere Monate betragen. Später junge Pflänzchen zu mehreren in Töpfe setzen.

Besonderheiten: *Chamaedorea* ist zweihäusig, das heißt, es gibt männliche und weibliche Pflanzen. *Chamaedorea elegans* entwickelt auch schon in der Jugend Blüten.

Chamaedorea elegans, Bergpalme

Chamaedorea costaricana

Zwergpalme
Chamaerops humilis

Allgemeines: nur diese Art bekannt, Heimat westliches Mittelmeer. Die Zwergpalme ist das einzige in Europa heimische Palmengewächs. Niedrigwachsend, buschig, bildet nur kurze Stämme. Fächerblätter mit scharfen, weißlichen Dornen an den Stielen. Ältere Zwergpalmen bilden gelbe bis orangerote Blütenstände. Die Pflanze formt erst im Alter einen Stamm, der mit braunen Fasern umgeben ist. Sie ist äußerst widerstandsfähig und hart.

Standort: sonnig und luftig, im Sommer gern im Freiland, im Winter hell bei 8 – 12 °C, nicht wärmer! Kurzfristig wird auch um 0 °C vertragen.

Gießen: im Frühjahr und Sommer Ballen immer feucht halten, nicht vernässen. Im Winter etwas trockener halten. Öfter besprühen.

Düngen: in der Wachstumszeit jede Woche mit Blumendünger versorgen, im Winter Düngepause.

Umtopfen: alle drei Jahre im Frühjahr. Topfgrund mit Tonscherben oder Kies füllen. Gute Blumenerde verwenden.

Pflanzenschutz: auf Schildläuse und Spinnmilben achten.

Vermehrung: durch Samenaussaat im März oder Seitensprosse (Kindel) im Frühjahr beim Umpflanzen. Diese in Torf-Sand-Gemisch bewurzeln lassen.

Besonderheiten: Überwinterung nur in kühlen Zimmern bzw. Wintergärten möglich.

Goldfruchtpalme
Chrysalidocarpus lutescens

Allgemeines: nur diese Art bekannt, Heimat Madagaskar. Der ca. 15 m hohe Stamm, der an den Sproßknoten ringförmige Blattnarben hat, endet in einer Krone überhängender Fiederblätter, die oft gelblich angehaucht sind. Wächst oft in Gruppen, aus einem Rhizom entspringen mehrere Pflanzen. Als Zimmerpflanze bis 2 m hoch.

Standort: hell, ohne direkte Sonne. Hohe Luftfeuchte, ca. 60 Prozent; ganzjährig warm, auch in der Nacht nie unter 16 °C. Man sollte berücksichtigen, daß es sich bei den Pflanzen hier immer um Jungpflanzen handelt, die empfindlicher als ältere Exemplare sind.

Gießen: reichlich gießen, Topfuntersetzer stets mit etwas Wasser befüllen. Ballen ganzjährig feucht halten.

Düngen: im Sommer einmal monatlich mit Blumendünger versorgen.

Umtopfen: im Frühjahr, nur wenn der alte Topf zu klein wird. Leicht saure Blumenerde verwenden, pH-Wert 5.

Pflanzenschutz: auf Thripse achten.

Vermehrung: Bodentriebe im Frühjahr abtrennen. Aussaat ganzjährig möglich, Samen keimen frühestens nach einem Monat.

Besonderheiten: ideal für große Zimmer, warme Wintergärten und heizbare Veranden.

Chamaerops humilis,
Zwergpalme

Chrysalidocarpus lutescens, Goldfruchtpalme

Kokospalme

Cocos nucifera

Allgemeines: nur diese Art bekannt, Heimat vermutlich Inseln im Stillen Ozean. Wird über 100 Jahre alt, hat dann eine Höhe von 30 m. Im Gewächshaus bis 5 m. Blätter erst ungeteilt, später gefiedert. Verträgt hohe Salzgehalte im Boden und gedeiht daher bevorzugt an Meeresstränden.

Standort: hell, ohne direkte Sonne, luftig. Im Sommer 22 °C und mehr, im Winter 18 °C. Luftfeuchtigkeit nie unter 60 Prozent!

Gießen: Substrat stets mäßig feucht halten, weder Vernässen noch Ballen-

Pflanzenschutz: auf Thripse und Spinnmilben achten.

Vermehrung: Kokosnuß zur Hälfte in feuchten Torf oder Wasser legen, mindestens 25 °C halten. Mit viel Glück zeigt sich der Keimling nach fünf Monaten.

Besonderheiten: wird oft als dekorativer Keimling mit Nuß angeboten. Die Kokosnuß gilt als der größte Samen der Welt.

Mein Rat: Ansprüche an **Luftfeuchte** und **Helligkeit** gut im geschlossenen **Blumenfenster** zu erfüllen, wenn dieses über eine Zusatzheizung verfügt.

trockenheit werden vertragen. Oft mit lauwarmem Wasser besprühen, im Sommer täglich.

Düngen: in der Wachstumszeit alle 14 Tage, im Winter einmal monatlich mit Blumendünger versorgen.

Umtopfen: im Frühjahr nur, wenn der alte Topf zu klein wird. Gute Blumenerde verwenden und die Wurzel nicht beschädigen.

Assaipalme

Euterpe edulis

Allgemeines: etwa 50 Arten bekannt, Heimat sumpfige Gebiete Südamerikas. Bis 35 m hoher Baum. Glatter, schlanker und biegsamer Stamm, röhrenförmiger Blattgrund, überhängendes breites Fiederblatt. Der Stamm wird in Südamerika als vorzügliches Bauholz geschätzt, er ist elastisch und doch fest.

Standort: warm und hell, ohne direkte Sonne. Nie unter 18 °C, Luftfeuchte um 60 Prozent, lieber mehr.

Gießen: Substrat immer feucht halten. Topfuntersetzer stets mit etwas Wasser füllen.

Düngen: in der Wachstumsphase alle zwei Wochen mit Blumendünger versorgen, im Winter alle acht Wochen.

Umtopfen: wenn der alte Topf zu klein wird; im Frühjahr. Gute Blumenerde mit Tonanteil verwenden.

Pflanzenschutz: auf Thripse, Spinnmilben und Schildläuse achten.

Vermehrung: durch Samen, ganzjährig möglich. Keimdauer etwa vier Wochen bei 25 °C.

Besonderheiten: gut als Hydrokulturpflanze geeignet. In zentralbeheizten Zimmern sind die lebenswichtigen Luftfeuchtewerte schwer zu erzielen, daher besser in speziellen Kulturräumen zu halten. Vor allem größere Pflanzenvitrinen oder geschlossene Blumenfenster mit Heizungsmöglichkeit kommen in Frage.

Cocos nucifera,
Kokospalme

Euterpe edulis,
Assaipalme

Kentiapalme

Howeia forsteriana

Allgemeines: kommt in zwei Arten auf den Lord Howe Inseln vor; deren Hauptstadt Kentia verdankt sie ihren Namen.
Standort: halbschattig, keine direkte Sonne, hohe Luftfeuchte. Ganzjährig 18 – 20 °C, im Sommer gern im Freien. Verträgt sogar über mehrere Tage einen völlig schattigen Platz, gut geeignet für Plätze mit etwas Fensterabstand.
Gießen: Ballen regelmäßig leicht feucht halten, ohne Substrat zu vernässen. Regenwasser verwenden, öfter sprühen. Im Winter sparsamer, nie ganz trocken.
Düngen: in der Wachstumszeit wöchentlich, sonst einmal pro Monat.
Umtopfen: alle vier Jahre im Frühjahr.
Pflanzenschutz: auf Thripse achten.
Vermehrung: Aussaat im Frühjahr.
Besonderheiten: robust, auch unter ungünstigeren Verhältnissen. Im Freien vor Sonne und Wind schützen.

Flaschenpalme

Hyophorbe verschaffeltii

Allgemeines: früher *Mascarena verschaffeltii*. Nur vier Arten bekannt.
Standort: hell, sonnig. Hohe Luftfeuchte 60 Prozent und mehr. Temperaturen ganzjährig über 18 °C, auch nachts.
Gießen: Substrat stets gut feucht halten.
Pflanzenschutz: Thripse und Schildläuse .
Vermehrung: durch Aussaat im Frühjahr, etwa zwei Monate Keimdauer.

Mein Rat: Wenn keine Vitrine zur Verfügung steht, muß in Pflanzennähe für hohe Luftfeuchte gesorgt werden. Täglich sprühen und flache Schalen mit Wasser aufstellen.

Howeia forsteriana,
Kentiapalme

Mein Rat: *Howeia* kommt am besten zur Wirkung, wenn sie vor einem schlichten Hintergrund steht.

Hyophorbe verschaffeltii,
Flaschenpalme

Schirmpalme

Livistona australis

Allgemeines: etwa 24 Arten bekannt, Heimat Südostasien, Australien. Robuste Fächerpalme mit bedornten Stielen. Fächer bis 2 m breit; sie sind metallisch grün, tief zerschlitzt und haben an der Unterseite Blattstengel mit schwarzen Dornen. In der Heimat bis 30 m hoch, wächst langsam. *L. rotundifolia* hat als Jungpflanze runde Blätter, später gelbe Blüten und schwarzbraune Beeren. *L. chinensis*, beheimatet in China, wird dort bis zu 15 m hoch, auch in Wintergärten kann sie sehr groß werden. Die Blüte ist gelb und bringt schmackhafte, blaugrüne Früchte hervor.
Standort: hell, sonnig, um 60 Prozent Luftfeuchte, kommt auch mit weniger zurecht, dann öfter sprühen. Im Sommer luftig um 20 °C, im Winter 12 – 14 °C.
Gießen: im Sommer Substrat stets leicht feucht halten, im Winter sparsam, nie ballentrocken oder staunaß.
Düngen: im Sommer alle zwei Wochen mit Blumendünger versorgen, im Winter Düngepause.
Umtopfen: im Frühjahr in Blumenerde mit Tonanteil. Nur, wenn der alte Topf zu klein wird.
Pflanzenschutz: auf Schildläuse und Thripse achten.
Vermehrung: Aussaat ganzjährig, bis vier Monate Keimdauer.
Besonderheiten: für kühle Räume oder Wintergarten gut geeignet. Im Mittelmeergebiet oft in Parkanlagen.

Kokospälmchen

Microcoelum weddelianum

Allgemeines: nur diese Art bekannt, Heimat Brasilien. Niedrig wachsende Pflanze mit zierlichen, bis 1 m langen Wedeln und feinen Fiederblättchen.
Standort: hell, aber ohne direkte Sonne. Ganzjährig warm, nie unter 18 °C, im Sommer erheblich wärmer. Hohe Luftfeuchte um 60 Prozent.
Gießen: Substrat ganzjährig gut feucht halten. Topfuntersetzer stets mit Wasser befüllen. Sie können auch einen typischen schmalen und hohen Palmentopf ohne Abzugsloch im Boden verwenden, um das erwünschte „Dauerfußbad" zu erzielen. Normale Töpfe mit Abzugsloch müssen entsprechend häufiger gegossen werden. Oft überbrausen, täglich besprühen.
Düngen: im Sommer alle vier Wochen, im Winter nur alle zwei Monate mit Blumendünger versorgen.
Umtopfen: im Frühjahr alle drei Jahre in gute Blumenerde. Achtung, die Wurzel nicht beschädigen!
Pflanzenschutz: auf Thripse, Schildläuse und Spinnmilben achten.
Vermehrung: Samenaussaat im Frühjahr bei 30 °C Bodentemperatur, etwa drei Monate Keimdauer. Schwierig.
Besonderheiten: vor allem für geschlossene Vitrinen oder Wintergärten geeignet, sonst wird Temperatur- und Luftfeuchtebedürfnis nur unzureichend erfüllt.

Livistona australis,
Schirmpalme

Microcoelum weddelianum, Kokospälmchen

Dattelpalme

Phoenix canariensis

Allgemeines: etwa 13 Arten bekannt, Heimat Kanarische Inseln, Nordafrika, Indien und Südamerika. Manche bilden Stämme, andere wachsen buschig. Die echte Dattelpalme *P. dactylifera:* 30 m hoher Nutzbaum. *P. canariensis:* erst im Alter stammbildend, anfänglich starre Fiedern, biegen sich später. *P. roebelenii:* Zwerg-Dattelpalme buschig, zierlich, etwa 1,50 m hoch.

Standort: hell, aber nicht dauerhaft vollsonnig, luftig. Im Sommer um 20 °C, gern im Freien, im Winter werden beheizte Räume toleriert, besser sind kühle, helle Zimmer um 15 °C.

Gießen: Substrat stets leicht feucht halten, nicht vernässen, im Winter sparsamer, ohne Ballentrockenheit.

Düngen: im Sommer alle zwei Wochen, im Winter alle sechs Wochen mit Blumendünger versorgen.

Umtopfen: alle drei Jahre im Frühjahr, Wurzel nicht beschädigen. Verwenden Sie hohe Töpfe und Blumenerde mit Tonanteil.

Pflanzenschutz: auf Thripse, Schildläuse und Spinnmilben achten.

Vermehrung: Aussaat im Frühjahr bei 20 °C, drei Monate Keimdauer.

Besonderheiten: für Hydrokultur geeignet.

Steckenpalme

Rhapis excelsa

Allgemeines: etwa 17 Arten bekannt, Heimat Südostasien.

Standort: halbschattig oder hell, ohne direkte Sonne. Im Sommer gern geschützt im Freien. Um 20 °C in der Wachstumszeit, im Winter nur um 10 °C. Vor kalter Zugluft schützen.

Gießen: Substrat stets mäßig feucht halten, nie stauende Nässe! Im Winter sparsamer gießen, aber nie austrocknen lassen.

Düngen: im Sommer alle zwei Wochen, im Winter Düngepause. Es sollte nur die Hälfte der auf der Düngepackung angegebenen Konzentration verabreicht werden.

Umtopfen: alle drei bis vier Jahre im Frühjahr in gute Blumenerde. Für Hydrokultur geeignet.

Pflanzenschutz: auf Thripse und Schildläuse achten.

Vermehrung: durch Abtrennung der Ausläufer.

Besonderheiten: für kühlere Räume und Wintergärten geeignet, kann maximal bei 16 °C überwintert werden. Solche Bäume sind in modernen Wohnungen rar.

Phoenix canariensis,
Dattelpalme

Rhapis excelsa,
Steckenpalme

Hanfpalme

Trachycarpus fortunei

Trachycarpus fortunei, Hanfpalme

Allgemeines: etwa sechs Arten bekannt, Heimat Japan und China. *Trachycarpus* wird im Alter bis 12 m hoch, an der Spitze des Stammes sind die Wedel vielstrahlig angeordnet. Feste Fasern am Grunde der Wedel gaben ihr den deutschen Namen. Die starken Blattstiele sind fein gezähnt.

Standort: im Sommer hell, ohne direkte Sonne, luftig. Von Mai bis September gerne im Freien. Im Winter bei 10 °C, nicht zu dunkel.

Gießen: Substrat im Sommer stets gut feucht halten, im Winter sparsamer, aber nie völlig trocken.

Düngen: im Sommer alle vier Wochen mit Blumendünger versorgen, im Winter Düngepause.

Umtopfen: alle vier Jahre im Frühjahr in gute Blumenerde.

Pflanzenschutz: auf Befall mit Thripsen und Schildläusen achten.

Vermehrung: Aussaat im Frühjahr. Dazu möglichst frisches Saatgut in 30 – 35 °C warmem Wasser 48 Stunden lang einweichen. Danach in Sand-Torf-Mischung legen, konstant feucht halten, Keimdauer bis zu zwei Monaten. Sämlinge mit anhaftendem Samen vorsichtig in Blumenerde eintopfen.

Besonderheiten: sehr robuste Palme, unempfindlich gegen zeitweilige Lufttrockenheit und tiefe Temperaturen. Übersteht die Überwinterungsphase auch bei nur 3 °C! Nur für überheizte Räume ist sie nicht geeignet.

Priesterpalme

Washingtonia filifera

Allgemeines: nur zwei Arten bekannt, Heimat südliche USA, Mexiko. Schnellwüchsige Fächerpalme. Weitere Art: *Washingtonia robusta* mit bräunlichen Blattstielen. Diese Art liebt etwas höhere Temperaturen.

Standort: hell, ohne direkte Sonne. Im Sommer gern an geschütztem Platz im Freien. Im Winter hell bei 12 °C ohne Zugluft, frostfreie Überwinterung.

Gießen: Substrat muß ganzjährig gut feucht gehalten werden. Staunässe und Ballentrockenheit vermeiden. Im Winter etwas sparsamer gießen.

Düngen: im Sommer alle zwei Wochen mit Blumendünger nach Herstellerangaben, im Winter Düngepause.

Umtopfen: alle vier Jahre im Frühjahr. Blumenerde mit Tonanteil verwenden.

Pflanzenschutz: auf Thripse und Schildläuse achten.

Vermehrung: durch Aussaat im Frühjahr bei 28 °C Bodentemperatur bis zwei Monate Keimdauer.

Besonderheiten: vor allem für größere Wintergärten geeignet, braucht viel Platz zur Entfaltung.

Washingtonia robusta, Priesterpalme

Mein Rat: Werden die Fächer gelb und trocken, so liegt dies oft am fehlenden Licht oder am Standortwechsel. Erholt sich jedoch schnell wieder.

Register

Halbfette Seitenzahlen verweisen auf Abbildungen.

Giftige Zimmerpflanzen

Deutscher Name	Botanischer Name	Giftige Pflanzenteile	Wirkung	Behandlung
Flamingoblume	*Anthurium*	die Blätter enthalten Oxalate und unbekannte scharfwirkende Stoffe	Reizwirkung auf die Haut und Schleimhäute. Beim Verschlucken vermehrte Speichelproduktion, Erbrechen, Durchfall.	Flüssigkeitsgabe, ggf. Arztvorstellung
Klivie	*Clivia miniata*	in allen Orangen, vor allem in der Knolle Alkaloide, das Hauptalkaloid ist Lycorin	stimulierende Wirkung auf das Brechzentrum im Zentralnervensystem. Die Einnahme der Pflanzenteile verursacht Erbrechen und Durchfall.	bei Symptomen zum Arzt
Alpenveilchen	*Cylamen persicum*	die Wurzelknolle enthält Triterpensaponine	der Genuss der Knolle führt zu Übelkeit, Erbrechen, Durchfall. Der Verzehr von Blatt oder Blüte macht kaum Beschwerden.	wenn Symptome ausgeprägt sind, Arztvorstellung
Geldbaum	*Crassula arborescens*	die Blätter enthalten organische Säuren	nach dem Verschlucken von Blättern Bauchschmerzen und Erbrechen möglich	bei Beschwerden zum Arzt
Dieffenbachie	*Dieffenbachia* Species	alle Organe enthalten proteolytische Enzyme und Calciumoxalatkristalle	starke Reizung an Haut und Schleimhäuten bis zur Blasenbildung	zum Arzt
Weihnachtsstern	*Euphorbia pulcherrima*	reizende Diterpenester im Milchsaft der Pflanze	Reizerscheinungen bei Haut- und Schleimhautkontakt. Beim Verschlucken Magen-Darmbeschwerden.	bei ausgeprägten Beschwerden zum Arzt, sonst (Wasser) trinken

Die Zusammenstellung der giftigen Zimmerpflanzen erfolgte unter fachlicher Mitarbeit der Toxikologischen Abteilung des Giftnotrufes München.
Telefon (089) 1 92 40.

Deutscher Name	Botanischer Name	Giftige Pflanzenteile	Wirkung	Behandlung
Zimmerefeu	*Hedera helix*	in allen Teilen der Pflanze ist Triterpensaponine, in den Blättern Falcardinol und Didchydrofalcarinol	bei der Einnahme größerer Mengen Magen-Darm-beschwerden	reichlich Wasser trinken lassen, sonst zum Arzt
Flammendes Kätchen	*Kalanchoe blossfeldiana*	die Pflanze enthält Bufadienolide	der Genuss der Blätter führt zu Erbrechen und Bauchschmerzen	Trinken lassen, ggf. zum Arzt
Fensterblatt	*Monstera deliciosa*	alle Teile der Pflanze enthalten Calcium-oxalatkristalle	Reizerscheinungen an Haut und Schleimhäuten. Nach Verschlucken Übelkeit, Erbrechen, Durchfall	bei ausgeprägten Symptomen zum Arzt
Oleander	*Nerium oleander*	alle Teile der Pflanze enthalten herzwirksame Glykoside wie Oleandrin, Oleandrosid und Neriin	nach Verschlucken Übelkeit, Erbrechen, Bauchkrämpfe, Durchfall, Herzrhythmusstörungen	Krankenhausbehandlung erforderlich
Zimmerazalee	*Rhododendron* Species	einige Rhododendren-Arten enthalten Grayano-toxine. Die Zimmerazalee gehört eher nicht zu diesen Arten	Übelkeit, Erbrechen, Durchfall, Schwindel, Blutdruckabfall, Kollaps	bei Symptomen zum Arzt
Korallenbäumchen	*Solanum pseudocapsicum*	die Pflanze enthält Alkaloide, in den Blättern Solanocapsine und in den Beeren Solanin	Übelkeit, Erbrechen, Bauchschmerzen	bei Beschwerden zum Arzt
Einblatt	*Spathiphyllum floribundum*	alle Teile der Pflanzen enthalten Calcium-oxalatkristalle	Reizung der Haut und Schleimhäute	bei Beschwerden zum Arzt

Fotonachweis

Johannes Apel, Elmshorn: 32 o., 40 o., 53 o.li., 53 o.re., 63 li., 78 o., 79 u., 159 o.re., 195 li., 202, 207 li., 222 u.;
BASF AG Landwirtschaftliche Versuchsstation, Limburgerhof: 62 o.re., 68 u.li., 74 o.li., 75 o.li., 75 o.re., 76 o.re., 76 u.re.;
Peter Beck, Quickborn: 194 re., 214 re., 226 o., 236, 237 li.;
Ursel Borstell, Essen: 47 u., 54 u., 55, 59, 66 o., 96, 175 o.re., 213 li., 250 IV. Reihe;
Rolf Bühl, Stuttgart: 71 u.re., 72 Mi.Mi., 73 o.li., 73 o.Mi., 74 Mi.re., 74 u.li., 74 u.Mi., 75 o.re., 75 3. von o.re., 76 o.li., 76 o.Mi.;
CMA, Meckenheim: (Karlheinz Jacobi): 5 u., 7 u., 30 u.li., 30 u.re., 41 u., 44 re., 61 u., 63 re., 65 u., 86, 99 li., 101 u.li., 106 re., 114 re., 115 u.li., 119 li., 128 u.li., 148 re., 154 re., 175 u.re., 177 u., 178 u.li., 210 re., 211 li.;
florastar-Bildarchiv, Karben: 122 re., 211 re.;
Güse/florastar-Bildarchic: 156 o.re., 171 u.li, 188 re., 198 re., 223 li.;
D. Kreusch/florastar-Bildarchiv: 104 re., 107 u.re., 120 re., 167 u., 183 u.li., 231 li., 243 re.;
U. Kröner/florastar-Bildarchiv: 149 re., 189 re.;
H. Seibold/florastar-Bildarchiv: 129 o., 228 li., 229 li.;
Forschungsanstalt Geisenheim: (Dr. Heinz-Dieter Molitor): 42, 64 o., 74 2. von u. li., 76 2. von u.li., 76 o.li.;
Fotodienst Fehn, Schwabenheim: 152 re., 250 VI. Reihe, 251 VI. Reihe;
Gardena, Ulm: 49 u., 50;
Dr. Gudrun Hamdorf, Wedel: 77 u.li.;
Ellen Henselser, Bonn: 71 o.re., 72 u., 73 o.re., 73 u.re., 74 3. von o. li.;
Metalldünger Jost GmbH, Iserlohn: 64 Mi., 64 u.;
Ewald Kleiner, Radolfzell: 88 beide, 124 o.re., 157 u.re., 203, 204 re., 206 o., 206 u.re., 208 o., 209 o.li., 209 o.re.;
Landes-, Lehr- und Forschungsanstalt, Neustadt: (Bohn): 75 2. von o.re.;
Landesanstalt für Pflanzenschutz, Stuttgart: 74 o.Mi., (Maria Geigenmüller): 68 Mi.li.;
Eberhard Morell, Dreich: 124 u., 153 re., 157 o.re., 171 o.re., 171 Mi.re., 191 re., 221 re., 230 o., 251 V. Reihe;

Wolf Prater, Loßburg-Schömberg: 33 o.;
Dr. H.-G. Prillwitz, Mainz: 53 Mi.re., 76 2. von o.li., 77 o., 77 u.re.;
Reinhard-Tierfoto, Heiligkreuzsteinach: 74 o.re., 150 re., 185 o.re., 233 li., 250 II. Reihe, 251 IV. Reihe;
Reto Rohner, Ermenswil (Schweiz): 72 o.Mi., 72 o.re., 74 u.re.;
Ralf Roppelt, Sahara-Werbeagentur, Stuttgart: 1, 2/3, 4, 5 o., 6 beide, 7 o., 8, 9, 28, 29, 30 o.re., 31 beide, 32 u., 33 u., 40 u., 41 o., 43, 44 li., 44 Mi., 45, 46 beide, 47 o., 48 beide, 49 o., 51 drei, 52, 53 u.re., 54 o., 56 drei, 57 beide, 58 drei, 60, 61 o., 62 o.li., 65 o., 66/67 u., 68 o.re., 68 Mi.re., 69 beide, 70 drei, 71 u.li., 78 u., 79 o., 81, 83, 84, 89, 91, 92, 93, 94 beide, 95 beide, 97, 98 drei, 99 re., 100 beide, 101 o., 101 u.re., 102 drei, 103 beide, 104 li., 105 drei, 106 li., 107 o., 107 u.li., 108 beide, 109 o.re., 109 u.re., 110 beide, 111 u.re., 112 drei, 115 o., 115 u.re., 116 drei, 117 beide, 118 drei, 119 re., 120 li., 121 u., 124 o.li., 125 beide, 126 beide, 127 beide, 128 o., 128 u.re., 129 u., 130 o., 131 beide, 132 beide, 133 beide, 134 beide, 135 u.li., 136 re., 137 u.re., 137 u.li., 138 vier, 139 beide, 140 beide, 141 drei, 142 re., 143 o., 143 u.re., 144 re., 145 re., 147 li., 148 li., 149 u.li., 150 li., 151 vier, 154 li., 155 beide, 156 o.li., 156 u.li., 157 u.li., 158 beide, 159 u.re., 160 beide, 161 beide, 162 li., 163 beide, 165 u., 166 u.li., 166 o.re., 167 o.re., 168 beide, 169 vier, 170 drei, 171 u.re., 172 re., 173 li., 174 beide, 177 o., 178 o.re., 178 u.re., 179 beide, 180 beide, 181 li., 183 o.re., 184 re., 185 u.li., 185 u.re., 186 beide, 187 beide, 188 li., 189 li., 190 beide, 191 li., 192 drei, 193 drei, 194 li., 195 re., 196 beide, 197 re., 198 li., 199 beide, 205 beide, 206 u.li., 207 re., 208 u.li., 208 u.re., 209 u.li., 209 u.re., 210 li., 212 beide, 231 re., 214 li., 215 beide, 216 beide, 219 u., 220 beide, 222 o., 223 re., 224 drei, 225, 226 u.li., 226 u.re., 228 re., 229 o., 230 u., 231 re., 232 beide, 237 re., 238 beide, 239 beide, 241 li., 242 li., 243 li., 244 beide, 245 re., 250 I., III. u. IV. Reihe, 251 I., II., III. u. VII. Reihe;
Friedrich Strauß, Au/Hallertau: 10, 11, 159 o.li., 173 re.,

183 u.re., 184 li., 218 li., 219 o., 245 li.;
VKC, Aalsmeer (Niederlande): 109 u.li., 111 o., 111 u.li., 113 beide, 114 li., 121 o., 122 li., 123 beide, 130 u., 135 o.re., 136 li., 137 o.re., 142 li., 143 u.li., 144 li., 145 li., 146 beide, 147 re., 152 li., 153 li., 162 re., 164 beide, 165 li., 172 li., 175 u.li., 176 beide, 181 re., 182 beide, 197 li., 204 li., 217 beide, 218 re., 221 li., 223 re., 240 beide, 241 li., 242 re.;
Xeniel-Dia, Stuttgart: (M. Mögle): 75 o.Mi.;
Dr. Ulrich Zunke, Hamburg: 72 o.li., 73 Mi.re., 74 2. von o.li.;

Übersichtstafeln Seite 12 bis 27: Die Orte der Fotografen entnehmen Sie bitte dem Verzeichnis oben und links. Seitenweise der Fotofolge von links nach rechts folgend, dann jeweils von oben nach unten:

S. 12 „Standort: viel Sonnenlicht": Roppelt, Roppelt, Roppelt, Roppelt, Kreusch/florastar-Bildarchiv, Kleiner, Roppelt, VKC, Roppelt, Roppelt, Roppelt, Roppelt, Roppelt, VKC, CMA/Jacobi, Roppelt;
S. 13 „Standort: viel Sonnenlicht": VKC, VKC, Morell, Kleiner, Roppelt, Roppelt, Roppelt, Apel, Roppelt, Kleiner, Roppelt, VKC, Roppelt, Roppelt, VKC;
S. 14 „Standort: viel Sonnenlicht": VKC, Roppelt, Roppelt, VKC, Kleiner, Roppelt, Kleiner, Roppelt, Roppelt, Kleiner, Roppelt, Roppelt, Roppelt, Roppelt, Roppelt;
S. 15 „Standort: viel Sonnenlicht": CMA/Jacobi, Roppelt, VKC, Roppelt;
S. 15 „Standort: hell, ohne direkte Sonneneinstrahlung im Frühling und Sommer": Roppelt, Roppelt, Roppelt, Roppelt, CMA/Jacobi, Roppelt, Roppelt, Roppelt, Roppelt, Roppelt, CMA/Jacobi, Roppelt;
S. 16 „Standort: hell, ohne direkte Sonneneinstrahlung im Frühling und Sommer": Roppelt, Roppelt, Roppelt, Roppelt, VKC, Roppelt, Seibold/florastar-Bildarchiv, VKC, Roppelt, Roppelt, VKC, Roppelt, Roppelt, Roppelt, Roppelt;
S. 17 „Standort: hell, ohne direkte Sonneneinstrahlung im Frühling und Sommer": VKC, Roppelt, Roppelt, Roppelt, VKC, florastar/Bildarchiv, Roppelt, Roppelt, Roppelt, CMA/Jacobi, Roppelt, Roppelt, Roppelt, VKC;
S. 18 „Standort: hell, ohne direkte Sonneneinstrahlung im Frühling und Sommer": Roppelt,

Roppelt, Morell, VKC, Roppelt, Roppelt, Roppelt, Roppelt, Roppelt, Roppelt, Roppelt, Roppelt, VKC, VKC, Roppelt, VKC;
S. 19 „Standort: hell, ohne direkte Sonneneinstrahlung im Frühling uns Sommer": CMA/Jacobi, Roppelt, Kröner/florastar-Bildarchiv, VKC, Reinhard-Tierfoto, Roppelt, Fotodienst Fehn, VKC, Morell, Roppelt, CMA/Jacobi, Roppelt, Roppelt, Roppelt, Güse/florastar-Bildarchi, Roppelt;
S. 20 „Standort: hell, ohne direkte Sonneneinstrahlung im Frühling und Sommer": Roppelt, Kreusch/florastar-Bildarchiv, Roppelt, Roppelt, Güse/florastar-Bildarchiv, Roppelt, Roppelt, Kreusch/florastar-Bildarchiv, VKC, Roppelt, VKC, Roppelt, VKC, Roppelt, Roppelt, Roppelt;
S. 21 „Standort: hell, ohne direkte Sonneneinstrahlung im Frühling und Sommer": Roppelt, Roppelt, Roppelt, Roppelt, VKC, Roppelt, Roppelt, Reinhard-Tierfoto, Roppelt, Güse/florastar-Bildarchiv, VKC, Roppelt, CMA/Jacobi, CMA/Jacobi, Roppelt, CMA/Jacobi;
S. 22 „Standort: hell, ohne direkte Sonneneinstrahlung im Frühling und Sommer": VKC, Roppelt, Roppelt, Roppelt, Roppelt, Roppelt, Güse/florastar-Bildarchiv, VKC, Roppelt, Morell;
S. 22 „Standort: halbschattig": Roppelt, Roppelt, Roppelt, Roppelt;
S. 23 „Standort: halbschattig": Roppelt, Roppelt, VKC, Roppelt, VKC, Roppelt, VKC, VKC, CMA/Jacobi, Roppelt, Roppelt, Roppelt, Roppelt, Kreusch/florastar-Bildarchiv, Seibold/florastar-Bildarchiv, Roppelt;
S. 24 „Standort: halbschattig": Roppelt, Roppelt, Seibold/florastar-Bildarchiv, Strauß, VKC, Roppelt, Roppelt, Roppelt, Roppelt, VCK, Roppelt, Roppelt, Roppelt, VCK;
S. 25 „Standort: halbschattig": Roppelt, Roppelt, Roppelt, Roppelt, Roppelt, Roppelt, Roppelt, Strauß, Roppelt, VKC, Roppelt, Roppelt, Morell, VKC, Roppelt, Roppelt;
S. 26 „Standort: halbschattig": Roppelt, VKC, Roppelt, Roppelt, CMA/Jacobi, Roppelt, Roppelt, VKC, florastar/Bildarchiv, Roppelt, Strauß, Roppelt, Roppelt, Roppelt, Kröner/florastar-Bildarchiv, Roppelt;
S. 27 „Standort: schattig": Roppelt, CMA/Jacobi, Roppelt, Roppelt, Kreusch/florastar-Bildarchiv, Roppelt, Roppelt, VKC, Roppelt, VKC, Roppelt, Roppelt, Roppelt, Güse/florastar-Bildarchiv;